电脑美术设计与制作职业应用项目教程

Premiere 职业应用项目教程

（CS3 版）

编　著　路　光

主　审　赵丽英

机 械 工 业 出 版 社

Premiere是Adobe公司开发的一款优秀的非线性视频编辑软件，历经十几年的不断发展，现已成为普及程度最高的视频编辑软件之一。

本书采用项目案例的方式针对Premiere Pro CS3的实际应用进行讲解。本书共分2篇，第1篇是基础应用篇，为第1～4章，首先是导学，然后利用3个项目案例分别讲解了Premiere中的影片基本制作流程、转场应用和序列嵌套的应用；第2篇是综合实例篇，为第5～8章，分别用结婚纪念电子相册、翻页电子相册、片头制作、电视频道包装4个项目案例进行讲解，各案例既由浅入深又相对独立，便于读者分类学习。

为了方便读者学习，本书附带光盘中包含了书中所有案例的项目文件。读者在学习中，可以用Premiere打开项目文件进行对照学习。此外，光盘中还包含了各项目所需的素材文件和最终的渲染文件以及案例的多媒体教学录像。

本书由浅入深、由表及里，讲解通俗，适合Premiere初学者、DV制作爱好者和有一定Premiere使用经验的读者为进一步提高学习使用，也适合各中职学校学生使用，还可作为相关人员教学参考用书或培训班的案例辅导教材。

图书在版编目（CIP）数据

Premiere职业应用项目教程（CS3版）/路光编著．—北京：机械工业出版社，2009.1

电脑美术设计与制作职业应用项目教程

ISBN 978-7-111-26084-4

Ⅰ．P…　Ⅱ．路…　Ⅲ．图形软件，Premiere—教材　Ⅳ．TP391.41

中国版本图书馆CIP数据核字（2009）第006692号

机械工业出版社（北京市百万庄大街22号　邮政编码100037）

策划编辑：孔熹峻　蔡　岩　　责任编辑：蔡　岩

封面设计：鞠　杨　　责任印制：李　妍

保定市中画美凯印刷有限公司印刷

2009年2月第1版第1次印刷

184mm×260mm・11.5印张・282千字

0 001—3 000册

标准书号：ISBN 978-7-111-26084-4

ISBN 978-7-89482-965-8（光盘）

定价：28.00元（含1DVD）

销售服务热线电话：（010）68326294

购书热线电话：（010）88379639　88379641　88379643

本社服务邮箱：marketing@mail.machineinfo.gov.cn

投稿热线电话：（010）88379194

编辑热线电话：（010）88379934

投稿邮箱：Kongxijun@163.com

前　言

当今社会，无论是在影视制作、动漫制作，还是计算机多媒体制作领域中，对计算机数码技术的应用都是极其广泛的。

在这些领域中，计算机的非线性编辑技术是非常重要的：在素材拍摄完成或素材准备完毕后，需要将它们按照一定的先后顺序组接起来，这样才会成为一部完整的作品。目前，随着 DV、HDV 的迅速普及，普通家庭用户也对视频编辑产生了浓厚的兴趣。

在众多的非线性编辑软件中，Adobe 公司的 Premiere 软件是国内使用最广泛的软件之一。

本书注重理论与实例的结合，通过书中的具体应用实例，使读者能够轻松掌握 Premiere 的基本操作流程，制作出一个个属于自己的精彩作品。

本书语言简洁，内容丰富，适合以下人员使用：

- 电脑培训班学员。
- 中职影视动漫相关专业的师生。
- 数码视频编辑爱好者。
- 初、中级数码视频编辑人员。
- 电子相册制作人员。
- 婚纱影楼设计人员。
- 多媒体制作人员。

本书实例应用领域广泛。本书的案例涉及旅游留念、花卉展览、时尚车展、结婚纪念电子相册、翻页电子相册、片头制作等，满足了不同读者、不同层次的需要。

在随书赠送的光盘中包含了书中案例的项目文件，读者在制作中，可以用 Premiere 打开对照学习。此外，光盘中还包含了各项目所需的素材文件和最终的渲染文件以及案例的多媒体教学录像，方便读者学习。

本书由路光编著，赵丽英主审。由于编写时间仓促，加之作者水平有限，书中难免存在疏漏和不足之处，恳请各位读者批评、指正。联系方式：Dvcprolx@126.com。

编　者

目　录

第2篇 综合实例篇

第1篇 基础应用篇

基础应用篇

1.1 初识 Premiere Pro CS3

1.1.1 Premiere Pro CS3 简介

Premiere 是 Adobe 公司开发的一款优秀的非线性视频编辑软件。在当前众多的非线性编辑软件中，Premiere 软件是国内使用最为广泛的软件之一。电视台、影视制作公司、多媒体制作公司、广告公司、婚庆公司、工作室等均采用 Premiere 作为工作时必不可少的工具。

知识加油站

所谓非线性编辑，简单地讲，就是用以计算机为载体的数字技术完成传统制作中需要多套机器（A/B 卷编辑机、特技机、编辑控制器、调音台、时基校正器、切换台等）才能完成的影视后期编辑合成以及其他特技的制作任务，并且可以在完成编辑后方便、快捷地随意修改而不损害图像质量。简单地说，就是把胶片或磁带的模拟信号转换成数字信号存储，然后通过非线性编辑软件的编辑，最后再一次性的输出。

由于原始素材被数字化存储在计算机硬盘中，其信息存储的位置是并列平行的，与原始素材输入到计算机时的先后顺序是没有关系的，因此，我们就可以对存储在硬盘上的数字化音视频素材进行随意的排列组合，并可进行方便的修改。只要没有最后生成影片输出，对这些文件在时间轴上的摆放位置、时间长度的修改等都是非常随意的，这就是非线性编辑的优势，其工作效率是非常高的。

Premiere Pro CS3 可以实时编辑 HD、SD 和 DV 等格式的视频影像，并可以与 Adobe 公司其他的软件进行完美结合，为数字视频的高效制作建立了一个新标准。

Premiere 可以将采集或导入的素材进行编辑，加入转场效果、音乐、文字，还可以运用丰富的滤镜对素材进行调节（如调节颜色、亮度、对比度；加入模糊、马赛克等）。最后，将编辑好的影片输出为多种文件格式，以及输出到录像带、DVD 光盘，成为一部完整的作品。

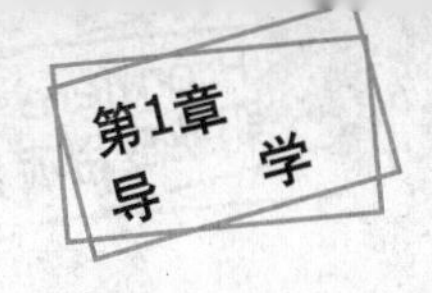

1.1.2 Premiere Pro CS3 的系统要求

1. Windows 系统

- Intel Pentium 4（DV 需要 2GHz 处理器；HDV 需要 3.4GHz 处理器）、Intel Centrino、Intel Xeon（HD 需要 2.8GHz 双核处理器）或 Intel Core™ Duo（或兼容）处理器；AMD 系统需要支持 SSE2 的处理器。
- Microsoft Windows XP Professional 或 Home Edition Service Pack 2 或 Windows Vista™ Home Premium、Business、Ultimate 或 Enterprise（已经过认证，支持 32 位版本）。
- DV 制作需要 1GB 内存；HDV 和 HD 制作需要 2GB 内存。
- 10GB 可用硬盘空间（在安装过程中需要额外的可用空间）。
- DV 和 HDV 编辑需要专用的 7200r/min 硬盘；HD 需要条带化的磁盘阵列存储空间（RAID 0）；最好是 SCSI 磁盘子系统。
- 1280 像素×1024 像素显示器分辨率，32 位视频卡；Adobe 建议使用支持 GPU 加速回放的图形卡。
- Microsoft DirectX 或 ASIO 兼容声卡。
- 对于 SD/HD 工作流程，需要经 Adobe 认证的卡来捕捉并导出到磁带。
- DVD-ROM 驱动器。
- 制作蓝光光盘需要蓝光刻录机。
- 制作 DVD 需要 DVD+/-R 刻录机。
- 如果 DV 和 HDV 要捕捉、导出到磁带，并传输到 DV 设备上，则需要 OHCI 兼容的 IEEE 1394 端口。
- 使用 QuickTime 功能需要 QuickTime 7 软件。
- 产品激活需要 Internet 或电话连接。

2. Macintosh 系统

- Intel 多核处理器（Adobe OnLocation CS3 是 Windows 应用程序，可与运行在 Windows 上的 Boot Camp 一起使用，将单独销售）。
- Mac OS X v10.4.9-10.5（Leopard）。
- DV 制作需要 1GB 内存；HDV 和 HD 制作需要 2GB 内存。
- 10GB 可用硬盘空间（在安装过程中需要额外的可用空间）。
- DV 和 HDV 编辑需要专用的 7200r/min 硬盘；HD 需要条带化的磁盘阵列存储空间（RAID 0）；最好是 SCSI 磁盘子系统。
- 1280 像素×960 像素显示器分辨率，32 位视频卡；Adobe 建议使用支持 GPU 加速回放的图形卡。
- Core Audio 兼容声卡。
- DVD-ROM 驱动器。
- 制作蓝光光盘需要蓝光刻录机。
- DVD 刻录需要 SuperDrive。
- 使用 QuickTime 功能需要 QuickTime 7。
- 产品激活需要 Internet 或电话连接。

1.1.3 Premiere Pro CS3 的安装与激活

Premiere Pro CS3 是 Adobe Production Premium CS3 软件套装中的一个重要组件，可以在安装 Adobe Production Premium CS3 时，选择安装该软件，或者单独购买 Premiere Pro CS3 进行安装。由于各种软件的安装方法都不尽相同，所以本书对其安装过程就不再赘述。

下面以 Adobe Production Premium CS3 软件安装为例，简要介绍 Premiere Pro CS3 的激活与注册。

1）安装完毕以后，在首次启动 Premiere Pro CS3 时，会出现一个对话框，询问用户选择使用正版软件还是试用 30 天。这里我们选择前者，如图 1-1 所示。

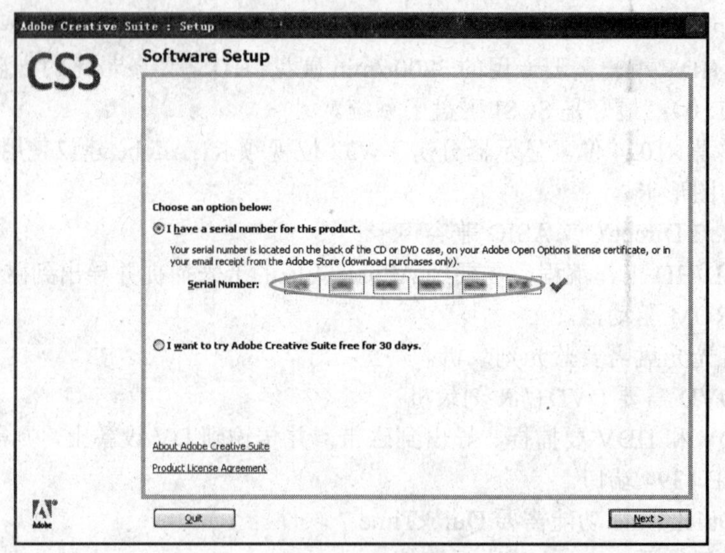

图 1-1

2）在弹出的 Activate Now 窗口中，如果单击 Activate Now 按钮，可立即通过连接的网络进行激活。这里，我们单击 Other activation options 项，选择其他的激活方式，如图 1-2 所示。

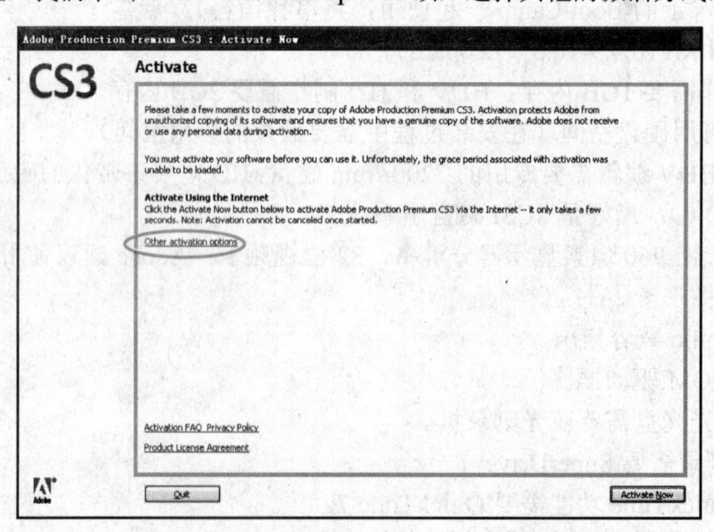

图 1-2

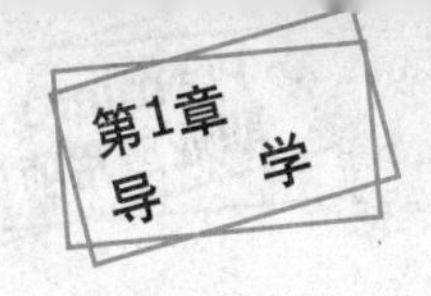

3）在出现的 Options 对话框中，可选择通过 Internet 或者电话来进行激活。这里我们选择第二项电话激活，单击 OK 按钮，如图 1-3 所示。

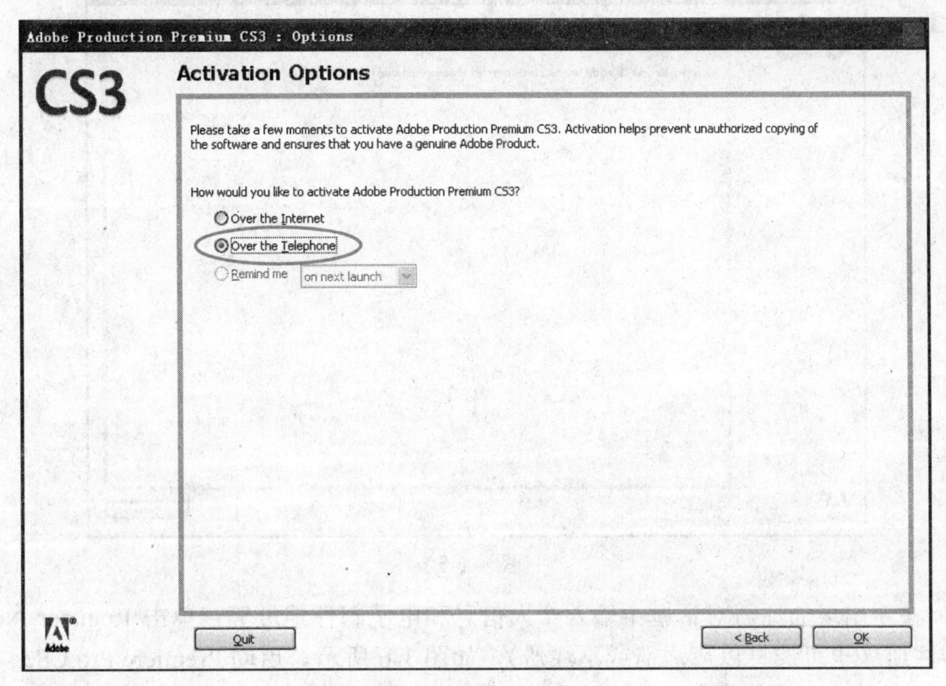

图 1-3

4）在出现的 Phone Options 对话框中，输入从 Adobe 得到的激活码，单击 Activate 按钮，如图 1-4 所示。

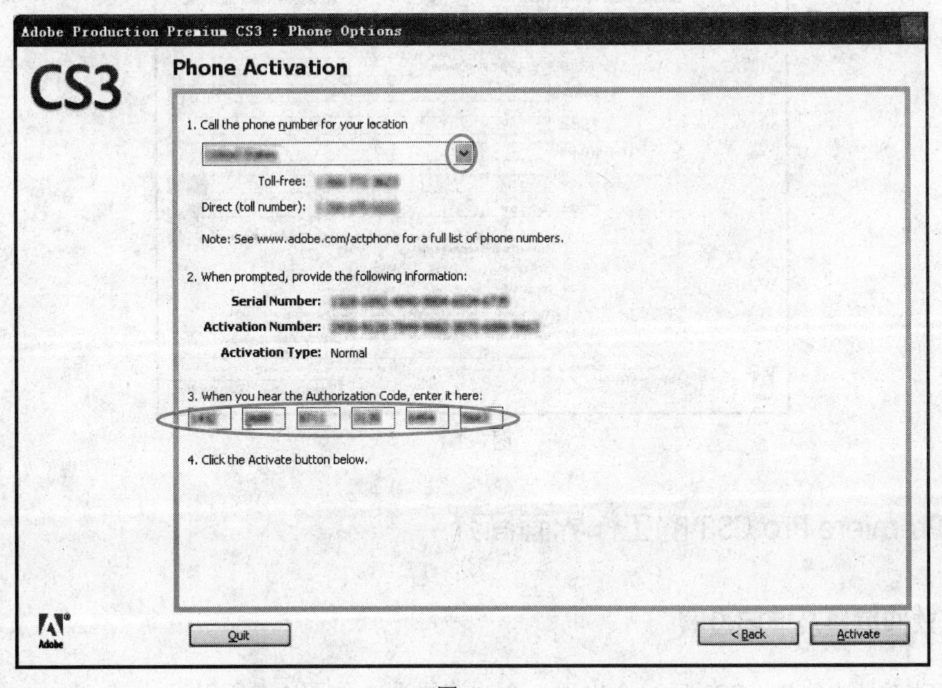

图 1-4

5）出现激活成功窗口，单击 Done 按钮，如图 1-5 所示。

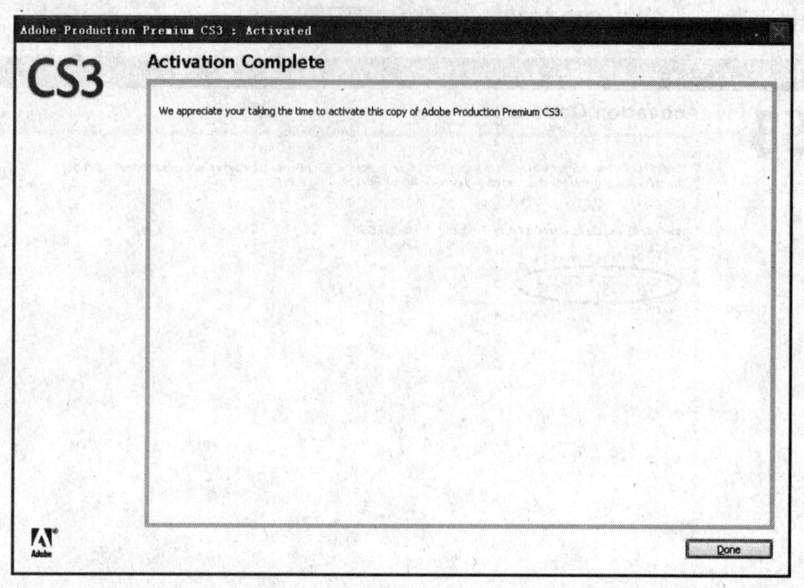

图 1-5

6）在新出现的注册对话框中输入个人信息和电子邮件地址等，单击 Register Now 按钮完成注册（也可选择以后注册或不注册），如图 1-6 所示。启动 Premiere Pro CS3。

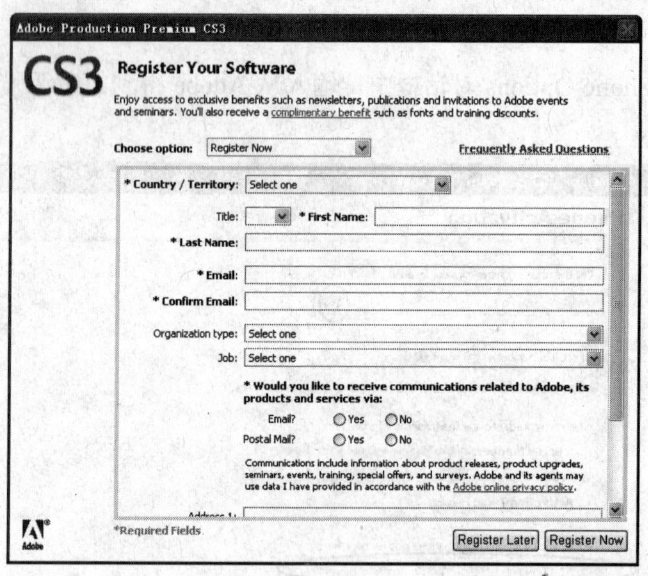

图 1-6

1.2 Premiere Pro CS3 的工作界面简介

1.2.1 欢迎屏幕及项目设置

启动 Premiere Pro CS3 后，会出现一个欢迎屏幕，如图 1-7 所示。

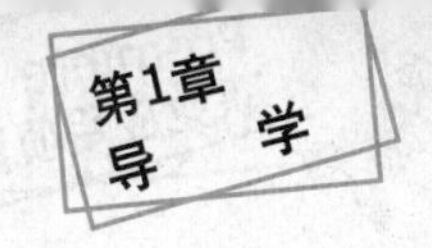

图 1-7

在图 1-7 中可以单击 New Project 按钮新建项目，或单击 Open Project 按钮打开项目。另外，在上方的 Recent Projects 列表中列出了最近使用过的 5 个项目文件，可以单击名称将其打开。

以新建项目为例，单击 New Project 按钮，出现 New Project（新建项目）对话框，如图 1-8 所示。

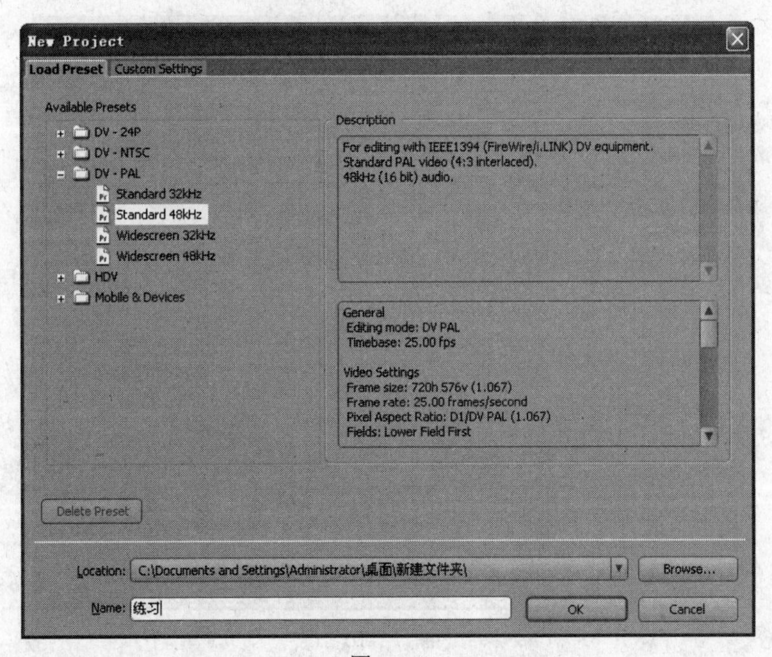

图 1-8

在 Load Preset 选项卡中的 Available Presets 栏中，选择一种项目预设。同时，在右侧的 Description 栏中，会显示出关于此预置设置的信息。单击 New Project 对话框下方 Location 右侧的 Browse 按钮，指定此项目文件的存储路径；在 Name 文本框中输入项目名称，最后，单击 OK 按钮即可。

如果对于软件提供的项目预设不满意，可以进行自定义设置，即单击 New Project 对话框中的 Custom Settings 选项卡，在其中进行各部分的设置，如图 1-9 和图 1-10 所示。

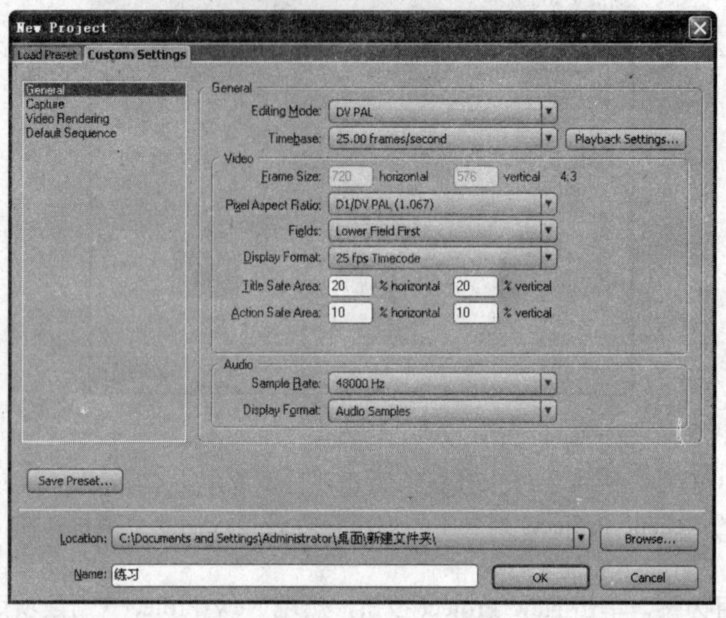

图 1-9

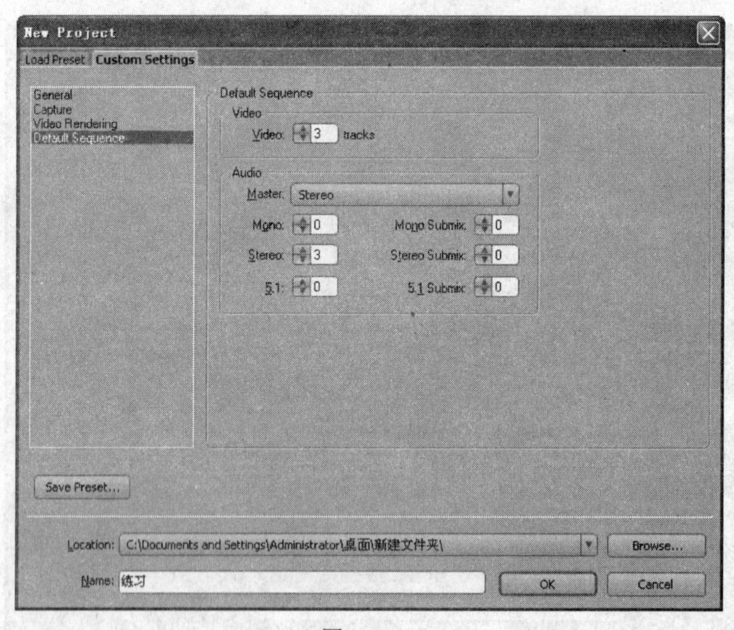

图 1-10

1.2.2 工作界面

Premiere Pro CS3 的工作界面如图 1-11 所示。

图 1-11

1. 项目（Project）调板

在项目（Project）调板中可以导入和管理素材，如图 1-12 所示。

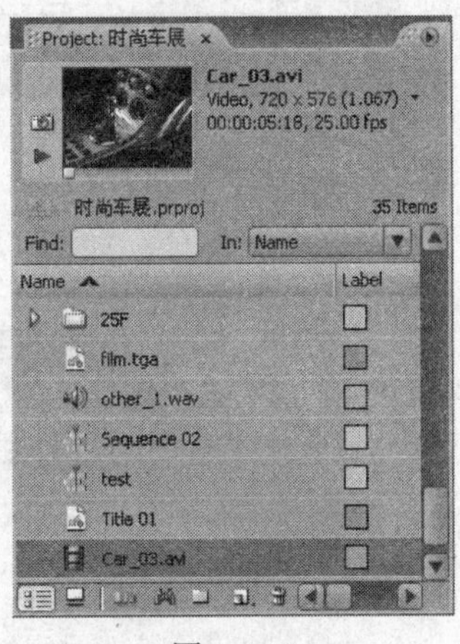

图 1-12

（1）导入素材

选择菜单 File→Import（或按<Ctrl+I>组合键），打开 Import（导入素材）对话框，从中选择需要的素材文件后，单击“打开”按钮；如果想导入整个素材文件夹，则在对话框中选中目标文件夹后，单击 Import Folder 按钮。

小提示

导入素材时，注意 Premiere 所能支持的文件格式；可配合<Ctrl>键和<Shift>键进行多个素材的选择。

（2）管理素材

选择菜单 Edit→Cut/Copy/Paste/Clear，可对选择的素材对象进行剪切、复制、粘贴及清除操作，其对应快捷键分别为<Ctrl+X>、<Ctrl+C>、<Ctrl+V>和<Backspace>键。另外，还可以选中素材后，单击 Project 调板下方的按钮，删除该素材。

选中某素材对象，在其上单击鼠标右键，从出现的菜单中选择 Rename 命令，可以对该对象重新命名。

2．监视器（Monitor）调板

图 1-13 所示为监视器（Monitor）调板，其左侧是 Source Monitor（源监视器），作用是显示源素材片段，可以在 Project 调板或 Timeline 调板中双击素材，或者从 Project 调板将素材拖动到源监视器，都可在 Source Monitor（源监视器）显示该素材。右侧是 Program Monitor（节目监视器），其作用是显示当前的序列。

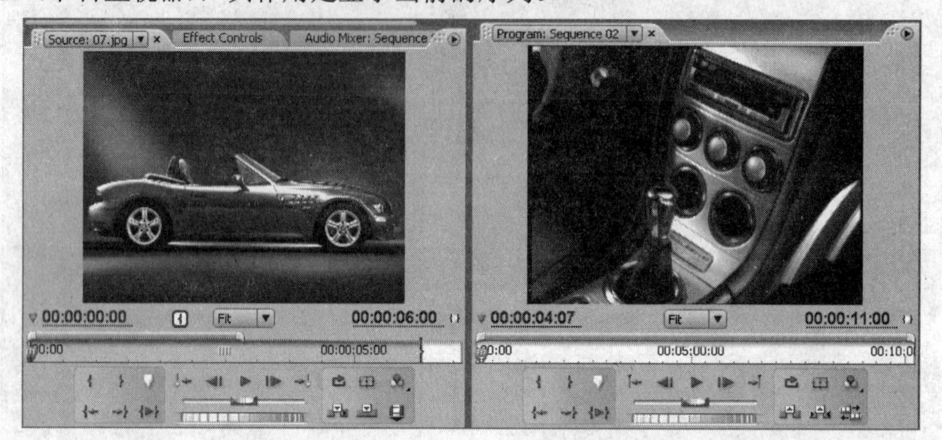

图 1-13

监视器（Monitor）调板除了进行播放、预览外，还可以进行一些基本的编辑操作。调板中相关部分的简要说明如下：

1）时间控制部分，如图 1-14 所示。

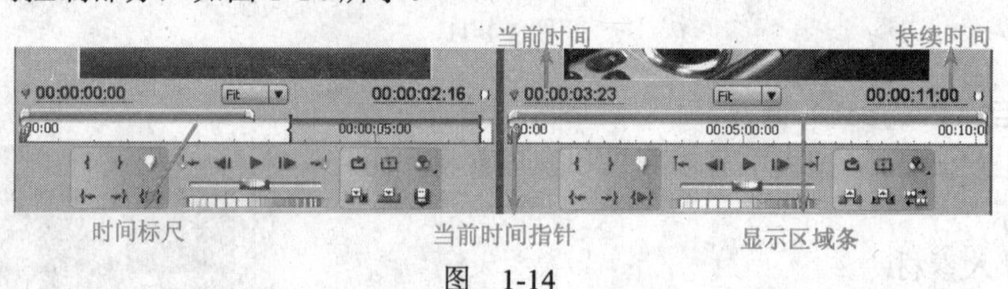

图 1-14

2）播放控制部分，如图 1-15 所示。

图 1-15

3）编辑控制部分，如图 1-16 所示。

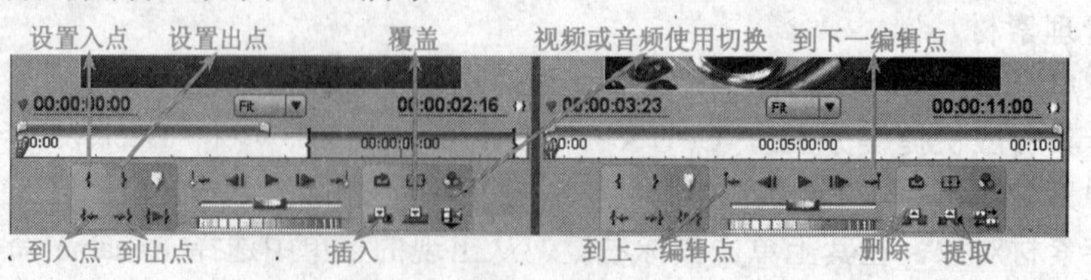

图 1-16

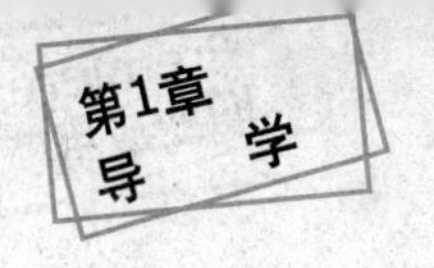

3. 时间线（Timeline）调板

绝大部分的编辑操作，都是在此调板中进行的，如图 1-17 和图 1-18 所示。

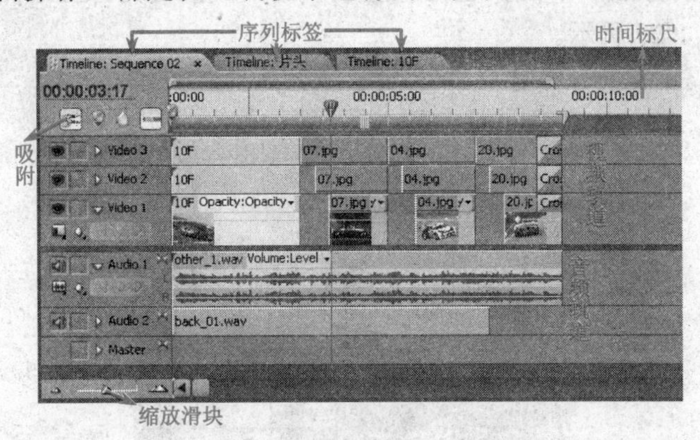

图 1-17

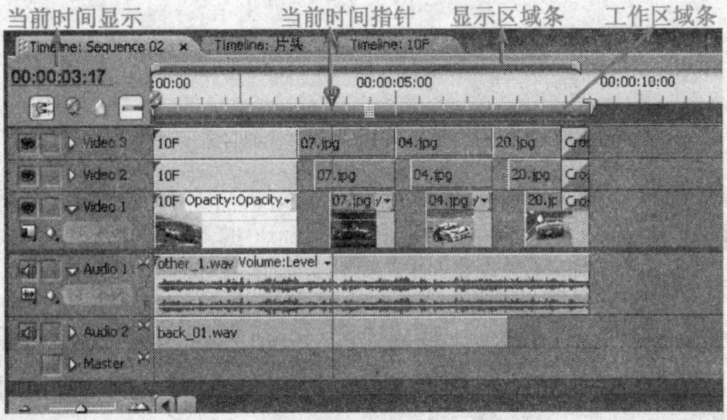

当前时间显示　当前时间指针　显示区域条　工作区域条

Timeline: Sequence 02　Timeline: 片头　Timeline: 10F

00:00:03:17　00:00　00:00:05:00　00:00:10:00

Video 3　10F　07.jpg　04.jpg　20.jpg

Video 2　10F　07.jpg　04.jpg　20.jpg

Video 1　10F Opacity:Opacity　07.jpg　04.jpg

Audio 1　other_1.wav Volume:Level

Audio 2　back_01.wav

Master

图 1-18

（1）轨道的显示、隐藏、静音、锁定操作

单击轨道控制区域中相应的小方框，如图 1-19 所示。

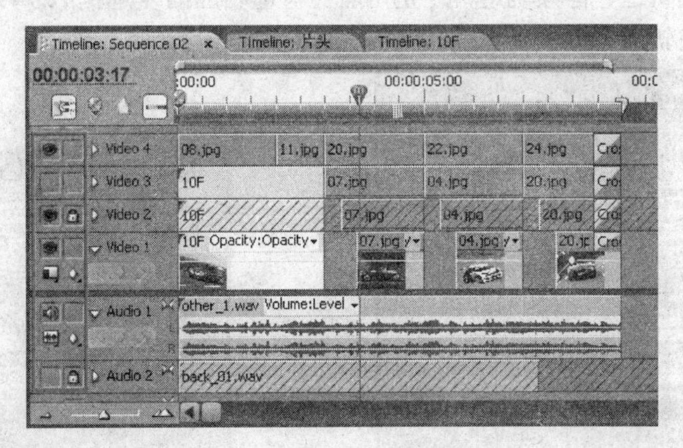

图 1-19

（2）设置目标轨道

当使用 Source Monitor（源监视器）调板进行素材片段的添加，或使用 Program Monitor

（节目监视器）调板进行素材片段的删除、提取操作时，需要预先设置目标轨道。

设置目标轨道的方法：单击轨道控制区域，当其颜色变亮，且左侧显示圆角边缘时，表示被选中，如图 1-20 所示。

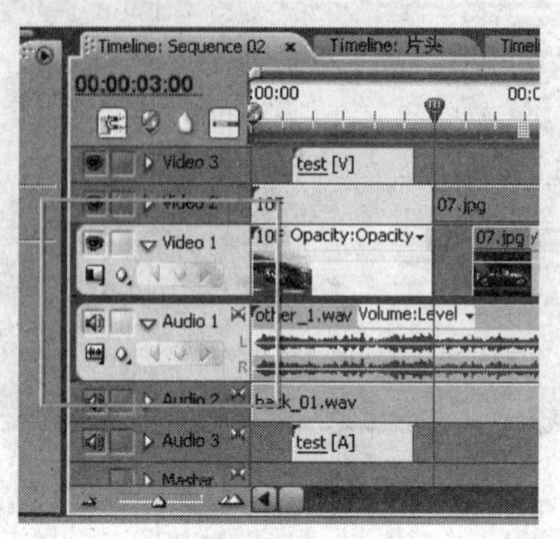

图 1-20

小提示

1）一次只能设置一个目标视频轨道和目标音频轨道。

2）当使用覆盖编辑时，只影响目标轨道；当使用插入编辑时，素材片段不仅会添加到目标轨道上，其他未被锁定的轨道上的素材也会相应调整。

（3）轨道的添加、删除及重命名

选择菜单 Sequence→Add Tracks（或在轨道控制区域单击鼠标右键，在弹出的菜单中选择 Add Tracks），出现 Add Tracks（添加轨道）对话框，在其中输入添加轨道的数量、放置位置及音频轨道的类型即可，如图 1-21 所示。

指定目标轨道，选择菜单 Sequence→Delete Tracks（或在轨道控制区域单击鼠标右键，在弹出的菜单中选择 Delete Tracks），出现 Delete Tracks（删除轨道）对话框。从中选择欲删除的轨道是视频轨道、音频轨道，还是两者（勾选相应的复选框），再选择是删除目标轨道还是删除所有空轨道，如图 1-22 所示。

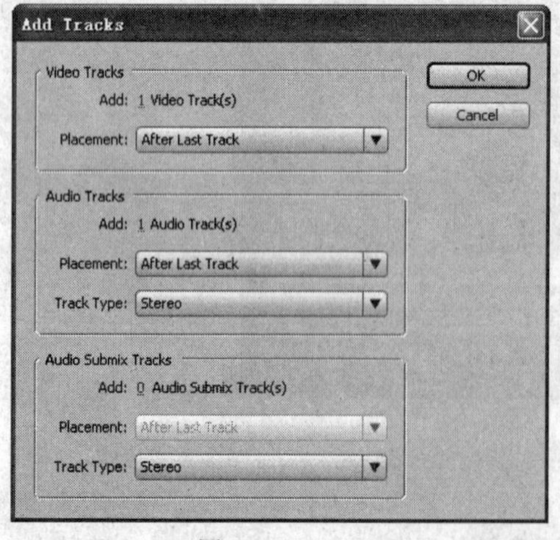

图 1-21

图 1-22

在轨道控制区域单击鼠标右键，在弹出的菜单中选择 Rename（重命名），输入新的轨道名称后按<Enter>键，即可完成轨道的重新命名。

4. 信息（Info）调板

在信息调板中（如图 1-23 所示），显示的是选中元素的一些基本信息，主要对我们的编辑工作起参考作用。

元素的类型不同，其显示的内容也不同。

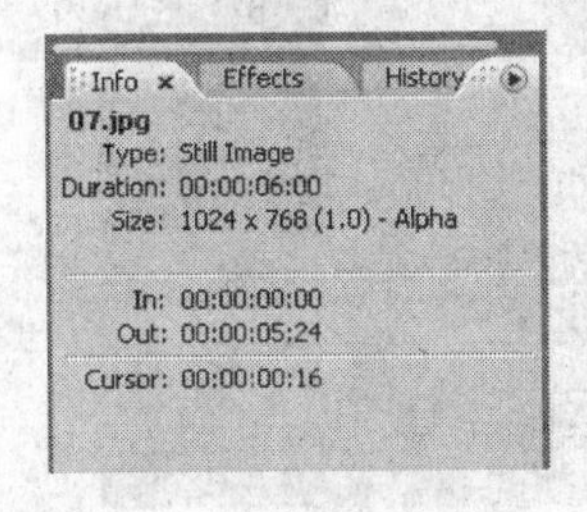

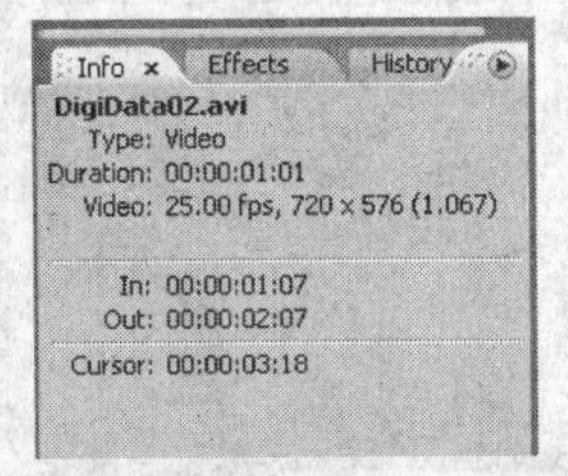

图 1-23

5. 工具（Tools）调板

工具调板中含有在时间线中进行编辑操作的各种工具，又称为“工具箱”，如图 1-24 所示。

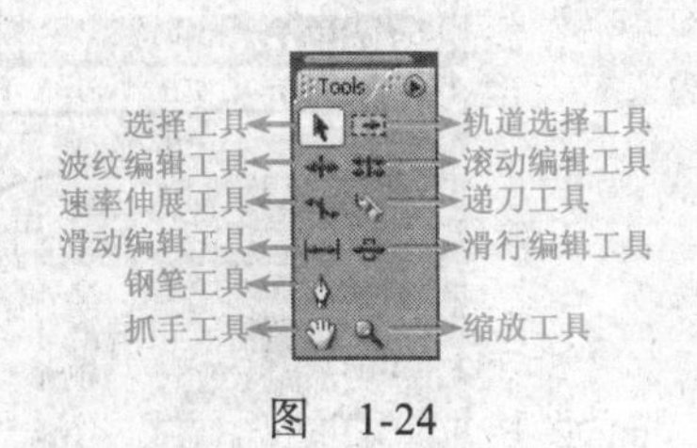

图 1-24

1.2.3 自定义工作空间

在 Premiere 中，我们可以根据个人习惯来定制自己的工作空间。

用鼠标单击需要重新定位的调板标签并将其拖动至另一个调板的上、下、左、右四个区域时，该区域会高亮显示，如图 1-25 所示。在相应的区域释放鼠标，调板就会放置到该区域的相应方向，如图 1-26 所示。

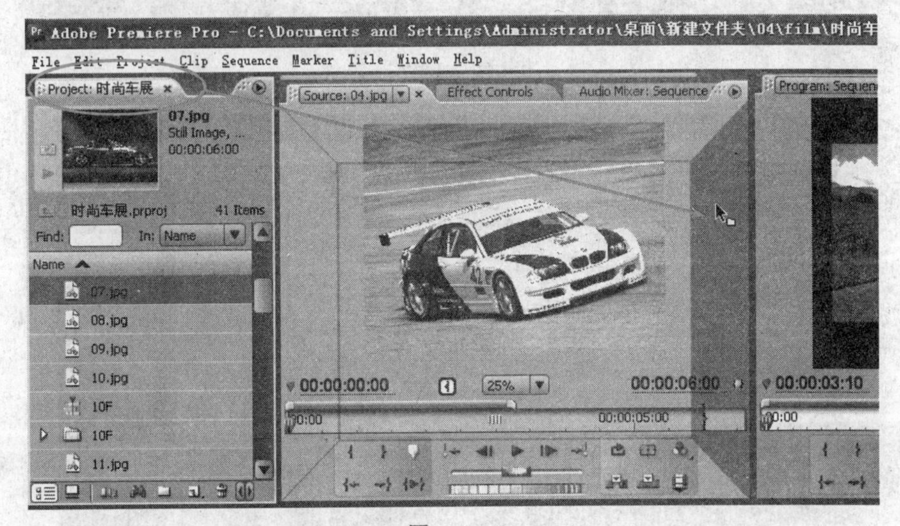

图 1-25

如果将需要重新定位的调板拖动至另一个调板的标签区域或中间区域时（如图 1-27 所

示），释放鼠标，该调板就会与目标调板相结组，如图 1-28 所示。

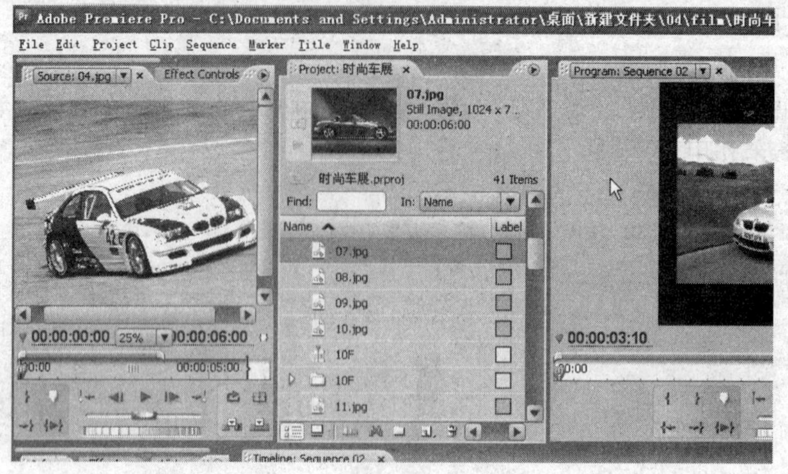

图 1-26

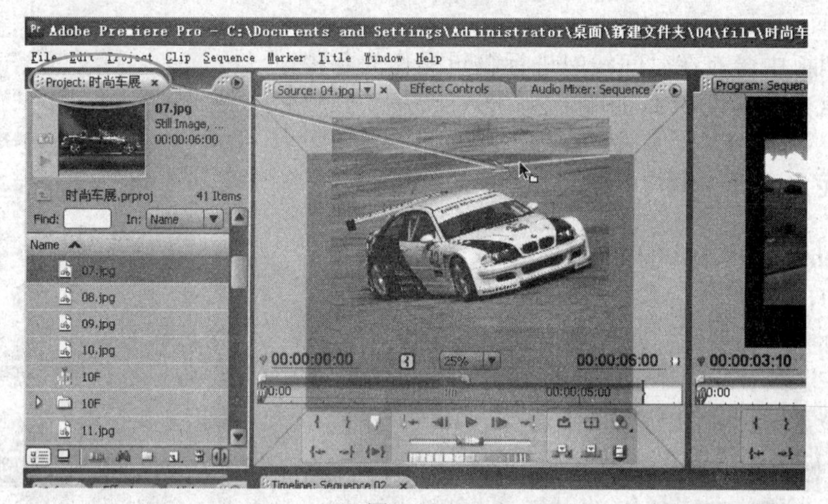

图 1-27

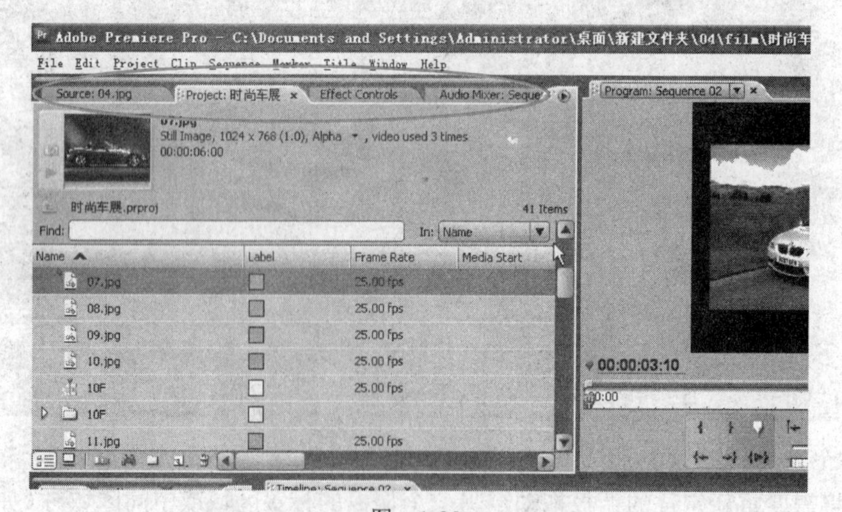

图 1-28

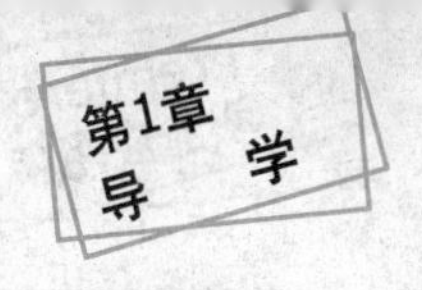

当将鼠标置于两个调板的中间区域时，鼠标指针会变为双箭头形状，如图 1-29 所示。此时，单击并拖动鼠标，可以改变调板的大小，如图 1-30 所示。

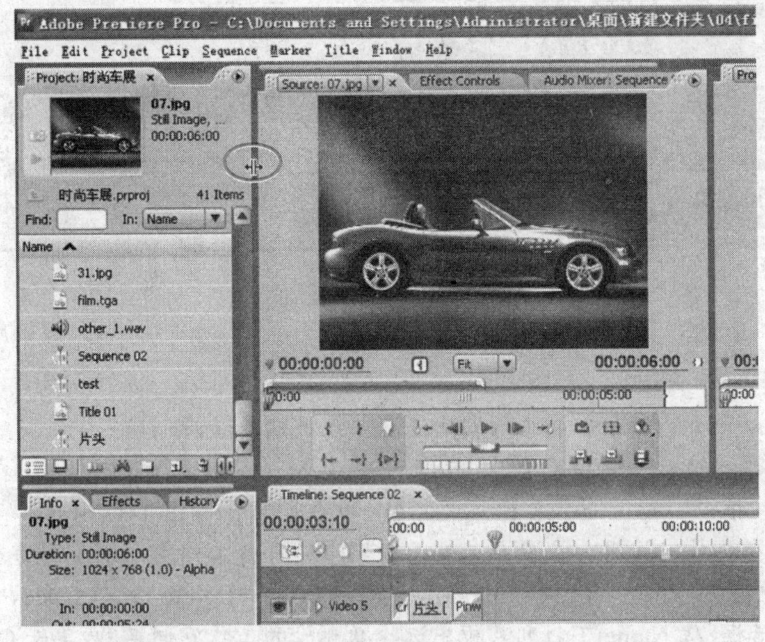

图 1-29

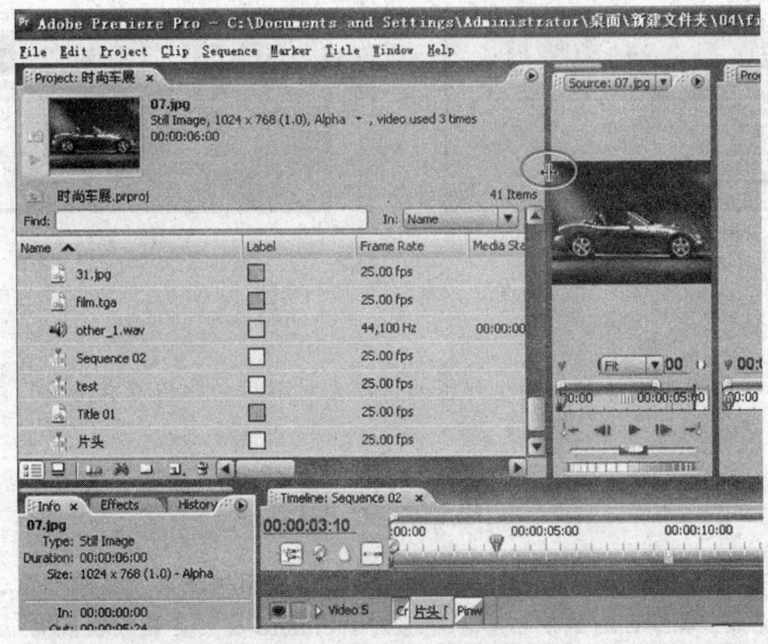

图 1-30

另外，单击调板标签右侧的☒（关闭）按钮，可将该调板关闭，如图 1-31 所示。

如果我们想要恢复到更改前的工作空间，可以选择菜单 Window→Workspace→Reset Current Workspace，弹出如图 1-32 所示的对话框，再单击 Yes 按钮即可。

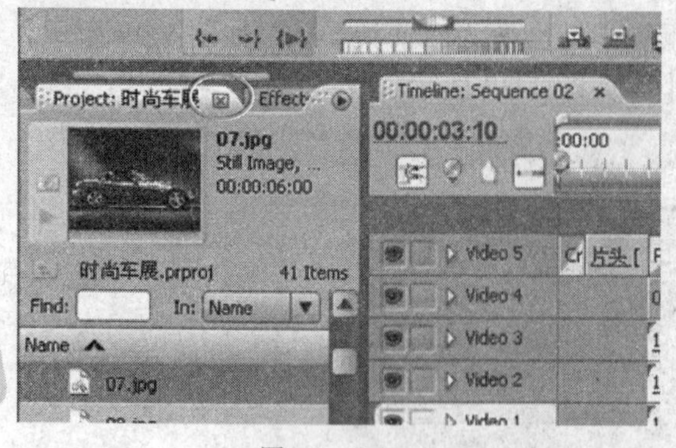

图 1-31

Reset Workspace

Are you sure you want to reset 'Editing' to its original layout?

Yes　No

图 1-32

知识加油站

我们还可以把自己调整好的工作空间保存起来，以便随时调用。

调整好工作空间后，选择菜单 Window→Workspace→New Workspace，在弹出的 New Workspace 对话框中，输入一个名称并单击 OK 按钮即可，如图 1-33 所示。

想删除某个工作空间时，应确定未处于欲删除的目标工作空间中（因为当前的工作空间是无法被删除的），选择菜单 Window→Workspace→Delete Workspace，弹出 Delete Workspace 对话框，从 Name 下拉列表框中选择欲删除的工作空间名称，单击 OK 按钮即可，如图 1-34 所示。

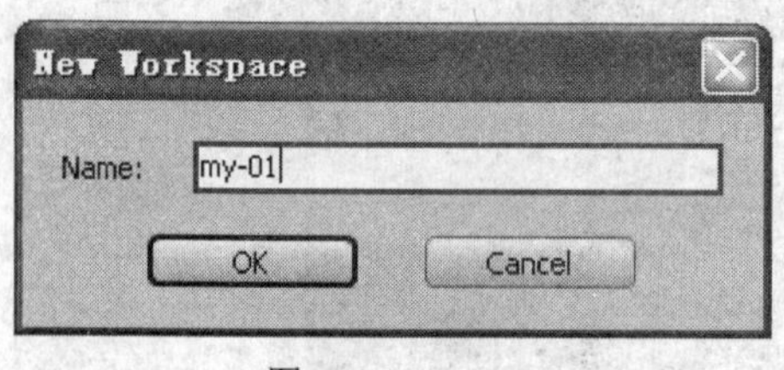

图 1-33

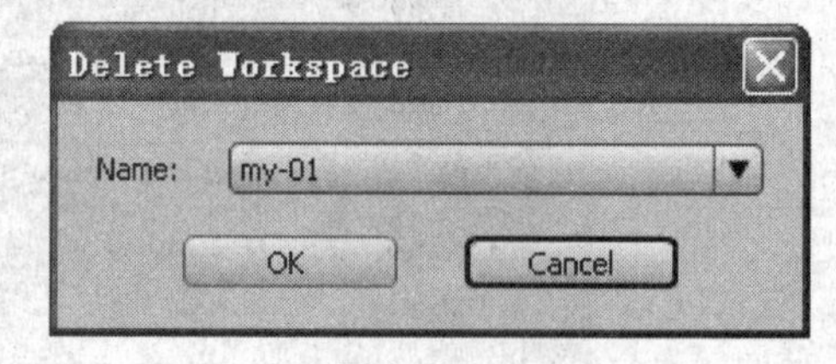

图 1-34

特别提示

建议大家不要删除软件预置的工作空间，以免对以后的操作造成不便！

本章小结

本章主要介绍了 Premiere Pro CS3 软件的功能、应用领域以及系统要求、安装与激活操作、界面简介等。本章目的是使初学者能够对 Premiere 及其各调板功能有一个大致了解，为学习后续章节奠定基础。

第2章 了解影片制作流程——旅游留念

2.1 任务情境

随着人们生活水平的不断提高，数码摄像机也已进入寻常百姓家，人们用 DV 将生活中的精彩画面记录下来，比如聚会、外出游玩、亲朋好友结婚等。

一位朋友利用休假期间，到外地旅游，用数码摄像机拍摄了一些画面，现在他想把录像带中的内容导入到计算机中进行观看，并删除一些拍摄不够理想的画面。

2.2 任务分析

1）采集素材。只有把录像带中的内容采集到计算机中，才可以利用 Premiere 软件进行编辑处理。这一步，将利用 DV1394 卡进行采集。

2）对素材进行入点、出点的设定，并按照一定的顺序组接起来。

3）添加片头文字及必要的注释说明性文字。说明性文字将采用横向滚动字幕的方式。

4）对字幕及个别素材间添加转场效果。

5）加入背景音乐，并调整音乐素材的长度，以适应画面。

6）影片的渲染输出。

2.3 成品效果

影片最终的渲染输出效果，如图 2-1 所示。

图 2-1

2.4 任务实施

2.4.1 新建项目文件

1）启动 Premiere 软件，单击 New Project 按钮（如图 2-2 所示），打开 New Project 对话框。

2）在对话框中展开 DV-PAL 项，选择其下的 Standard 48kHz（此为我国目前通用的电视制式）。在对话框下方 Location 项的右侧单击 Browse 按钮，打开“浏览文件夹”对话框，新建或选择存放项目文件的目标文件夹，单击“确定”按钮，关闭“浏览文件夹”对话框。再在 New Project 对话框最下方的 Name 文本框中键入项目文件的名称，这里命名为“苍岩山”，如图 2-3 所示。单击 OK 按钮，完成项目文件的建立并关闭 New Project 对话框，进入 Premiere 的工作界面。

图 2-2

图 2-3

2.4.2 采集素材

可以用常见的 DV 1394 卡（如图 2-4 所示）将 DV 摄像机拍摄的录像带内容采集到电脑中。

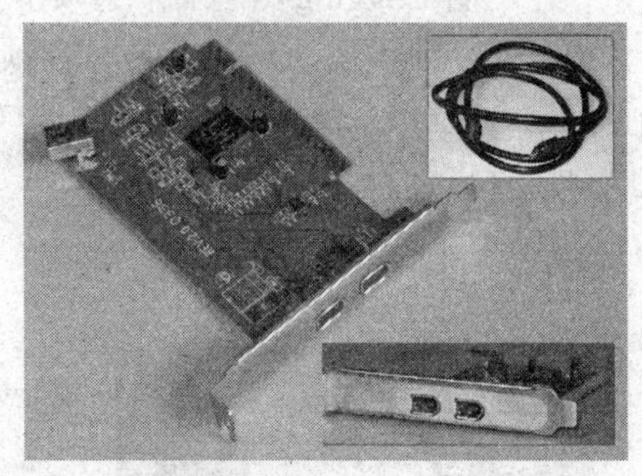

图 2-4

1．连接设备

1）将卡与装入录像带的 DV 摄像机连接。注意，摄像机的型号不同，其火线接口的位置也不同，如图 2-5 所示。

2）打开摄像机，并调整到播放状态。

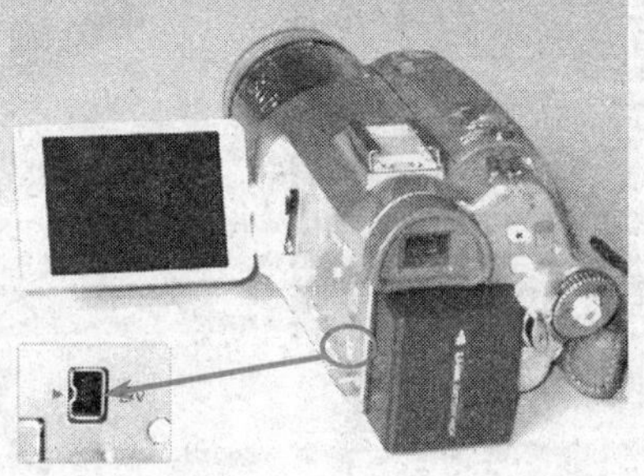

图 2-5

2．采集素材

（1）手动采集

1）选择菜单 File→Capture（或按功能键<F5>），打开 Capture（采集）调板，如图 2-6 所示。

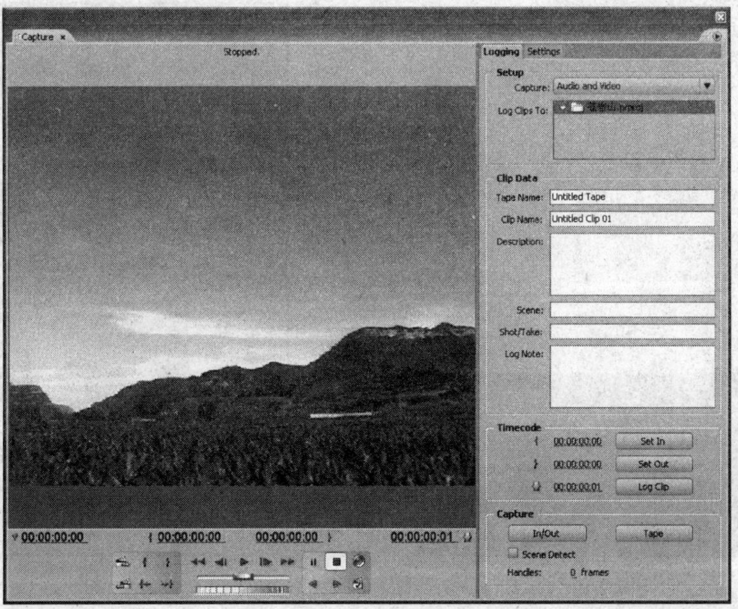

图 2-6

在右侧 Logging（记录）选项卡下的 Setup 栏中可以选择采集素材的种类：Audio and Video（音频和视频）、Audio（音频）、Video（视频），如图 2-7 所示。

在 Settings（设置）选项卡下的 Capture Locations（采集位置）栏中可以对采集素材的保存位置进行设置，如图 2-8 所示。

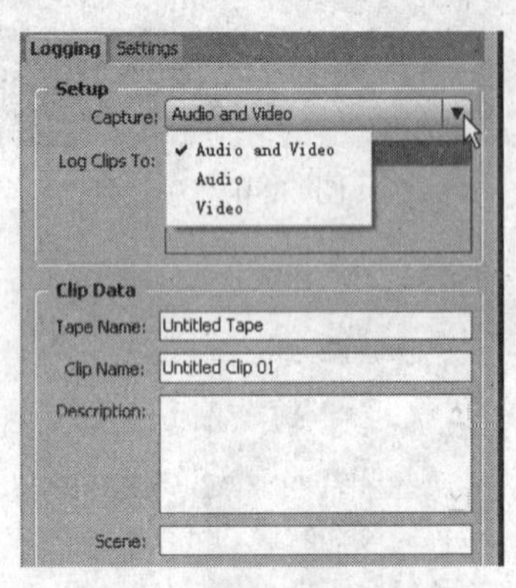

图 2-7

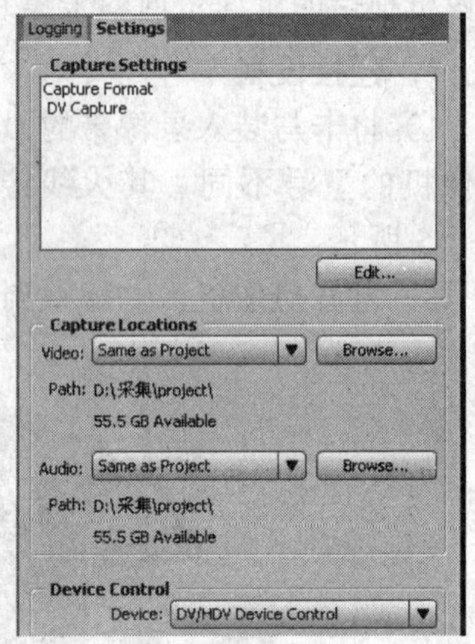

图 2-8

小提示

建议将采集素材存放于系统分区外且剩余磁盘空间较大的分区中。

Capture（采集）调板上方如果出现“Capture Device Offline.”的提示，则应检查设备连接是否正确，如图 2-9 所示。

2）单击调板下方控制面板中的（播放）按钮，播放录像带，如图 2-10 所示。

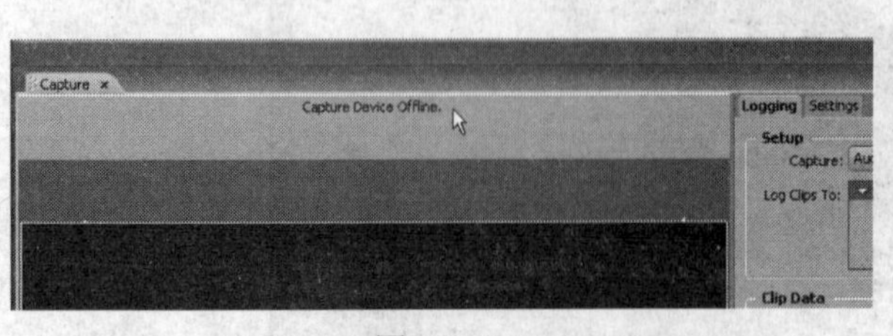

图 2-9

图 2-10

当到需要采集片段的开始前几秒时，单击（记录）按钮，开始采集。此时，调板上方会显示采集相关信息，如图 2-11 所示。

图 2-11

在出点结束后几秒停止采集，可单击■（停止）按钮（或按<Esc>键），结束本次采集。

小提示

在需要内容的入点前几秒开始采集、出点后几秒结束采集，是为了便于以后的编辑操作。

3）弹出 Save Captured Clip 对话框，在 Clip Name 文本框中输入文件名称，如图 2-12 所示。

4）采用同样的操作进行其他素材片段的采集；完成后，关闭 Capture（采集）调板。采集过的素材会在 Project 调板中出现，如图 2-13 所示。

（2）批采集

1）选择菜单 File→Capture（或按功能键<F5>），打开 Capture（采集）调板。在右侧 Settings 选项卡下的 Capture Locations 栏中对采集素材的保存位置进行设置；在 Logging 选项卡下的 Setup 栏中选择采集素材的种类；在 Clip Data 栏中，对录像带、素材进行命名，如图 2-14 所示。

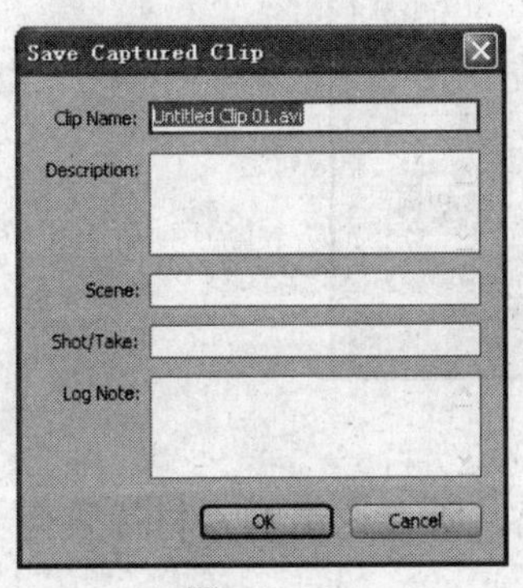

图 2-12

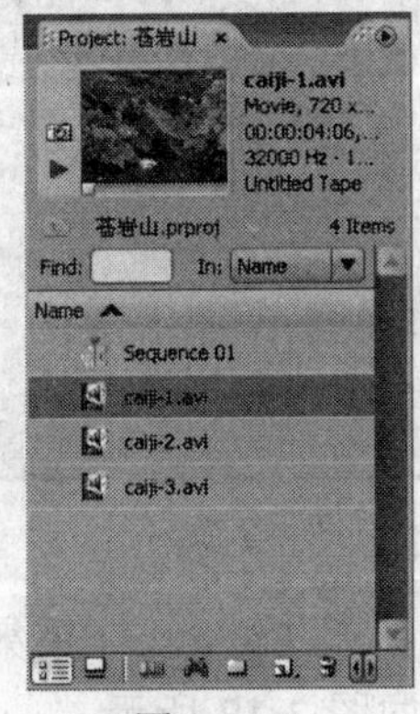

图 2-13

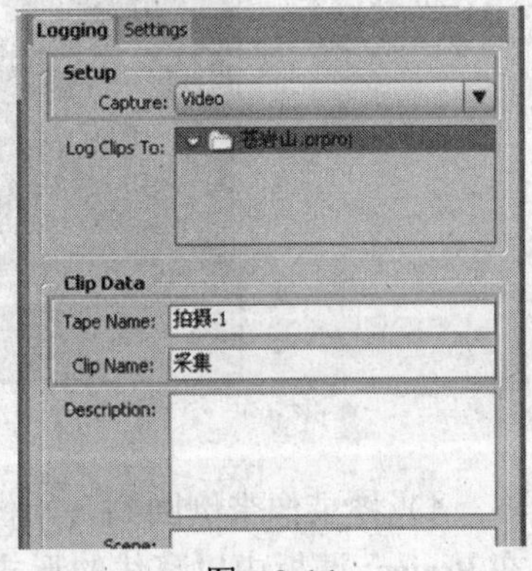

图 2-14

2）单击调板下方控制面板中的▶（播放）按钮，播放录像带。结合 Set In、Set Out 按钮，设置欲采集素材的入点、出点后，再单击 Log Clip 按钮，弹出对话框，对素材命名，如图 2-15 所示。

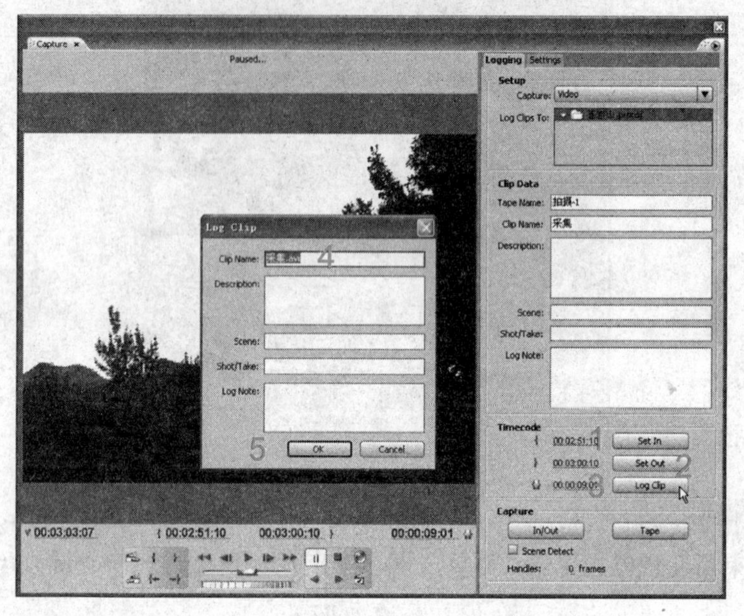

图 2-15

3）进行同样的操作，直至将录像带中所有需要采集的素材都记录完毕，如图 2-16 所示。

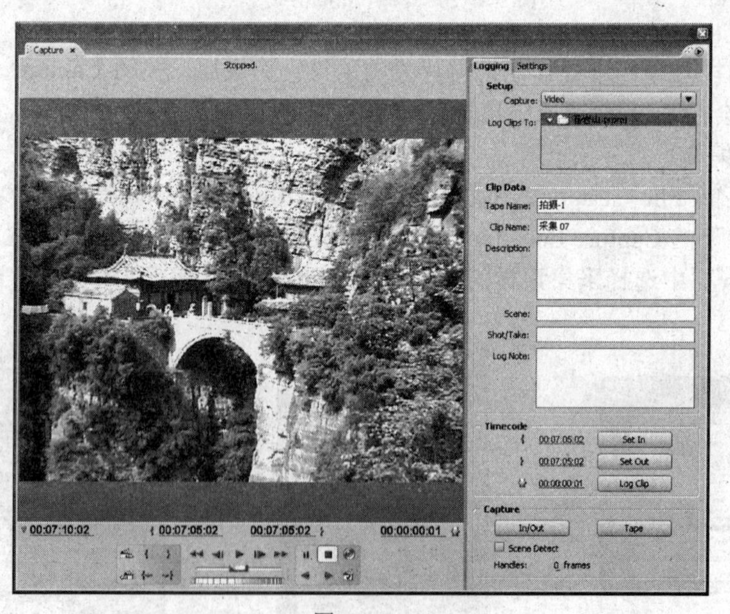

图 2-16

4）将录像带倒回到开始位置，再关闭 Capture（采集）调板，所有记录的素材片段会在 Project 调板中以离线的形式出现，如图 2-17 所示。

5）将 Project 调板中刚才记录的离线文件全部选中，选择菜单 File→Batch Capture（或按功能键<F6>），弹出 Batch Capture 对话框，如图 2-18 所示。在其中可以选择设置额外帧（即在设置的入点之前及设置的出点之后多采集的帧数），单击 OK 按钮，关闭对话框。

6）出现“插入录像带”的提示，如图 2-19 所示。本例中只记录了一盘录像带，且带子已经在摄像机中，所以直接单击 OK 按钮即可。如果在前面的操作中，已记录过多盘录像带，则应按提示插入相应名称的录像带。

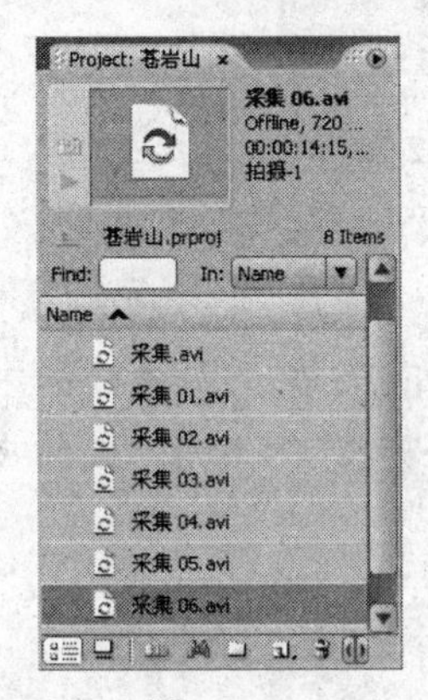

图 2-17

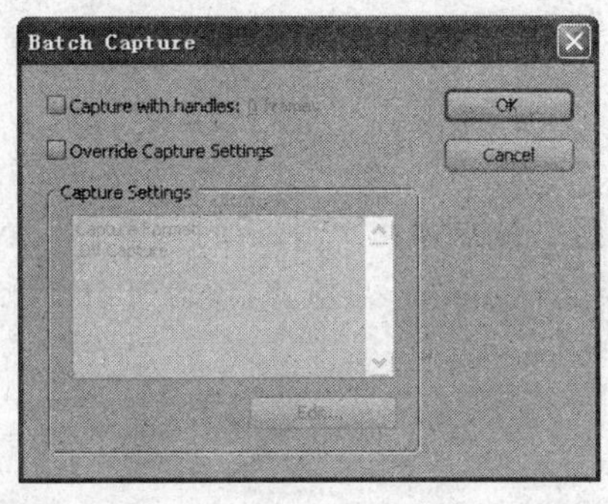

图 2-18

图 2-19

7）Premiere 自动开始对先前记录的各素材片段进行采集，如图 2-20 所示。

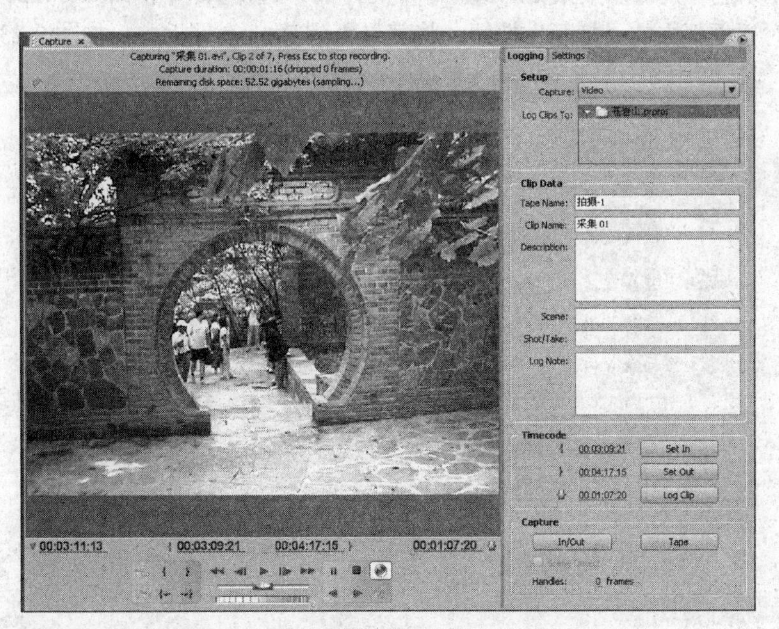

图 2-20

8）所有选择的素材采集结束后，会弹出完成对话框，如图 2-21 所示。

9）单击 OK 按钮，关闭 Batch Capture 对话框。此时，在 Project 调板中，离线文件都替换为采集的素材片段，如图 2-22 所示。

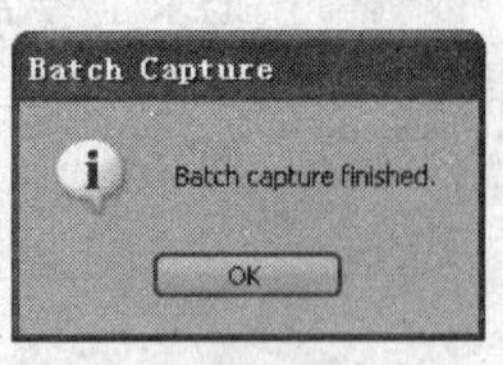

图 2-21

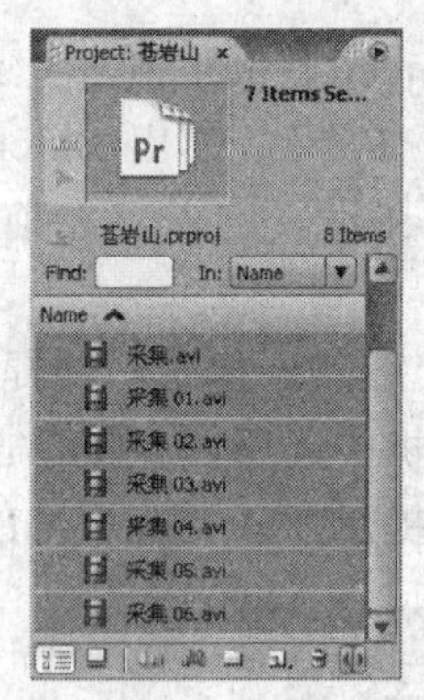

图 2-22

说明

本例所用的素材片段，是利用批采集方式采集的，并在 Logging（记录）选项卡下的 Setup 栏中选择采集素材的种类为 Video（视频）。读者可打开配套光盘“Ch02”文件夹中的“素材”文件夹进行查看。

2.4.3 导入音频素材

选择菜单 File→Import（或按<Ctrl+I>组合键），打开 Import（导入素材）对话框。在对话框中找到配套光盘“素材及效果\Ch02\素材”文件夹，选择其中的“music.mp3”音频文件，单击 Import 对话框下方的“打开”按钮，将其导入到 Project 调板中，如图 2-23 所示。

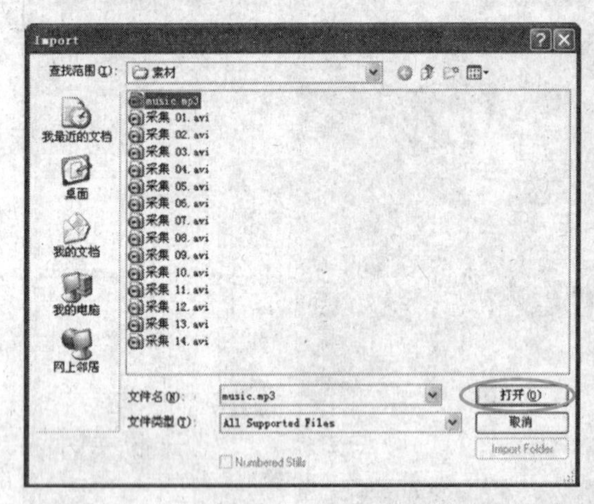

图 2-23

小提示

因本例中的视频素材已经通过前面的批采集方式导入到了 Project 调板中，所以在此只需导入音频素材即可。

读者可以再次选择菜单 File→Import，打开 Import 对话框。将“素材”文件夹中的“采集 01.avi”至“采集 14.avi”素材文件选中，导入到 Project 调板中。

在 Import 对话框中，进行素材文件的选择时，可以按<Ctrl+A>组合键选择全部文件；配合<Shift>键进行连续多个素材文件的选择；配合<Ctrl>键进行多个不连续素材文件的选择。

2.4.4 组接素材

1）在 Project 调板中，双击“采集 09.avi”素材片段，在 Source Monitor（源监视器）调板中将其打开，如图 2-24 所示。

图 2-24

2）单击调板下方的（播放）按钮，对素材进行播放预览。在 00:09:24:18 处，单击（设置入点）按钮，设置素材的入点；在 00:09:32:00 处，单击（设置出点）按钮，设置素材的出点，如图 2-25 所示。

图 2-25

单击（插入）按钮，将其添加到序列中，如图 2-26 所示。

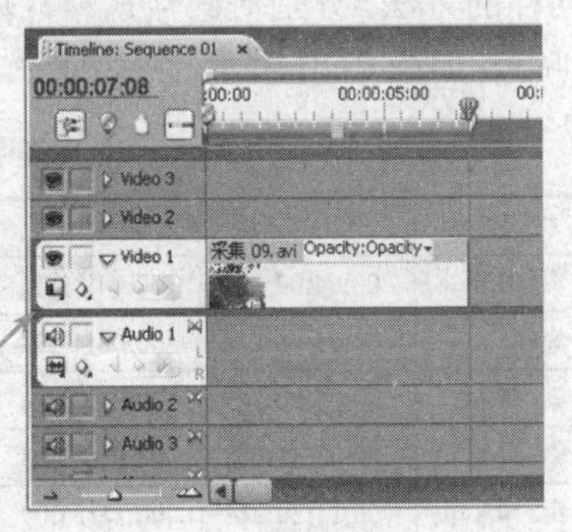

图 2-26

小提示

拖动 Timeline（时间线）调板左下方的“缩放滑块”，可改变时间标尺的显示比例，如图 2-27 所示。

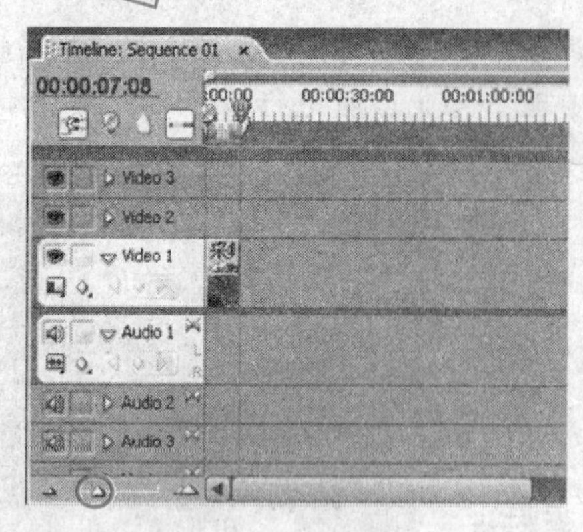

图 2-27

3）在 Project 调板中，双击“采集 08.avi”素材片段，在 Source Monitor 调板中将其打开。在 00:08:34:24 处，设置素材入点；在 00:08:38:24 处，设置素材出点；单击按钮，将其添加到序列中（“采集 09.avi”素材片段的后面），如图 2-28 所示。

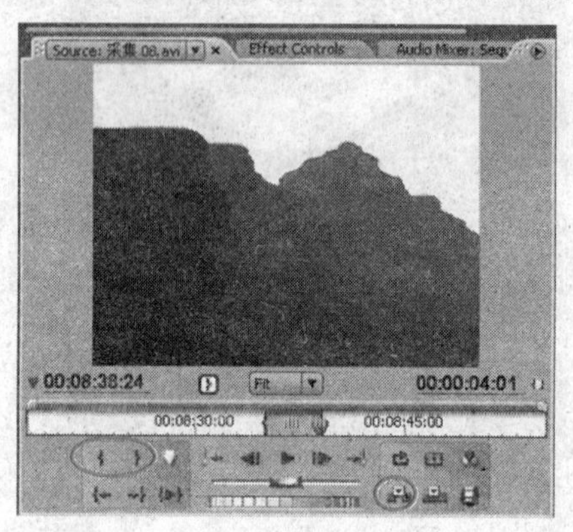

图 2-28

4）采用同样的方法，分别对其他素材片段进行入点、出点的设置（可参考表 2-1 所示），并添加到序列中，如图 2-29 所示。

表 2-1

镜 号	素材名称	入 点	出 点	镜 号	素材名称	入 点	出 点
3	采集 01.avi	00:04:07:14	00:04:13:14	14	采集 02.avi	00:04:32:22	00:04:41:04
4	采集 01.avi	00:03:46:21	00:03:49:04	15	采集 03.avi	00:05:06:09	00:05:08:11
5	采集 01.avi	00:04:00:18	00:04:02:22	16	采集 03.avi	00:05:22:02	00:05:24:01
6	采集 01.avi	00:03:51:06	00:03:53:03	17	采集 12.avi	00:13:01:16	00:13:03:15
7	采集 10.avi	00:11:20:21	00:11:25:09	18	采集 04.avi	00:05:40:23	00:05:48:22
8	采集 10.avi	00:11:44:20	00:11:46:22	19	采集 07.avi	00:07:47:13	00:07:57:17
9	采集 10.avi	00:11:28:13	00:11:41:06	20	采集 06.avi	00:06:52:24	00:07:00:16
10	采集 05.avi	00:06:05:00	00:06:13:15	21	采集 13.avi	00:13:21:06	00:13:23:05
11	采集 05.avi	00:06:18:01	00:06:25:01	22	采集 01.avi	00:03:12:06	00:03:14:12
12	采集 05.avi	00:06:28:22	00:06:37:08	23	采集 14.avi	00:13:40:00	00:13:45:00
13	采集 11.avi	00:12:43:21	00:12:46:16				

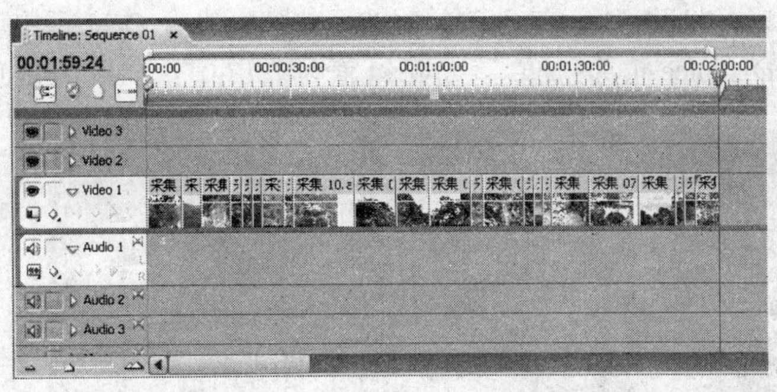

图 2-29

2.4.5 制作字幕

1．片头字幕的制作

1）将当前时间指针置于00:00:00:00处，选择菜单File→New→Title（或选择菜单Title→New Title→Default Still），弹出New Title对话框，输入字幕名称“片头文字”，如图2-30所示。

单击OK按钮关闭对话框，调出Title Properties调板，如图2-31所示。

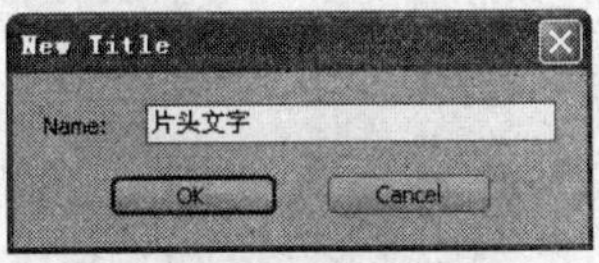

图 2-30

图 2-31

2）输入片头文字并设置字体、字号。在绘制区域单击欲输入文字的开始点，出现闪动光标，输入片头文字“苍岩山风光”，输入完毕后单击左侧“字幕工具调板”中的（选择工具）按钮结束输入。保持文本的选择状态，选择菜单Title→Font，在字体列表中选择STXingkai字体。

在右侧Title Properties（字幕属性）调板中，设置Font Size（字号）为“67.0”，如图2-32所示。

3）设置片头文字的颜色及阴影效果。设置文本填充颜色为红色（R：247，G：9，B：9）；为其添加Outer Strokes（外边线），Size值为“25”，颜色为白色。

对文本添加投影：将 Shadow 属性前的复选框勾选；设置 Opacity 值为“75%”、Angle 值为“–225.0°”、Distance 值为“5.0”、Spread 值为“17.0”，如图 2-33 所示。

图 2-32

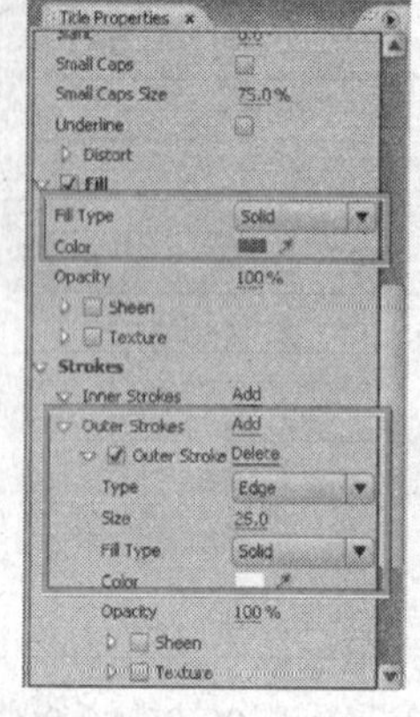

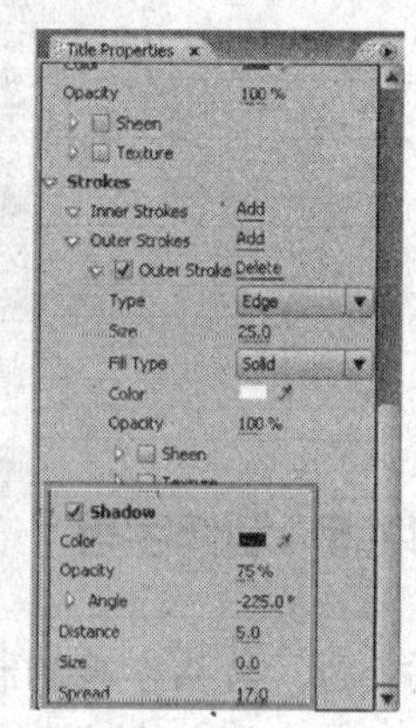

图 2-33

4）设置片头文字的位置。在 Transform 下，设置 X Position 值为“385.1”、设置 Y Position 值为“240.6”，如图 2-34 所示。

关闭 Title Properties 调板，“片头文字”字幕素材出现在 Project 调板中，如图 2-35 所示。

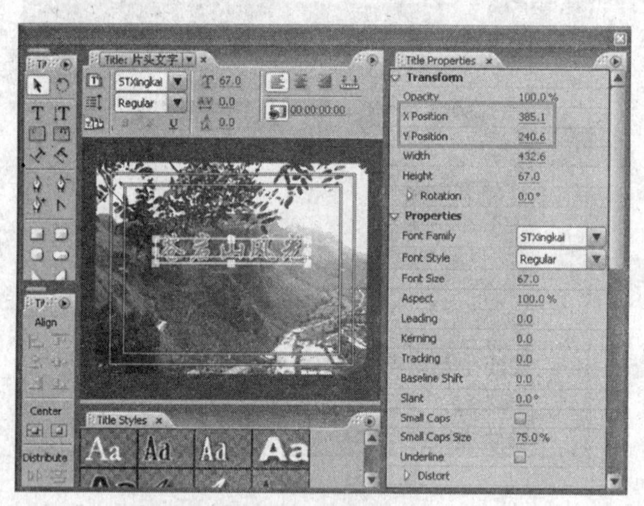

图 2-34

图 2-35

2. 第一部分简介文字的制作

1）选择菜单 Title→New Title→Default Crawl，弹出 New Title 对话框，输入字幕名称“简介-1”，单击 OK 按钮关闭对话框，调出 Title Properties 调板。

2）输入简介文字。单击左侧“字幕工具调板”中的 T（文本工具）按钮，再在绘制区域中单击欲输入文字的开始点，出现闪动光标，输入第一段简介文字（文字内容请参见配套光盘“Ch02”文件夹中“文字简介.txt”文件的第一段）。输入完毕后，单击 ▶（选择工具）按钮结束输入，如图 2-36 所示。

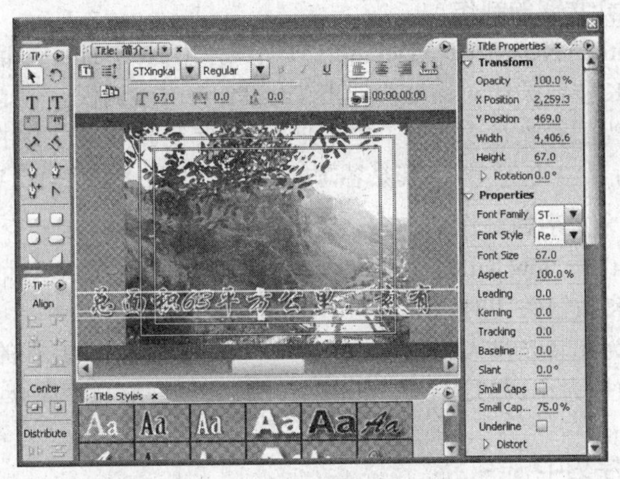

图 2-36

3）编辑简介文字。保持文本的选择状态，选择菜单 Title→Font，在字体列表中选择 SimHei 字体；在右侧 Title Properties 调板中，设置 Font Size（字号）为“30.0”；设置文本填充颜色为白色；为其添加 Outer Strokes（外边线），Size 值为“45”，颜色为黑色；在 Transform 下，设置 X Position 值为“1080.0”、设置 Y Position 值为“523.0”，如图 2-37 所示。

4）选择菜单 Title→Roll/Crawl Options，弹出 Roll/Crawl Options 对话框。在对话框中，勾选 Start Off Screen、End Off Screen 复选框，如图 2-38 所示。设置完成后，单击 OK 按钮，关闭对话框。

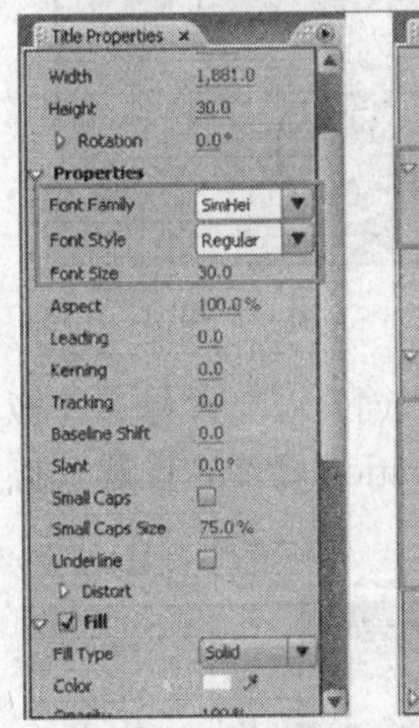

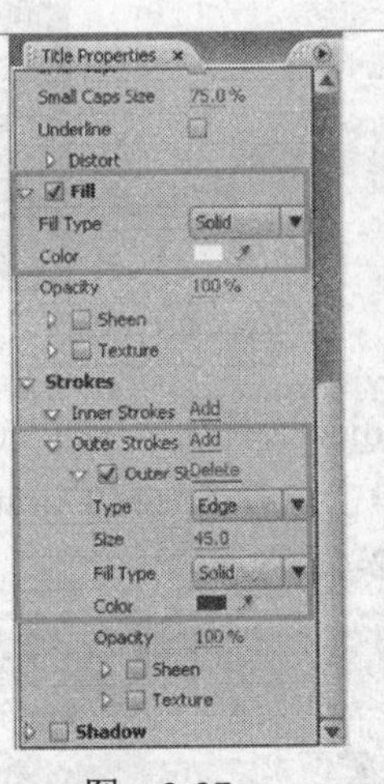

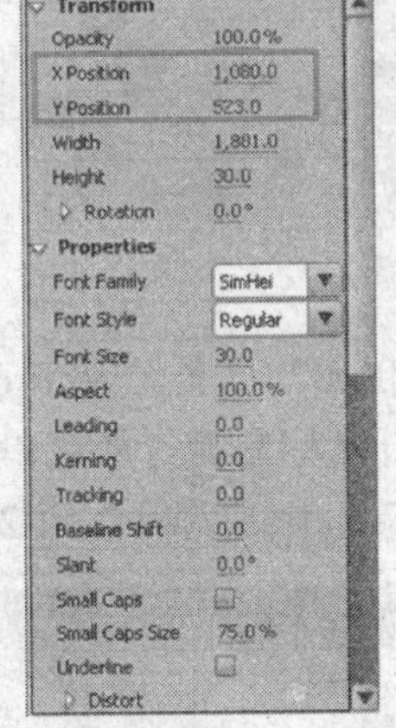

图 2-37

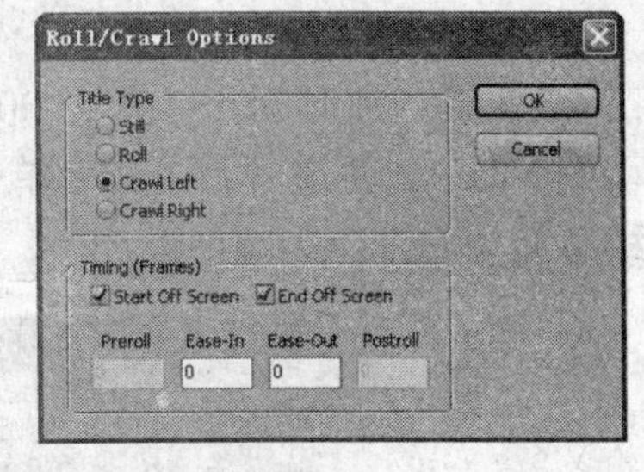

图 2-38

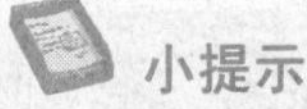

小提示

勾选 Start Off Screen 和 End Off Screen 复选框的作用是使字幕从屏幕外面滚动进入，并且在结束时滚动出屏幕。

5）关闭 Title Properties 调板，“简介-1”字幕素材也出现在 Project 调板中。

3．第二部分简介文字的制作

1）选择菜单 Title→New Title→Default Crawl，弹出 New Title 对话框，输入字幕名称“简介-2”，单击 OK 按钮关闭对话框，调出 Title Properties 调板。

2）除文本内容为配套光盘“Ch02”文件夹中“文字简介.txt”文件的第二段、Transform 下的 X Position 值为“1000.9”外，其余各项参数设置均与“简介-1”字幕素材相同。

4．第三部分简介文字的制作

1）选择菜单 Title→New Title→Default Crawl，弹出 New Title 对话框，输入字幕名称“简介-3”，单击 OK 按钮关闭对话框，调出 Title Designer 调板。

2）除文本内容为配套光盘“Ch02”文件夹中“文字简介.txt”文件的第三段、Transform 下的 X Position 参数值为“1339.7”外，其余各项参数设置均与“简介-1”字幕素材相同。

2.4.6 添加字幕至序列中

1）将当前时间指针置于 00:00:00:00 处，从 Project 调板中，将“片头文字”素材文件拖动到 Timeline 调板的 Video 2 轨道中，如图 2-39 所示。

2）在 Video 2 轨道中的“片头文字”素材文件上单击鼠标右键，从菜单中选择 Speed/Duration 命令，设置其持续时间为 00:00:04:00，即 4s，如图 2-40 所示，单击 OK 按钮关闭对话框。

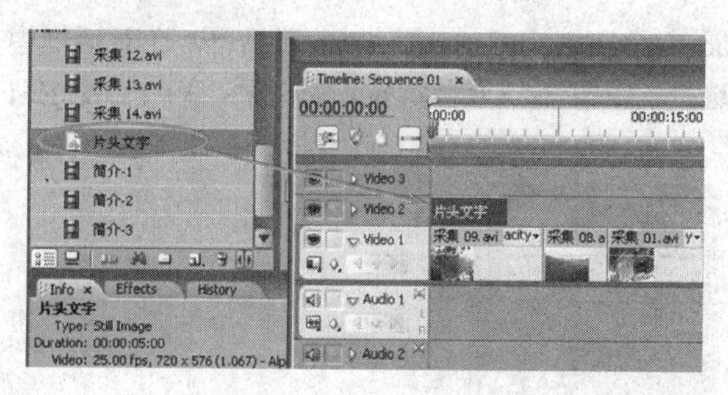

图 2-39

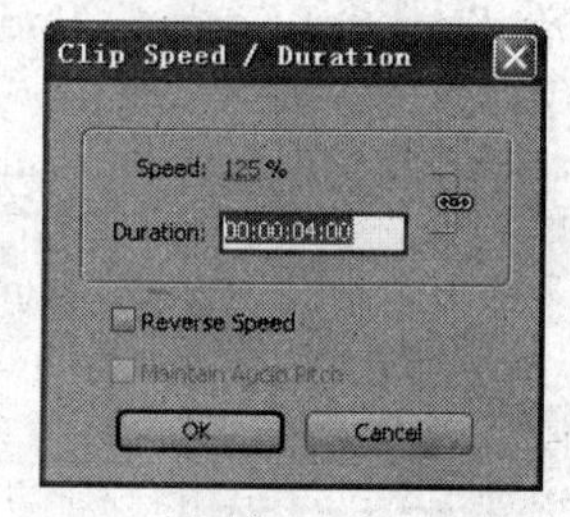

图 2-40

3）将当前时间指针置于 00:00:07:08 处，从 Project 调板中，将“简介-1”素材文件拖动到 Video 2 轨道中；在其上单击鼠标右键，从菜单中选择 Speed/Duration 命令，设置其持续时间为 00:00:30:00，即 30s，Timeline 调板如图 2-41 所示。

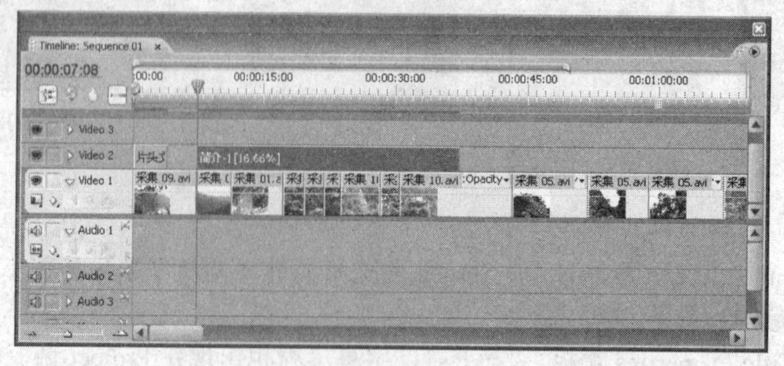

图 2-41

4）将当前时间指针置于00:00:44:19处，从Project调板中，将“简介-2”素材文件拖动到Video 2轨道中；在其上单击鼠标右键，从菜单中选择Speed/Duration命令，设置其持续时间为00:00:30:00，Timeline调板如图2-42所示。

5）将当前时间指针置于00:01:24:00处，从Project调板中，将“简介-3”素材文件拖动到Video 2轨道中；在其上单击鼠标右键，从菜单中选择Speed/Duration命令，设置其持续时间为00:00:31:00，Timeline调板如图2-43所示。

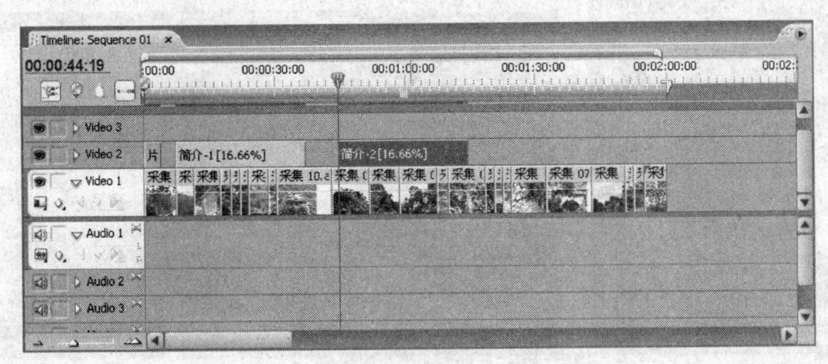

图 2-42

图 2-43

2.4.7 为素材添加转场效果

1）在Effects（效果）调板中，展开Video Transitions文件夹中的Dissolve文件夹，将其中的Cross Dissolve转场拖动到Video 2轨道中素材“片头文字”的入点处，如图2-44所示。

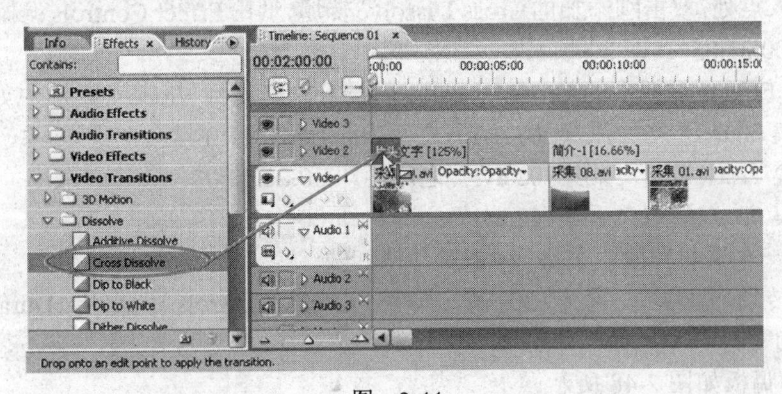

图 2-44

2）在 Timeline（时间线）调板中，双击刚添加的 Cross Dissolve 转场，调出 Effect Controls（效果控制）调板，将 Duration（转场时间）设置为“00:00:00:20”（即 20 帧），如图 2-45 所示。

3）从 Effects 调板中，再将 Cross Dissolve 转场拖动到 Video 2 轨道中素材“片头文字”的出点处，如图 2-46 所示。

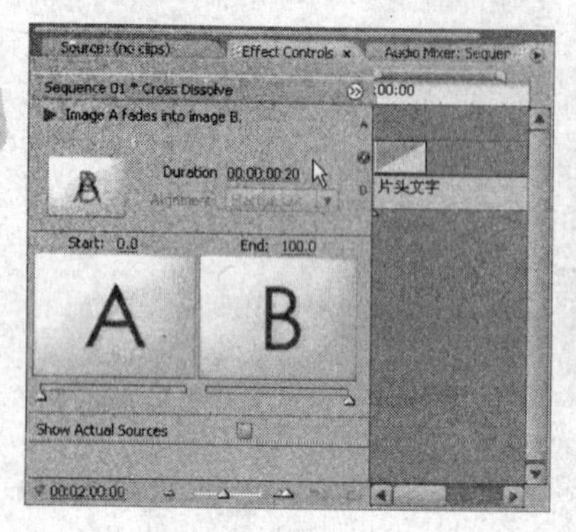

图 2-45

图 2-46

同样设置转场时间为 20 帧，此时 Timeline 调板如图 2-47 所示。

图 2-47

4）从 Effects 调板中，将 Cross Dissolve 转场拖动到 Video 1 轨道中第一个素材片段“采集09.avi”的入点处；双击刚添加的Cross Dissolve转场，调出Effect Controls调板，将Duration设置为“00:00:01:05”（即 30 帧）。

5）再将 Effects 调板中的 Cross Dissolve 转场分别拖动到 Video 1 轨道中如下位置：

①“采集 08.avi”与“采集 01.avi”之间，即 00:00:11:09 处。

②“采集 11.avi”与“采集 02.avi”之间，即 00:01:10:08 处。

③“采集 03.avi”与“采集 12.avi”之间，即 00:01:22:19 处。

④ 最后一个素材片段“采集 14.avi”的出点处。

将各个转场时间均设置为 20 帧，即将 Effect Controls 调板中 Duration 设置为“00:00:00:20”。

Timeline 调板如图 2-48 所示。

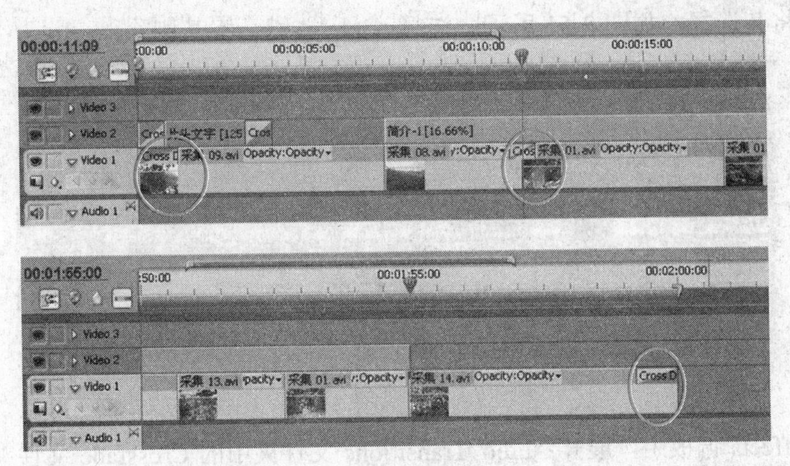

图 2-48

2.4.8 添加音频素材

1）将当前时间指针置于 00:00:00:00 处，从 Project 调板中，将“music.mp3”素材拖动到 Audio 1 轨道中，如图 2-49 所示。

图 2-49

2）将当前时间指针置于 00:02:00:00 处，单击“工具箱”调板中的（剃刀）工具，再在“music.mp3”素材当前时间指针处单击，在此处将其分割为两部分，如图 2-50 所示。

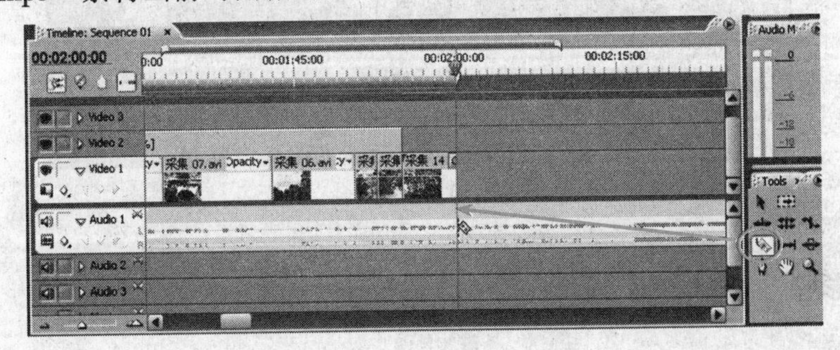

图 2-50

3）单击“工具箱”调板中的（选择）工具，再单击“music.mp3”素材被分割出的后半部分，将其选择，如图 2-51 所示。选择<Delete>键，将其删除。

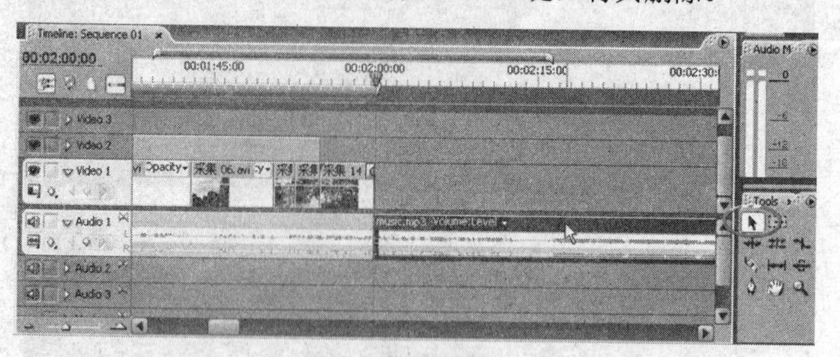

图　2-51

4）在 Effects 调板中，展开 Audio Transitions 文件夹中的 Crossfade 文件夹，将其中的 Constant Power 转场拖动到 Audio 1 轨道中素材片段“music.mp3”的出点处，如图 2-52 所示。

图　2-52

5）双击 Audio 1 轨道中刚添加的 Constant Power 转场，调出 Effect Controls 调板，将 Duration（转场时间）设置为“00:00:02:00”（即 2s）。

此时，Timeline 调板如图 2-53 所示。

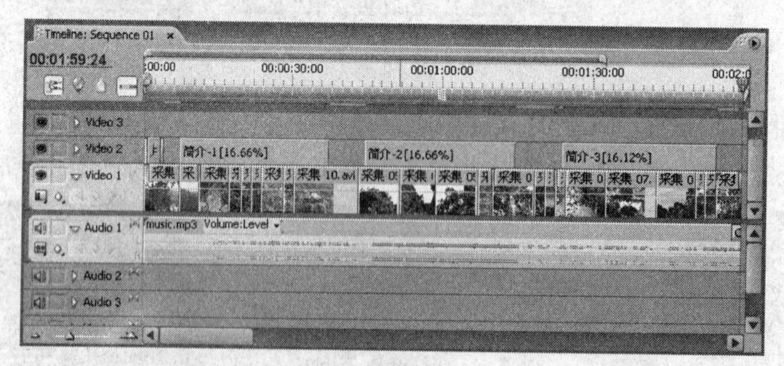

图　2-53

2.4.9　输出影片

1）在 Timeline（时间线）调板或 Program（节目监视器）调板中的任意位置单击，以激活调板。

2）选择菜单 File→Export→Movie，打开 Export Movie（输出影片）对话框。在其中指定输出影片的保存路径及文件名，本例中命名为“旅游留念.avi”，如图 2-54 所示。

单击对话框右下方的 Settings 按钮，打开 Export Movie Settings 对话框，确认 Export Audio 复选框处于勾选状态，即输出音频，如图 2-55 所示，单击 OK 按钮关闭对话框。

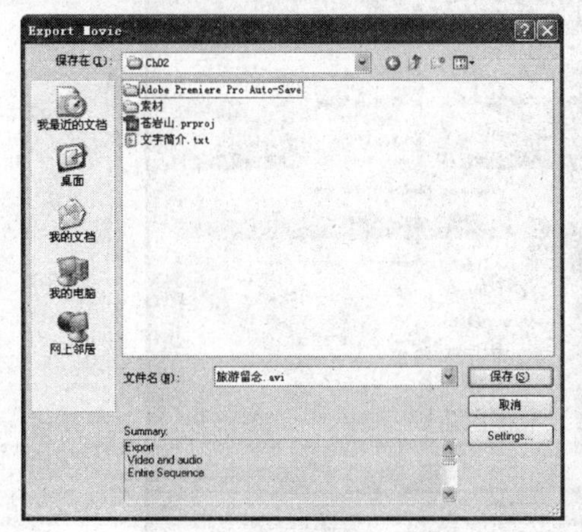

图 2-54

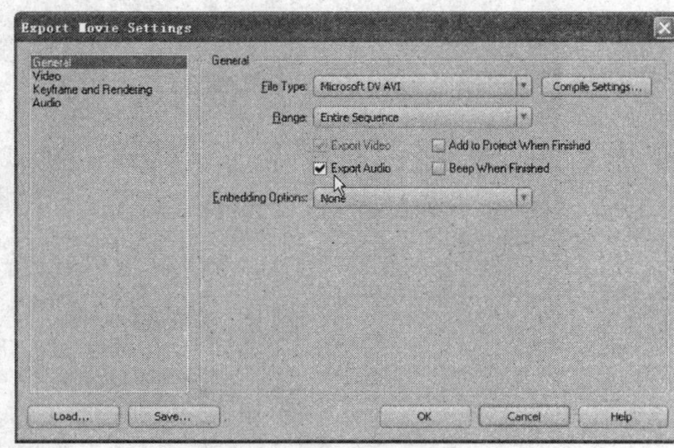

图 2-55

单击 Export Movie 对话框中的“保存”按钮，开始影片的渲染输出，如图 2-56 所示。待渲染完毕后，即可用播放器观看影片效果，如图 2-57 所示。

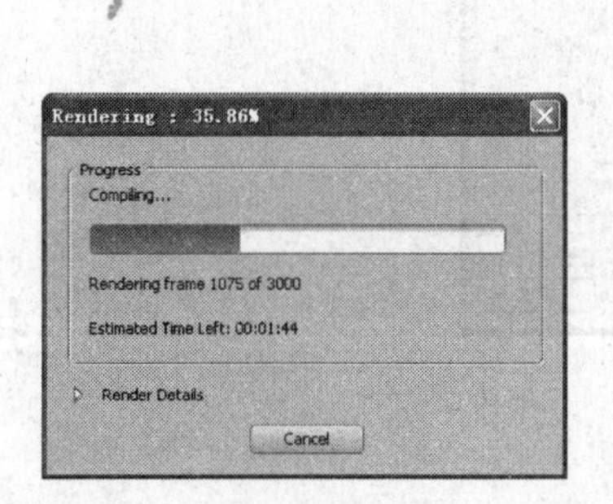

图 2-56

图 2-57

知识加油站

Premiere 还可以输出其他格式的影片。选择菜单 File→Export→Adobe Media Encoder，打开 Export Settings 对话框，如图 2-58 所示。在其中可以选择欲输出的文件格式，并进行相应的参数设置。

图 2-58

设置完成后，单击 OK 按钮，弹出 Save File 对话框，如图 2-59 所示。在其中指定保存目录及文件名，再单击“保存”按钮，即开始影片的渲染输出。

图 2-59

2.5 触类旁通

本项目体现出利用 Premiere 软件从素材采集到最终影片输出的一个较为完整的制作过程，其中有两点需要注意：

1）采集素材。这是利用计算机对录像带画面进行编辑的前提，这里以最常见的 DV1394 卡为例，主要介绍了两种采集方法。其中，手动采集方法最为简单；对于采集多个素材片段来说，批采集方法可以提高工作效率。

2）编辑素材。主要是对于素材入点、出点的设置及在序列中进行整合。

小提示

在影片的编辑过程中，往往还需要对素材添加效果（Video & Audio Effects）、设置动画关键帧等，读者可参见本书后面的章节。

对于音频素材的编辑，还可以使用 Adobe Audition 和 Adobe Soundbooth 软件。这两个软件可以实现音频素材更为高级、复杂的编辑操作。

2.6 实战强化

请大家采集若干素材片段，或导入已有的素材片段（影片、图片均可），制作一部简单的电视片。

第3章 转场应用——花卉展览

3.1 任务情境

沉醉于优美的旋律中，徜徉在花的海洋里，一股股清香扑鼻而来，一年一度的花卉展览开始了。花木公司的客户带来了一些数码相机拍摄的花卉照片，要求先制作一个小样片，让公司领导审看现场花卉的效果。

制作要求：

1）形式新颖、有特色。

2）各照片间的衔接不生硬，有一定的切换方式。

3）有背景音乐的衬托。

3.2 任务分析

花卉展览要有一种轻松、愉悦的氛围，所以我们在编辑过程中，对前后两个相邻画面进行组接时，如果能够合理使用多种转场方式，将会使影片显得活泼而不呆板，还能体现出花卉种类的繁多。

本例的实质是要让“呆板”的图片“动”起来。这可以通过对各图片间添加不同的转场方式来实现。

影片开头和结尾部分，设计一个画卷“展开”和“卷起”的动画，分别起到引出后面图片及结束影片的作用，形式较为新颖，但要考虑到画卷中的图片颜色、大小。

由于采用了古典特色的“画卷”，所以也要选择相似风格的背景音乐。

3.3 成品效果

影片最终的渲染输出效果，如图 3-1 所示。

图 3-1

3.4 任务实施

3.4.1 新建项目文件

1）启动 Premiere 软件，单击 New Project 按钮，打开 New Project 对话框。

2）在对话框中展开 DV-PAL 项，选择其下的 Standard 48kHz（我国目前通用的电视制式）。在对话框下方 Location 项的右侧单击 Browse 按钮，打开“浏览文件夹”对话框，新建或选择存放项目文件的目标文件夹，本例为 Ch03，单击“确定”按钮，关闭“浏览文件夹”对话框。在 New Project 对话框最下方的 Name 项中键入项目文件的名称，这里为“花卉展览”，如图 3-2 所示，单击 OK 按钮，完成项目文件的建立并关闭 New Project 对话框，进入 Premiere 的工作界面。

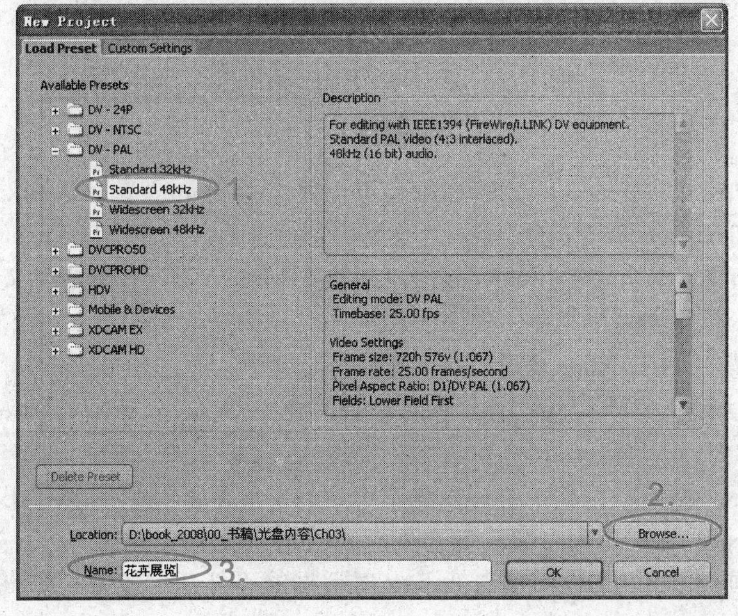

图 3-2

3.4.2 导入素材

1．花卉图片素材的导入

由于我们将来在制作中需要每幅参与转场操作的图片持续时间都为 2s，所以，在导入图片素材前，可以把静止图片默认持续时间设置为 50 帧，即 2s。这样，可以提高我们的制作效率。

1）选择菜单 Edit→Preferences→General，打开 Preferences 对话框。将 Still Image Default Duration 项的数值设置为“50”（将默认导入静止图片的持续时间设置为 50 帧，即 2s），如图 3-3 所示，单击 OK 按钮关闭对话框。

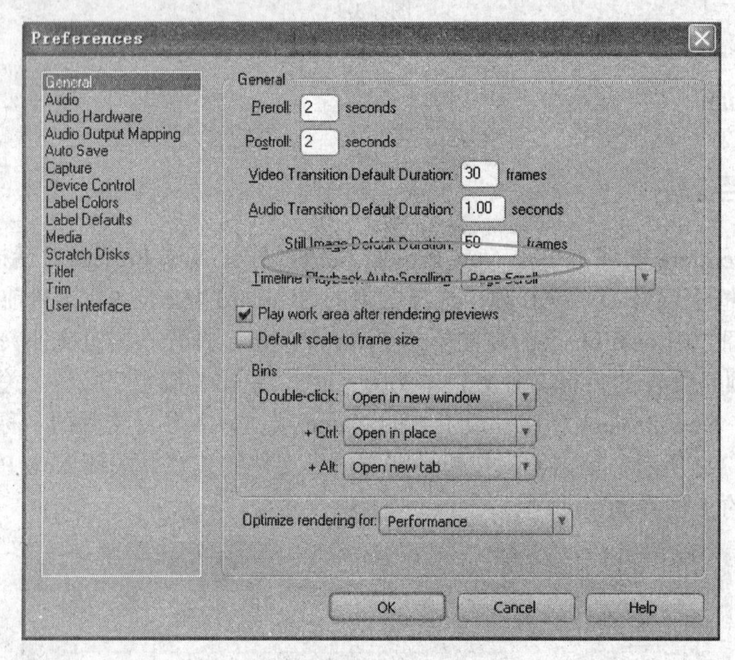

图 3-3

2）选择菜单 File→Import（或按<Ctrl+I>组合键），打开 Import 对话框。在对话框中找到配套光盘“Ch03”文件夹中的“素材”文件夹，打开后，选中“flower”文件夹，单击 Import 对话框右下方的 Import Folder 按钮，如图 3-4 所示，将“flower”文件夹及其内的所有素材都导入到 Project 调板中，如图 3-5 所示。

2．导入分层的 Photoshop 文件——“画轴”

本例中还会用到一个“画轴.psd”图片素材，其在 Photoshop 中打开的效果如图 3-6 所示。

1）在 Project 调板空白处单击，选择菜单 File→Import（或按<Ctrl+I>组合键），打开 Import 对话框。在对话框中找到配套光盘“Ch03”文件夹中的“素材”文件夹，打开后，选中“画轴.psd”文件，单击 Import 对话框的“打开”按钮，如图 3-7 所示。

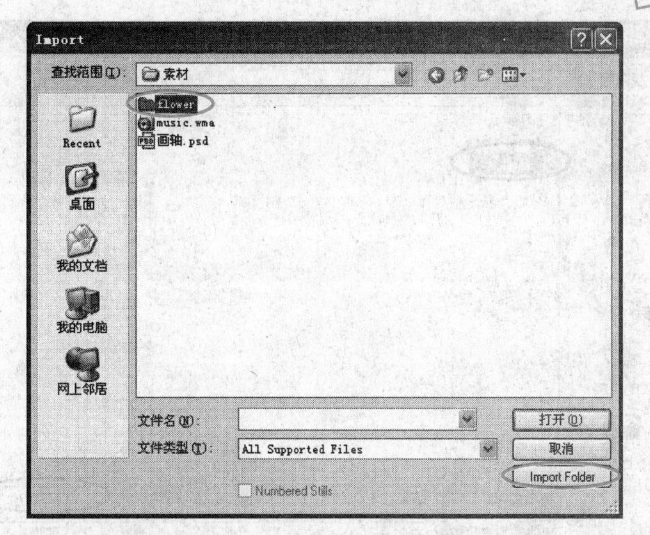
Import
查找范围(I): 素材
flower
music.wma
画轴.psd
Recent
桌面
我的文档
我的电脑
网上邻居
文件名(N):
文件类型(T): All Supported Files
打开(O)
取消
Import Folder
Numbered Stills

图 3-4

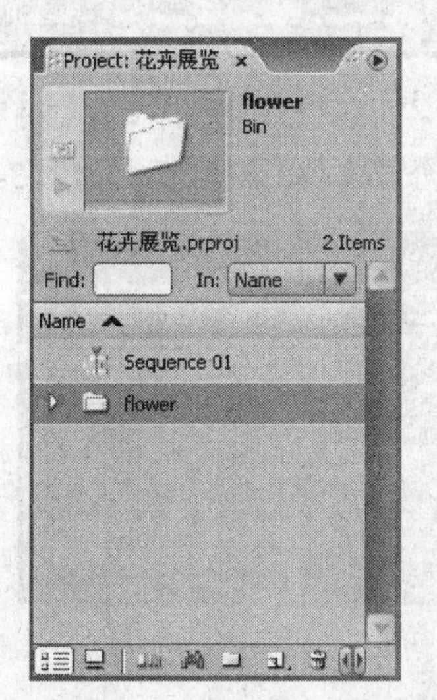
Project: 花卉展览
flower
Bin
花卉展览.prproj
2 Items
Find:
In: Name
Name
Sequence 01
flower

Project: 花卉展览
01.jpg
Still Image, ...
00:00:02:00
花卉展览.prproj
12 Items
Find:
In: Name
Name
Sequence 01
flower
01.jpg
02.jpg
03.jpg
04.jpg
05.jpg

图 3-5

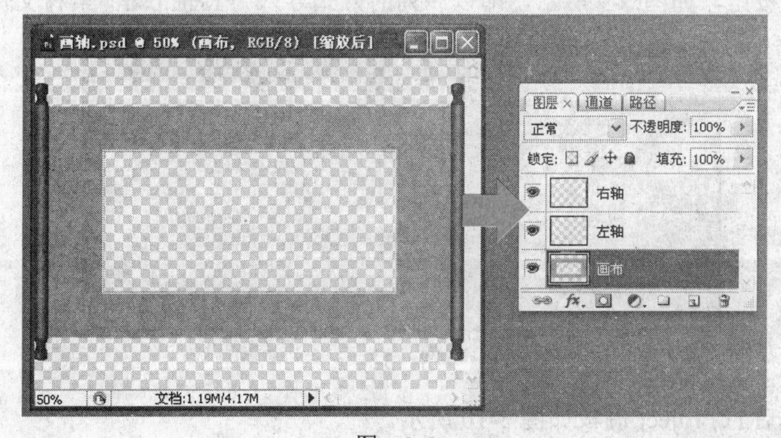
画轴.psd @ 50% (画布, RGB/8) [缩放后]
50%
文档:1.19M/4.17M
图层
通道
路径
正常
不透明度: 100%
锁定:
填充: 100%
右轴
左轴
画布

图 3-6

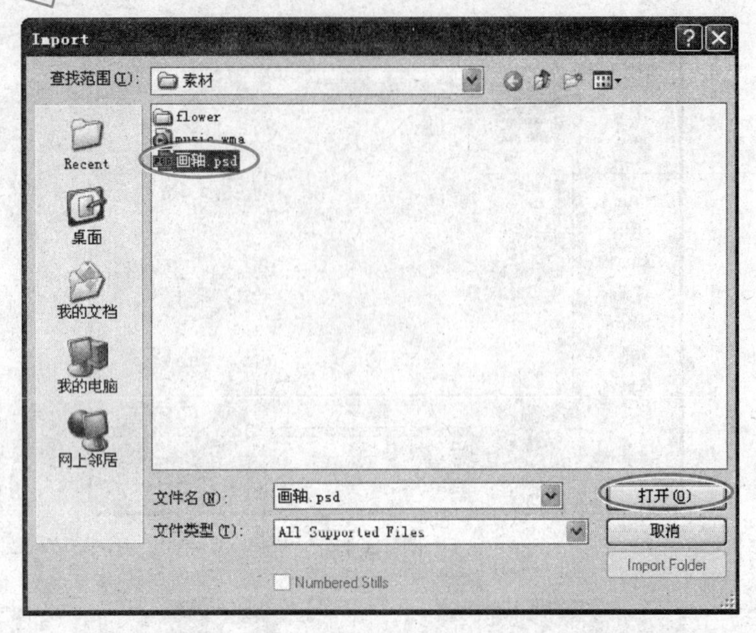

图 3-7

此时，会弹出 Import Layered File（导入分层文件）对话框，如图 3-8 所示。

图 3-8

2）在 Import Layered File 对话框的 Import As 下拉列表框中，选择 Sequence（序列），然后单击 OK 按钮，如图 3-9 所示，即以序列的方式导入“画轴.psd”素材文件。

图 3-9

导入素材后的 Project 调板如图 3-10 所示。

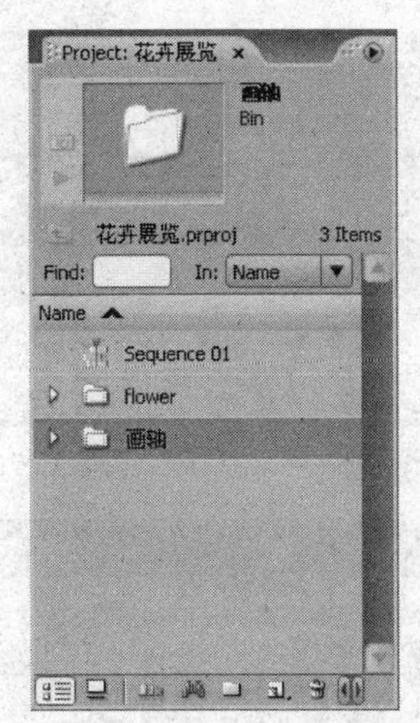

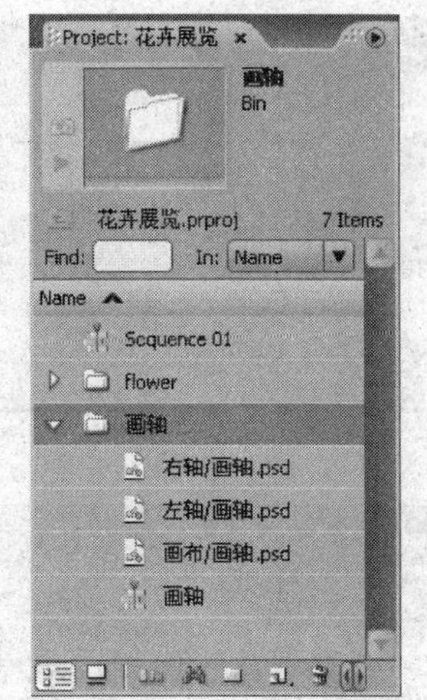

图 3-10

小提示

以序列方式导入素材后，在Project调板中会自动建立一个与源psd文件同名的素材箱。分层的psd文件会自动转化为同名的序列；层会转化为轨道中的静止图片素材，且保持着与源psd文件相同的图层排列顺序。如图3-11所示。

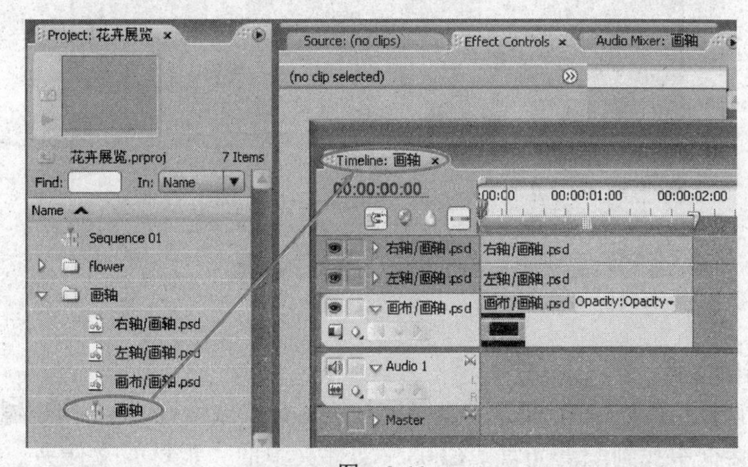

图 3-11

知识加油站

在Import Layered File对话框的Import As下拉列表框中，选择Footage（素材），则以素材方式导入psd文件，如图3-12所示。

此时，在下方的Layer Options（层选项）栏中，可选择Merged Layers（合并层）或者Choose Layer（选择层），并且在右侧的下拉列表框中选择需要导入素材文件的某一图层，如图3-13所示。

选择了要导入的某图层后，在Footage Dimensions的下拉列表框中，需选择Document Size（使用文件尺寸）还是Layer Size（层尺寸），如图3-14所示。

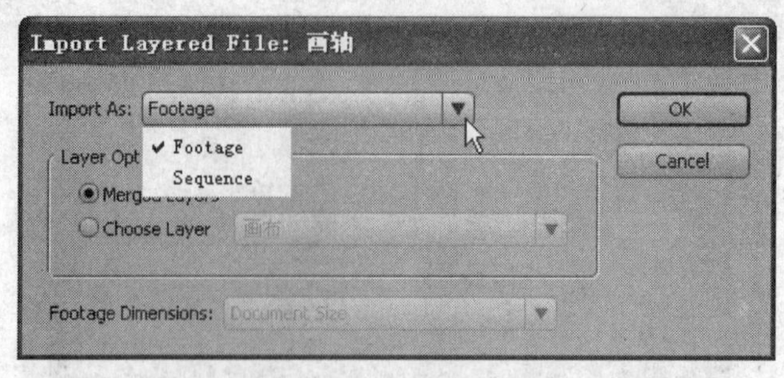

图　3-12

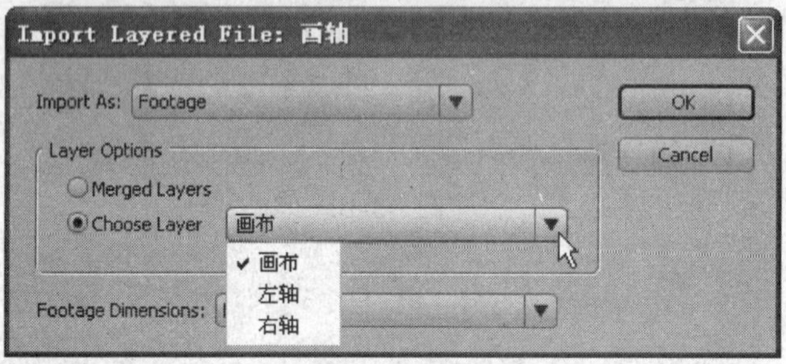

图　3-13

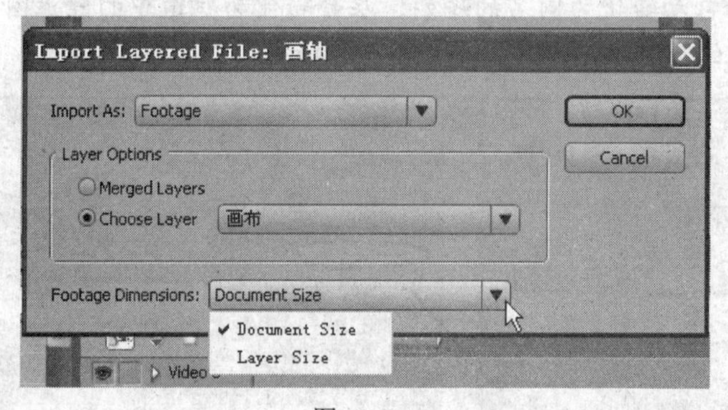

图　3-14

3．导入音频文件

在 Project 调板空白处单击，再选择菜单 File→Import（或按<Ctrl+I>组合键），打开 Import 对话框。在对话框中找到配套光盘“Ch03”文件夹中的“素材”文件夹，打开后，选中“music.wma”文件，单击 Import 对话框的“打开”按钮，完成素材的导入。

3.4.3　制作画卷展开效果

1．“装配”画卷

1）在 Project 调板中展开“画轴”素材箱，单击选中“画布/画轴.psd”素材文件，并将其拖动到 Timeline（时间线）调板 Sequence 01 序列的 Video 1 轨道中，如图 3-15 所示。如果时间线调板中的素材不便于观察，则可以拖动调板左下方的“缩放滑块”改变时间标尺的显示比例。

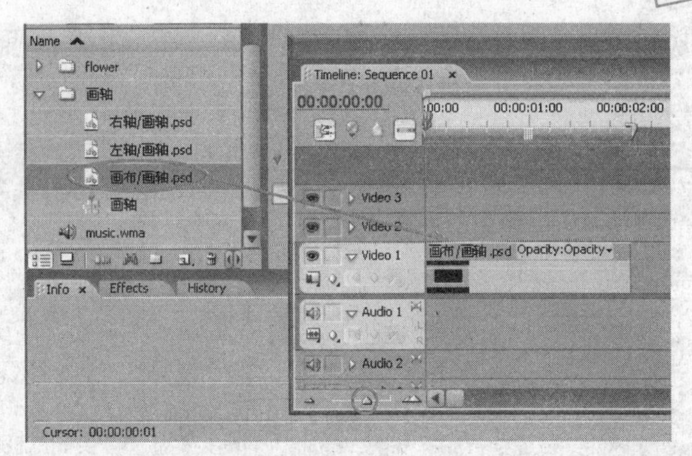

图 3-15

2）将素材文件“左轴/画轴. psd”拖动到 Timeline（时间线）调板的 Video 2 轨道中；展开“flower”素材箱，将素材文件“01.jpg”拖动到 Video 3 轨道中，如图 3-16 所示。

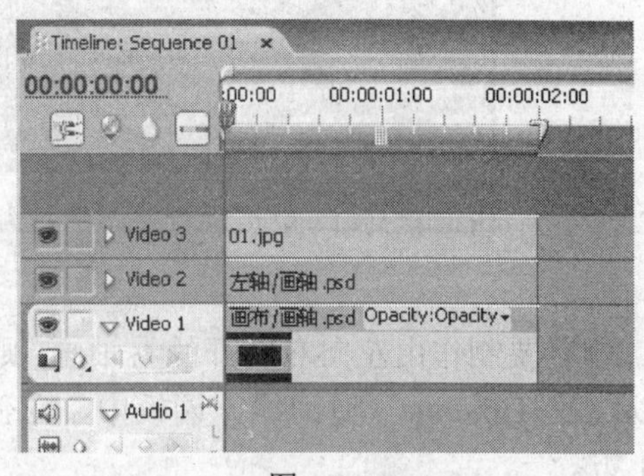

图 3-16

在时间线调板中的素材“01.jpg”上单击鼠标右键，在弹出的快捷菜单中选择 Scale to Frame Size，以使其满屏显示，如图 3-17 所示。

图 3-17

小提示

由于图片素材“01.jpg”的图像尺寸为 1024×768（在项目调板中的素材“01.jpg”上单击鼠标右键，在弹出的快捷菜单中选择 Properties，在新出现的窗口中会发现素材的相关信息），而我们的项目设置中图像尺寸为 720×576，如图 3-18 所示。显然，素材尺寸偏大，致使图片在 Program 调板中显示不全。

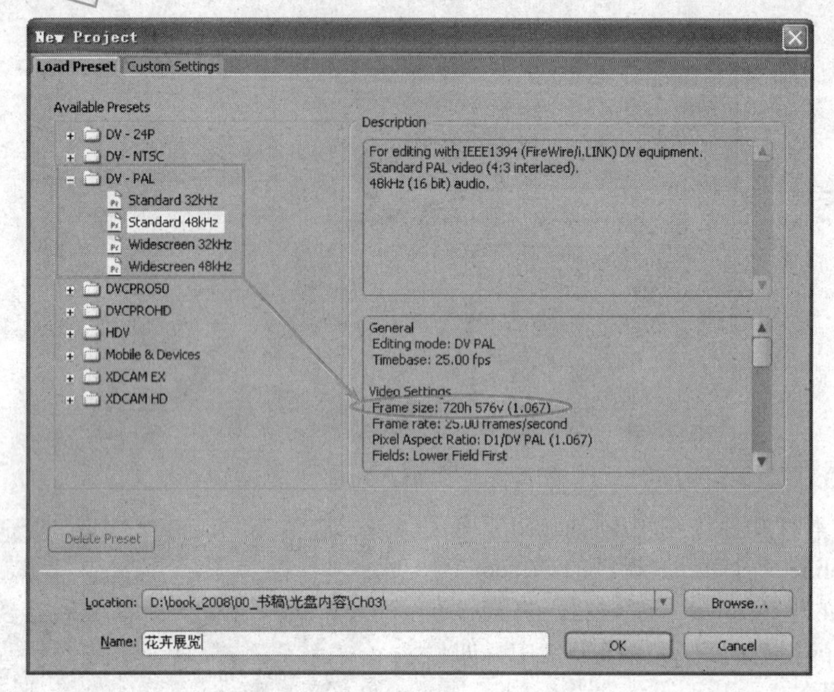

图 3-18

3）若要制作由左向右展开的卷轴画，则在运动过程中，右侧画轴应压住画卷中的画面。所以，在 Timeline（时间线）调板中，应使“右轴”轨道在“01.jpg”（画卷中的画面）轨道上方。

在 Project 调板中展开“画轴”素材箱，单击选中“右轴/画轴.psd”素材文件，并将其拖动至 Timeline（时间线）调板 Sequence 01 序列 Video 3 轨道的上方，如图 3-19 所示。

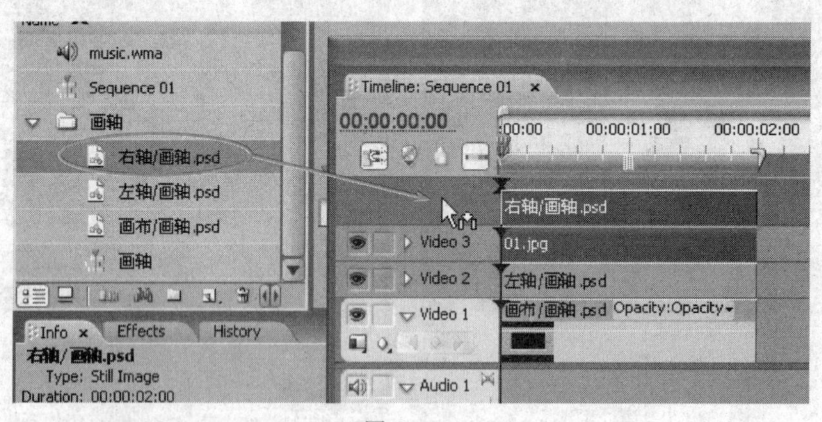

图 3-19

释放鼠标后，轨道 Video 3 的上方会新增一条 Video 4 视频轨道，且“右轴/画轴.psd”素材也已置入此轨道中。其在 Timeline（时间线）调板和 Program（节目监视器）调板中的效果如图 3-20 所示。

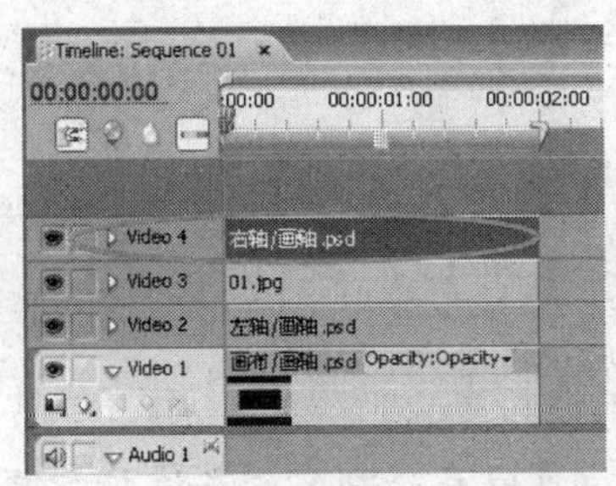

图 3-20

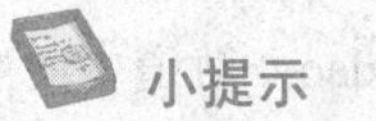

也可选择菜单 Sequence→Add Tracks（或在轨道控制区域单击鼠标右键，在弹出的菜单中选择 Add Tracks），添加一条视频轨道。再将“右轴/画轴.psd”素材文件拖动到 Timeline 调板新增的轨道中。

2．调整画卷素材持续时间

画卷用 3s 的时间展开后，画卷中图片素材用 1s 的时间由单色效果变为彩色；图片素材再用 1s 的时间放大成全屏显示。所以，动画过程共需 5s 的时间。

1）将当前时间指针移至 00:00:05:00（5s）处，再移动鼠标到时间线 Video 1 轨道中素材“画布/画轴.psd”右侧的“出点”位置，会出现“剪辑出点”图标，拖动其出点至时间指针处，即将其持续时间调整为 5s，如图 3-21 所示。

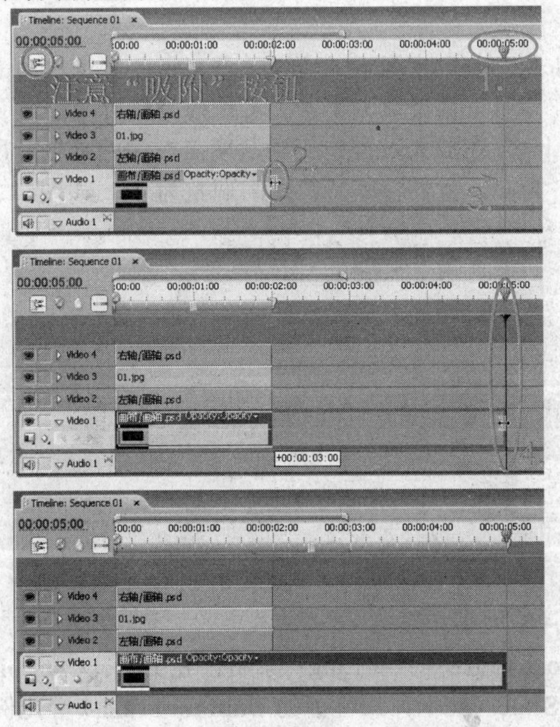

图 3-21

注意

时间线调板中左上方的“吸附”按钮，应处于按下的状态（Premiere 默认），便于操作中的对位。如果不是按下状态，则单击将其按下。

知识加油站

利用 Timeline 调板的“自动吸附功能”，可以在移动素材片段时，使其与一些特殊的点进行自动对齐。比如：素材片段的入点、出点、当前时间指针处、标记点等。

2）用同样的方法，将 Video 2 轨道中的素材文件“左轴/画轴. psd”、Video 4 轨道中的素材文件“右轴/画轴.psd”的持续时间也调整为 5s，如图 3-22 所示。

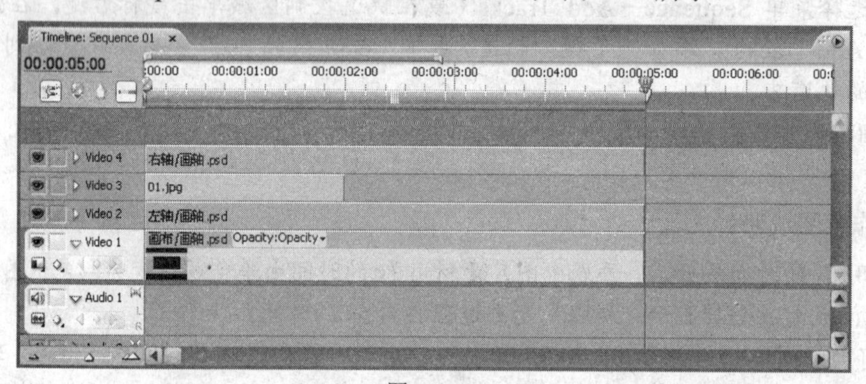

图 3-22

小提示

也可同时选中 Video 1 轨道、Video 2 轨道和 Video 4 轨道中的素材文件，然后拖动其出点至时间指针处，即可同时调整这三个素材文件的持续时间。

3）由于素材“01.jpg”在放大过程中应逐渐覆盖右侧的画轴，所以其放大动画（1s）需在另一轨道中制作。为此，我们将其持续时间调整为 4s，如图 3-23 所示。

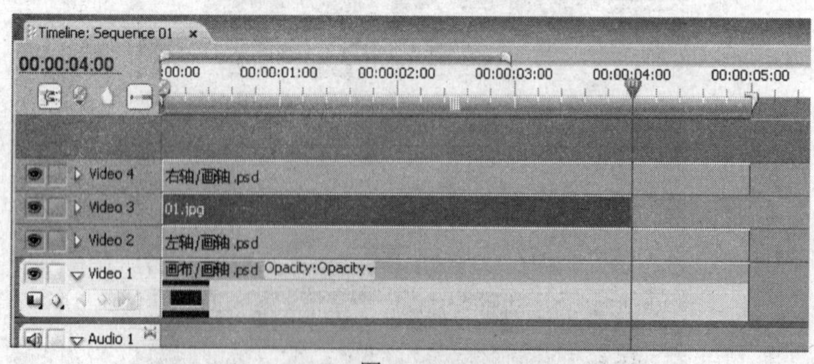

图 3-23

3. 调整画卷中图片的大小和颜色

1）单击选中 Video 3 轨道中的“01.jpg”素材，在 Effect Controls（效果控制）调板中展开 Motion 项，取消 Scale（比例）属性下的 Uniform Scale（等比例）复选框的勾选，设置 Scale Height 的值为“45”，设置 Scale Width 的值为“70”，效果如图 3-24 所示。

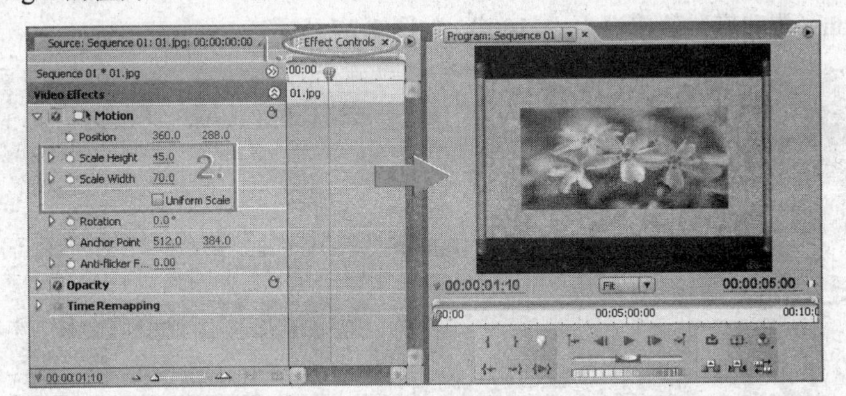

图 3-24

2）在 Effects（效果）调板中，展开 Video Effects 文件夹中的 Color Correction 文件夹，将其中的 Color Balance（HLS）效果拖动到 Video 3 轨道中素材片段“01.jpg”上，如图 3-25 所示。

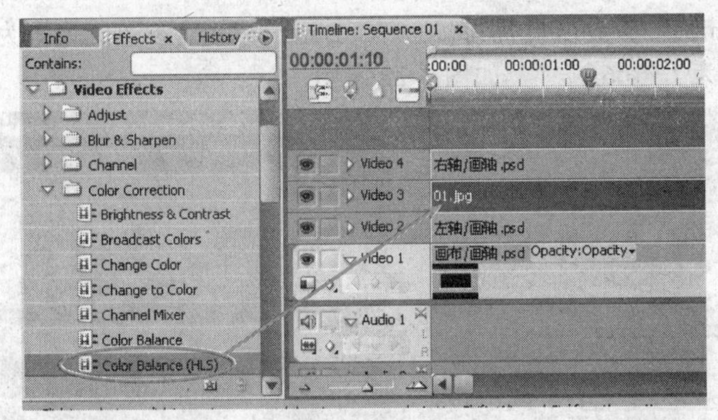

图 3-25

3）再将 Color Correction 文件夹中的 Fast Color Corrector 效果也拖动到 Video 3 轨道中素材片段“01.jpg”上，此时 Effect Controls（效果控制）调板如图 3-26 所示。

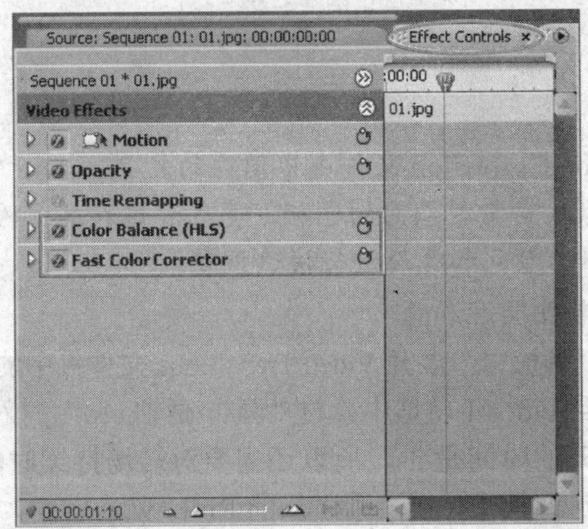

图 3-26

4）在 Effect Controls（效果控制）调板中，展开 Color Balance（HLS）效果，将其下的 Saturation（饱和度）的值设为“-100”，如图 3-27 所示。

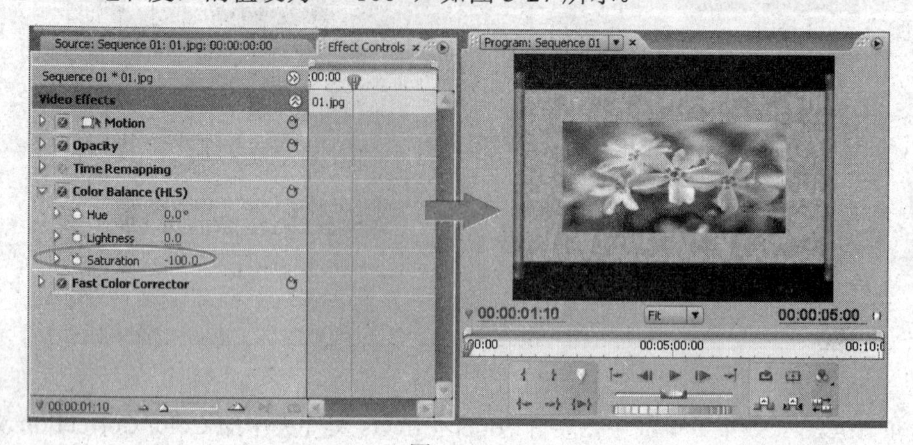

图 3-27

5）在 Effect Controls（效果控制）调板中，展开 Fast Color Corrector 效果，分别将其下的 Balance Magnitude 参数值设置为“31.77”; Balance Gain 参数值设置为“15.44”; Balance Angle 参数值设置为“-106.1°”，如图 3-28 所示。

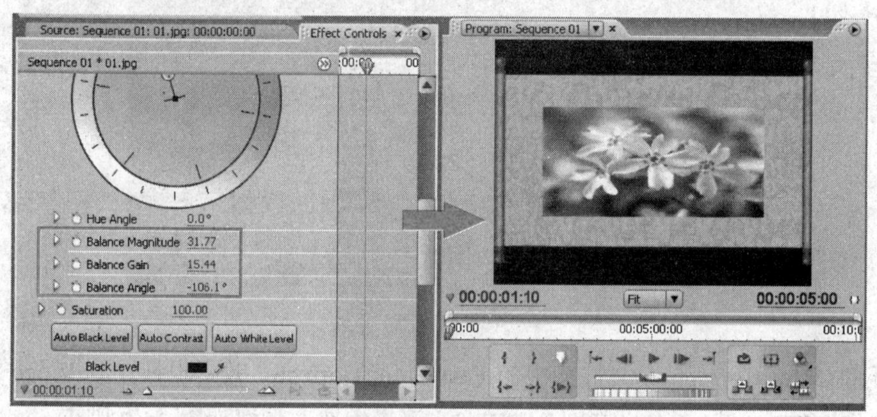

图 3-28

知识加油站

Video Effects 的 Color Correction 文件夹中储存的是 Premiere 的调色效果。其中 Color Balance（HLS）效果可以改变素材画面的色相、亮度和饱和度; Fast Color Corrector 效果可以对素材片段整个范围的颜色和亮度进行快速调整。

4. 添加转场效果，制作展开动画

1）在 Effects（效果）调板中，展开 Video Transitions 文件夹中的 Page Peel 文件夹，将其中的 Roll Away 转场拖动到 Video 1 轨道中素材“画布/画轴.psd”的入点处，如图 3-29 所示。

2）我们希望画卷展开的时间是 3s，所以还需要对转场持续时间进行调整。

在 Timeline（时间线）调板中，双击刚添加的 Roll Away 转场，调出 Effect Controls（效果控制）调板，将 Duration（转场时间）设置为“00:00:03:00”（即 3s），如图 3-30 所示。

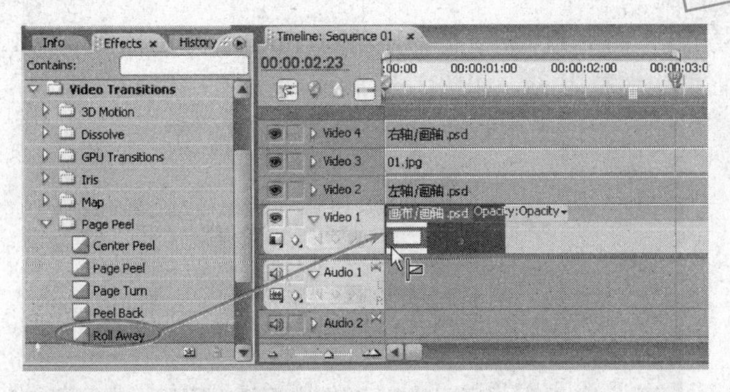
Info
Effects
History
Contains:
Video Transitions
3D Motion
Dissolve
GPU Transitions
Iris
Map
Page Peel
Center Peel
Page Peel
Page Turn
Peel Back
Roll Away
Timeline: Sequence 01
00:00:02:23
00:00
00:00:01:00
00:00:02:00
Video 4
右轴/画轴.psd
Video 3
01.jpg
Video 2
左轴/画轴.psd
Video 1
画布/画轴.psd
Audio 1
Audio 2

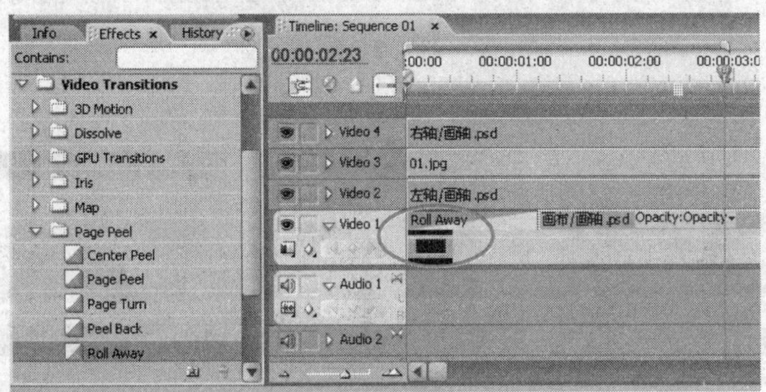
Info
Effects
History
Contains:
Video Transitions
3D Motion
Dissolve
GPU Transitions
Iris
Map
Page Peel
Center Peel
Page Peel
Page Turn
Peel Back
Roll Away
Timeline: Sequence 01
00:00:02:23
00:00
00:00:01:00
00:00:02:00
Video 4
右轴/画轴.psd
Video 3
01.jpg
Video 2
左轴/画轴.psd
Video 1
Roll Away
画布/画轴.psd Opacity:Opacity
Audio 1
Audio 2

图 3-29

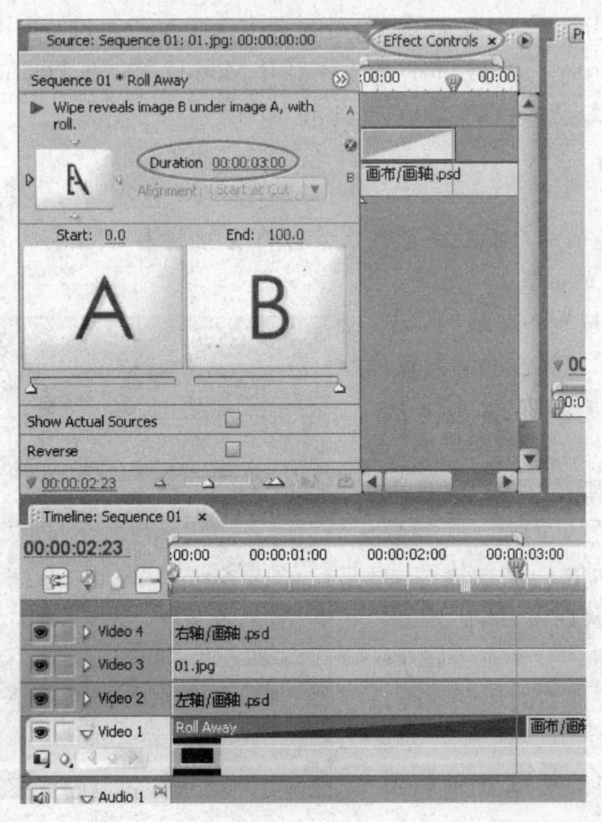
Source: Sequence 01: 01.jpg: 00:00:00:00
Effect Controls
Sequence 01 * Roll Away
Wipe reveals image B under image A, with roll.
Duration 00:00:03:00
Alignment: Start At Cut
画布/画轴.psd
Start: 0.0
End: 100.0
A
B
Show Actual Sources
Reverse
00:00:02:23
Timeline: Sequence 01
00:00:02:23
00:00
00:00:01:00
00:00:02:00
00:00:03:00
Video 4
右轴/画轴.psd
Video 3
01.jpg
Video 2
左轴/画轴.psd
Video 1
Roll Away
Audio 1

图 3-30

3）用同样的方法，将 Roll Away 转场拖动到 Video 3 轨道中素材“01.jpg”的入点处，并将其转场持续时间也调整为 3s，如图 3-31 所示。

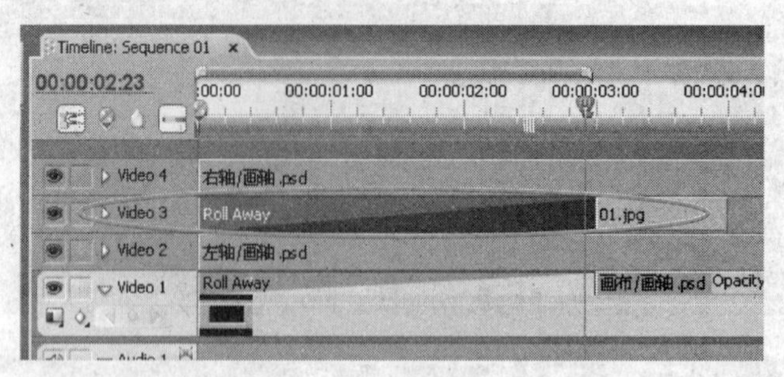

图 3-31

此时，Program 调板中的播放效果如图 3-32 所示。

图 3-32

5．制作右侧画轴的位移动画

1）将当前时间指针置于 00:00:00:00 处，单击选中 Video 4 轨道中的“右轴/画轴.psd”素材，在 Effect Controls（效果控制）调板中展开 Motion 项，在 Position（位置）的第一个参数“360.0”上单击，将其设置修改为“-337.0”。

小提示

Position（位置）的两个参数分别代表素材的 X 坐标和 Y 坐标。修改这两个参数，可以改变素材在屏幕中的位置。

单击 Position（位置）左边的“开关动画”按钮，开启此属性动画设置，即设置第一个关键帧，如图 3-33 所示。

图 3-33

2）将当前时间指针置于 00:00:03:00 处，将 Position（位置）的第一个参数（即刚才的 X 坐标值）设置修改为“360.0”，Position 属性会自动产生第二个关键帧，此时，会使“右轴/画轴.psd”素材产生由左向右的运动动画，如图 3-34 所示。

Program 调板中的播放效果如图 3-35 所示。

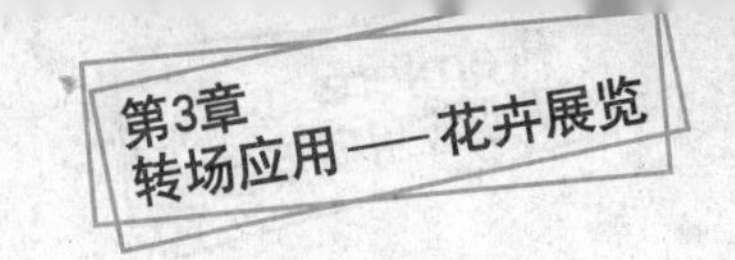

从图中可以看出，随着画轴的运动，“画卷”逐渐展开了，美丽的图画呈现在我们眼前。

图 3-34

图 3-35

3.4.4 制作画卷中画面变色及放大动画

1．画面由单色变为彩色

1）将当前时间指针置于 00:00:03:00 处，单击选中 Video 3 轨道中的“01.jpg”素材，在 Effect Controls（效果控制）调板中，展开 Color Balance（HLS）效果，单击其下的 Saturation（饱和度）左边的“开关动画”按钮，开启此属性动画设置，即设置第一个关键帧；再在此调板中展开 Fast Color Corrector 效果，分别单击其下 Balance Magnitude、Balance Gain、Balance Angle 属性前的“开关动画”按钮，开启其动画设置，即设置关键帧，如图 3-36 所示。

2）将当前时间指针置于 00:00:03:24 处，将 Color Balance（HLS）效果中的 Saturation（饱和度）的值设为“0”；将 Fast Color Corrector 效果中的 Balance Magnitude 参数值设置为“0”；Balance Gain 参数值设置为“20”；Balance Angle 参数值设置为“0° ”。自动产生第二个关键帧，如图 3-37 所示。

2．画面放大动画

1）将当前时间指针置于 00:00:04:00 处，从 Project 调板的“flower”素材箱中，将素材文件“01.jpg”拖动到 Video 4 轨道上方空白的当前时间指针处，释放鼠标后，轨道 Video 4

的上方会新增一条 Video 5 视频轨道，且“01.jpg”素材也置入此轨道当前的时间指针处，如图 3-38 所示（注意：时间线调板中左上方的“吸附”按钮，应处于按下的状态）。

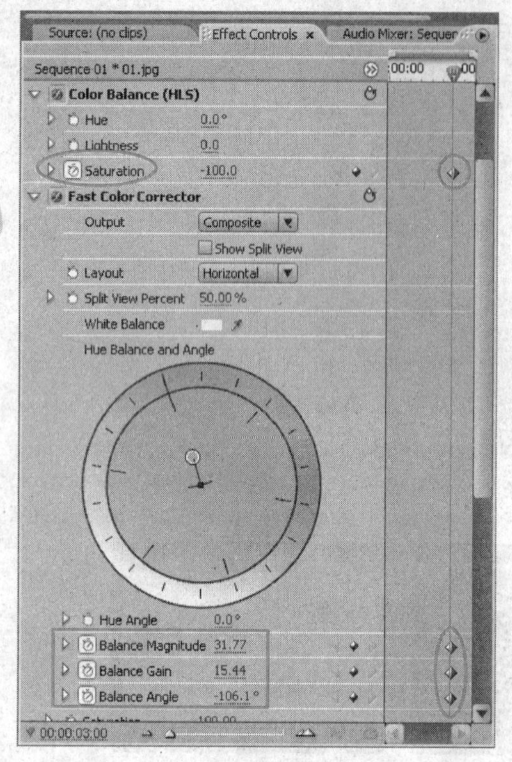

图 3-36

图 3-37

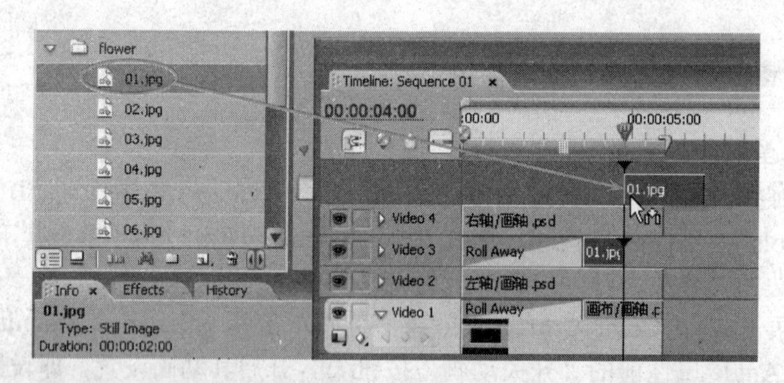

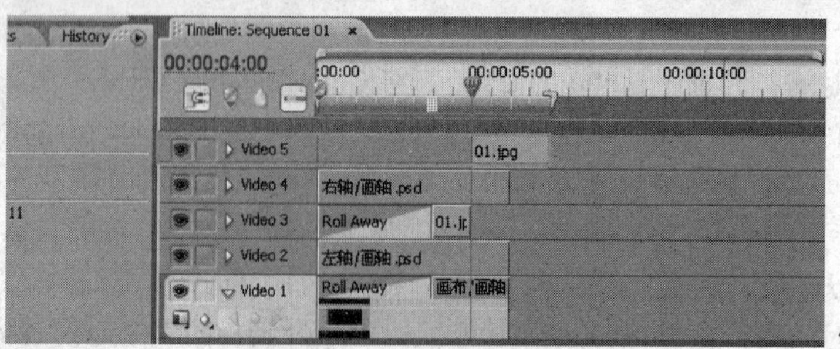

图 3-38

2）在 Video 5 轨道中素材“01.jpg”上单击鼠标右键，在弹出的快捷菜单中选择 Scale to Frame Size，以使其满屏显示。

3）运用前面的方法，在 Timeline 调板中拖动此素材的出点至 00:00:07:00 处，即将其持续时间调整为 3s，如图 3-39 所示。

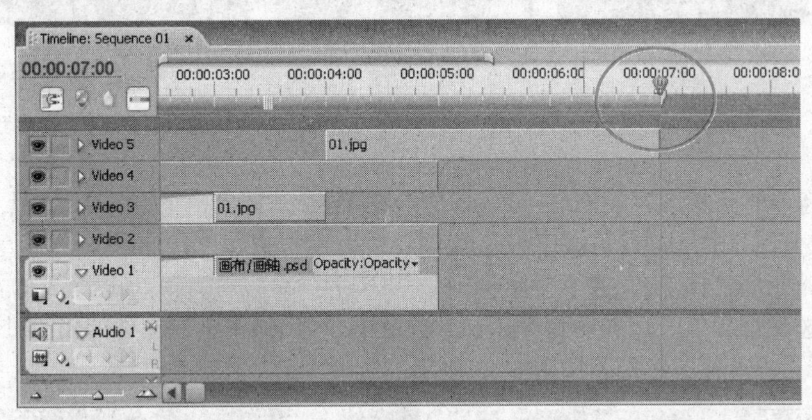

图 3-39

4）调整此素材大小：将当前时间指针置于 00:00:04:00 处，在 Effect Controls（效果控制）调板中展开 Motion 项，取消 Scale（比例）属性下的 Uniform Scale（等比例）复选框的勾选，设置 Scale Height 的值为“45”，设置 Scale Width 的值为“70”。

5）分别单击 Scale Height 属性和 Scale Width 属性前的“开关动画”按钮，设置关键帧，如图 3-40 所示。

6）将当前时间指针置于 00:00:05:00 处，设置 Scale Height 的值为“100”，设置 Scale Width 的值也为“100”，即恢复图片的大小。此时，会自动产生第二个关键帧，如图 3-41 所示。

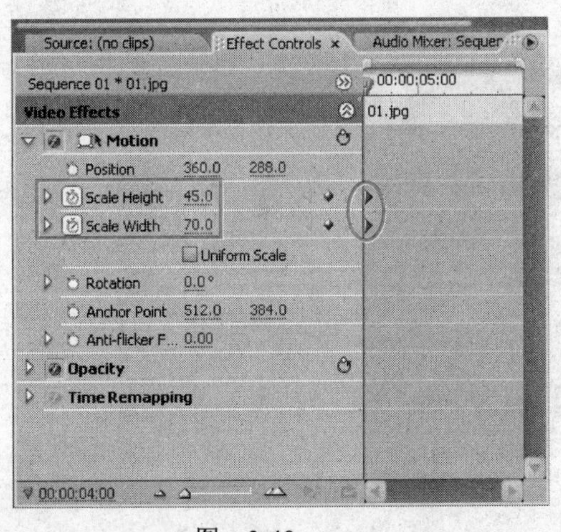

图 3-40

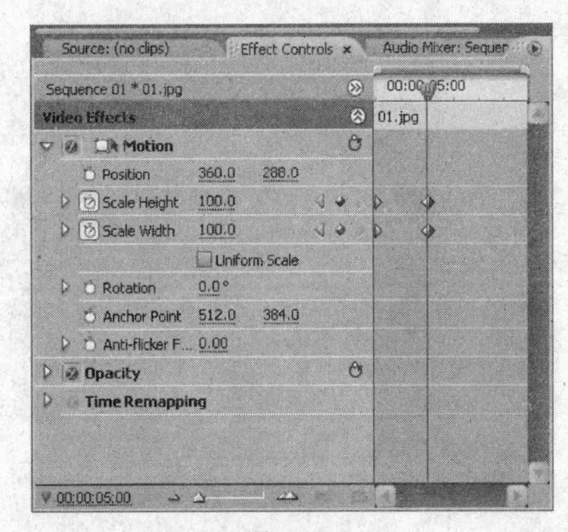

图 3-41

这样，就完成了画卷中的画面用 1s 时间逐渐放大到全屏显示的动画。Program 调板中的播放效果如图 3-42 所示。

图 3-42

3.4.5 加入各花卉图片

1）将当前时间指针置于 00:00:07:00 处，在 Project 调板中展开“flower”素材箱，单击选中素材文件“02.jpg”，再按下<Shift>键，单击素材文件“10.jpg”。这样，可同时选中素材“02.jpg”至“10.jpg”共 9 个文件。

2）将这 9 个文件一起拖动到 Video 5 轨道中“01.jpg”素材文件的出点处，即当前时间指针处，完成素材的组接，如图 3-43 所示。

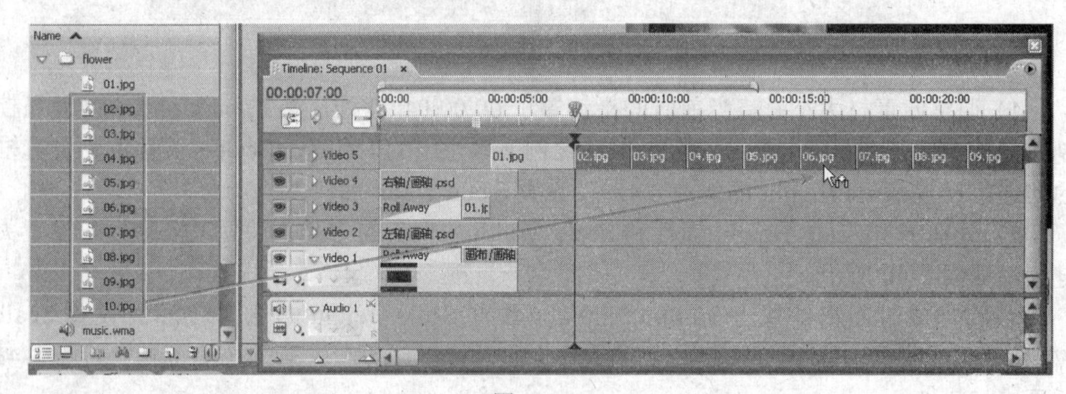

图 3-43

此时，Timeline 调板如图 3-44 所示。

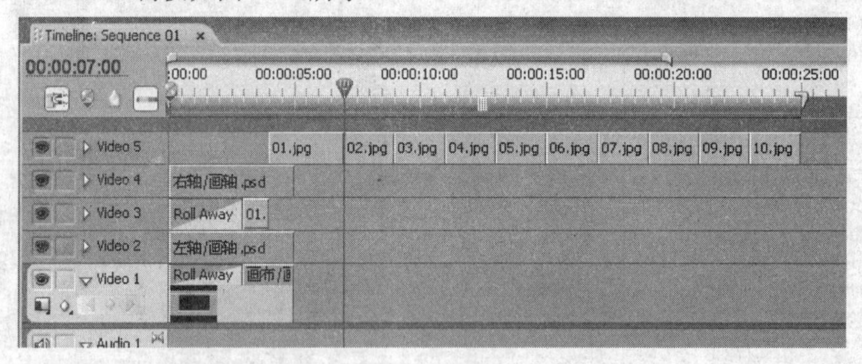

图 3-44

知识加油站

在 Project 调板中选择素材时，可以同时选中多个素材，然后一同拖动到 Timeline 调板的轨道中，实现多个文件的插入，提高制作效率。

3）因为这 9 个素材图片的画面尺寸均为 1024×768，所以也要将它们调整为满屏显示。

在 Timeline 调板中使用选择工具拖曳出一个区域，将素材片段“02.jpg”至“10.jpg”同时选中，如图 3-45 所示。

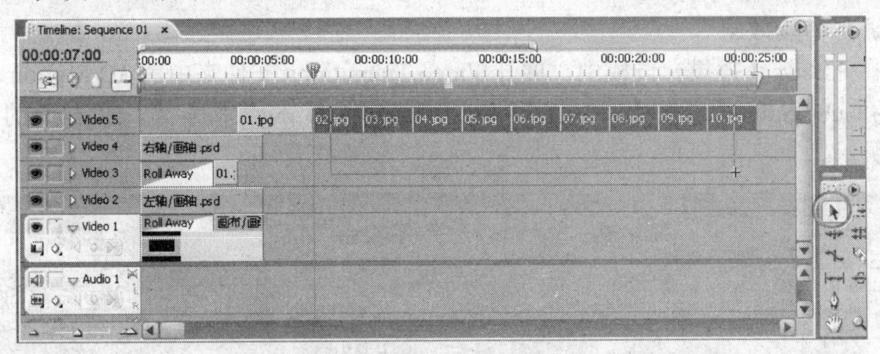

图 3-45

在选中的某一素材上单击鼠标右键，在弹出的快捷菜单中选择 Scale to Frame Size，使这些素材片段全部满屏显示。

3.4.6 为各花卉图片加入转场效果

我们需要各图片间的转场时间都是 1s，而且本例中添加的转场数量较多，所以，可先调整 Premiere 的默认转场持续时间，然后再为图片间添加转场。

1. 调整默认转场持续时间

选择菜单 Edit→Preferences→General，打开 Preferences 对话框。将 Video Transition Default Duration 项的数值设置为“25”（即将默认转场持续时间设置为 25 帧，即 1s），如图 3-46 所示，单击 OK 按钮关闭对话框。

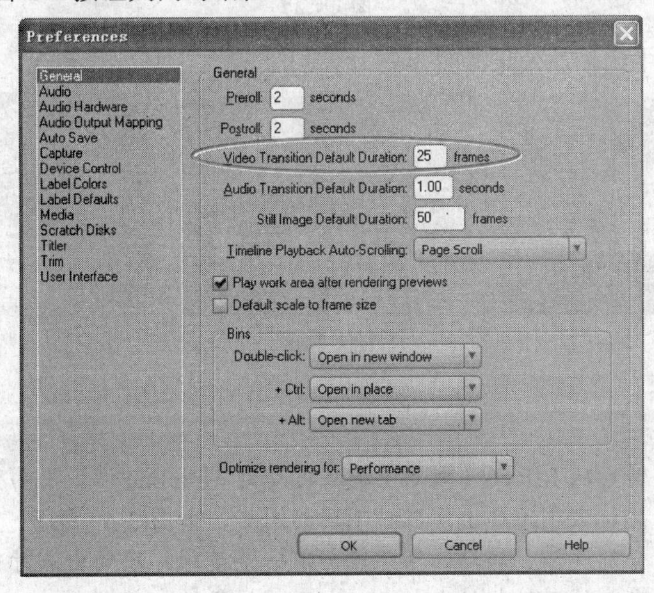

图 3-46

知识加油站

在 Preferences 对话框中，Audio Transition Default Duration 项的数值为默认的音频转场持续时间。更改此数值，可对以后添加在音频素材片段上的转场产生影响。

2. 添加转场效果

1）在 Effects（效果）调板中，展开 Video Transitions 文件夹中的 3D Motion 文件夹，将其中的 Cube Spin 转场拖动到 Video 5 轨道中素材“01.jpg”和素材“02.jpg”的中间，如图 3-47 所示。

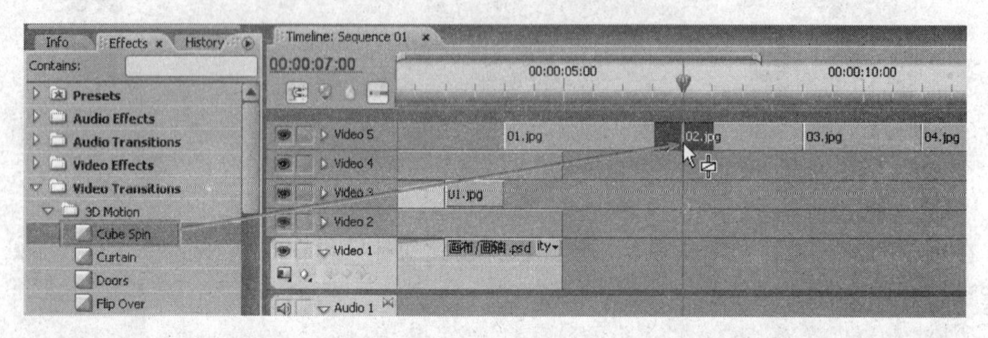

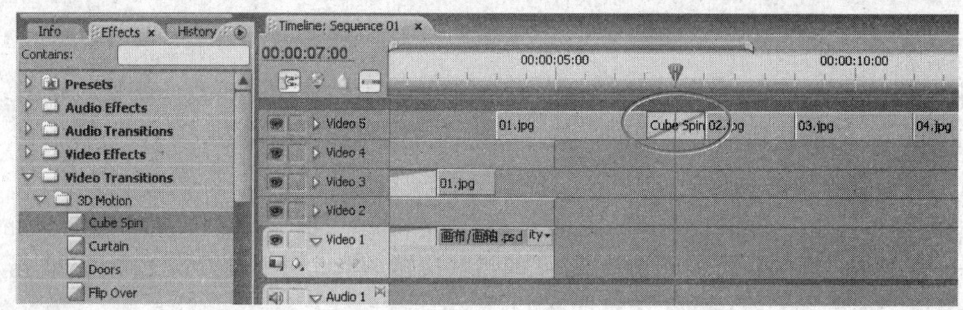

图 3-47

Program 调板中的播放效果如图 3-48 所示。

图 3-48

知识加油站

当我们将某个转场从 Effects（效果）调板拖动到 Timeline 调板中两个素材片段间切线处的不同区域时，鼠标右下角会出现三种不同的图标，如图 3-49 所示。

图中由上到下分别表示：转场的结束点与前一个素材片段的出点对齐、转场与两个素材间的切线居中对齐、转场的起始点与后一个素材片段的入点对齐。

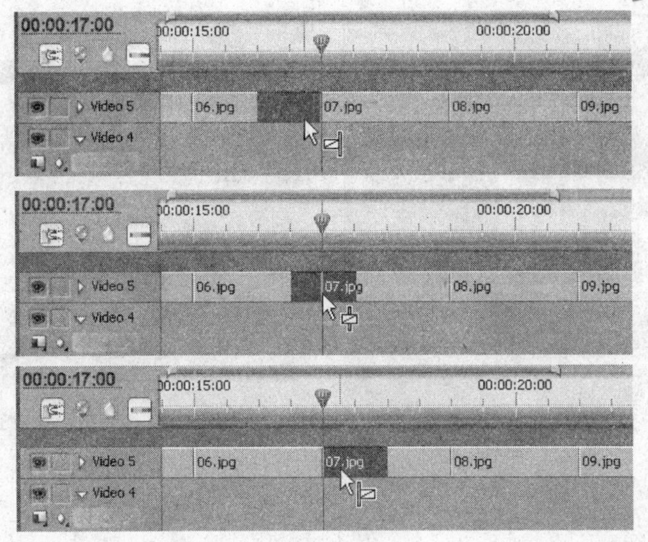

图 3-49

2）双击 Video 5 轨道中刚添加的转场，打开其 Effect Controls（效果控制）调板，如图 3-50 所示。在调板中，可对转场参数进行调整。

说明

本例中，使用该转场的默认参数，不对其进行任何修改。

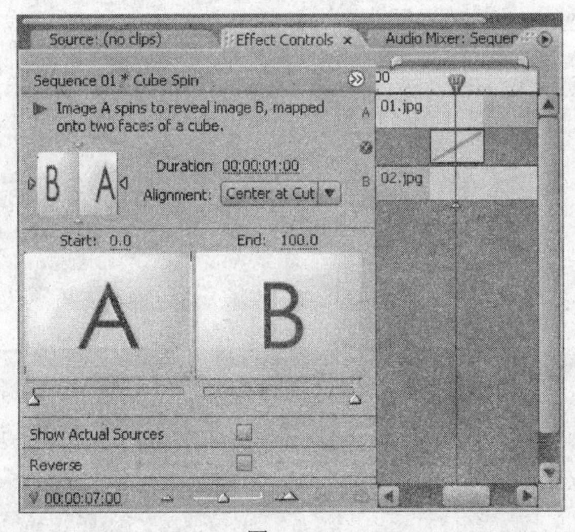

图 3-50

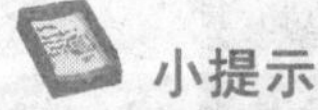

小提示

在调板中可通过修改 Duration 数值来改变转场的持续时间。

如图 3-51 所示，在 Alignment 右侧下拉列表框中，可选择转场的对齐方式；在图中圆圈标注的区域，可单击三角按钮改变转场方向；下方的 Show Actual Sources 复选框，代表是否显示画面素材；Reverse 复选框表示对转场进行翻转。

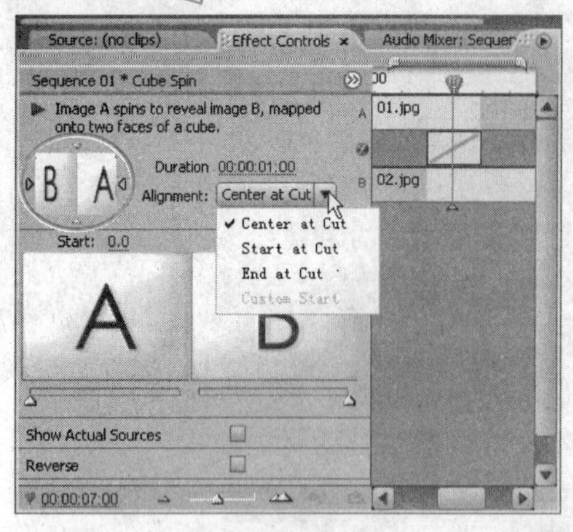

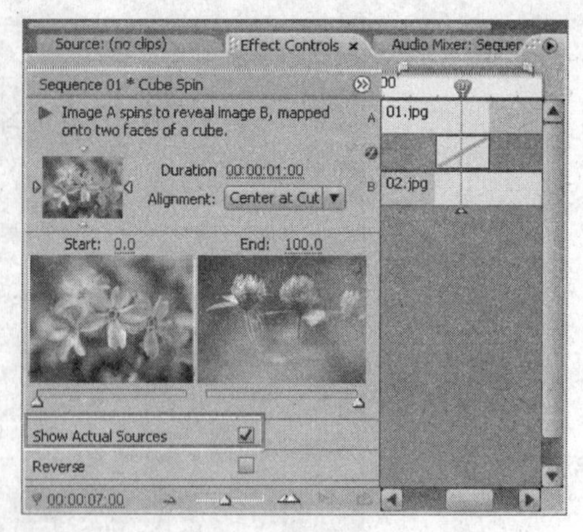

图 3-51

注意

不同的转场效果，其 Effect Controls（效果控制）调板所显示的内容、参数选项也是有所不同的。

3）在 Effects（效果）调板中，展开 Video Transitions 文件夹中的 Iris 文件夹，将其中的 Iris Star 转场拖动到 Video 5 轨道中素材“02.jpg”和素材“03.jpg”的中间，如图 3-52 所示。

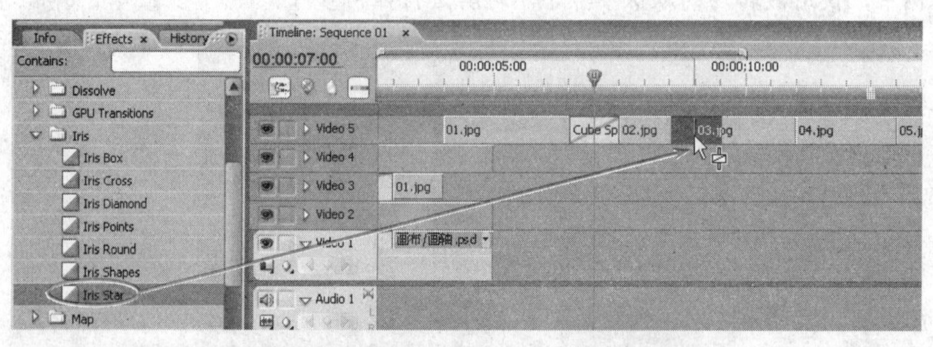

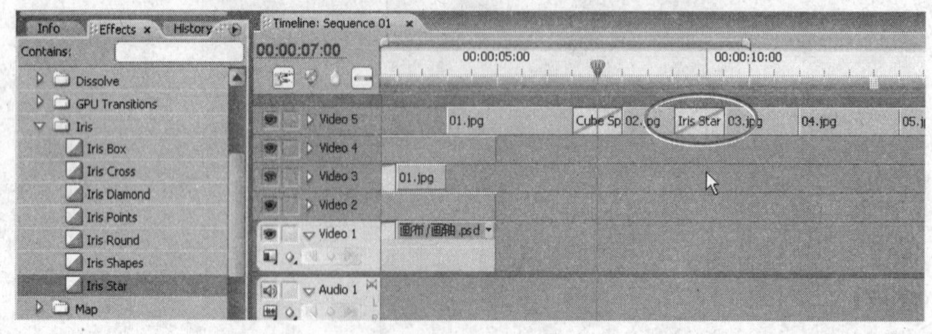

图 3-52

4）采用上面的方法，在素材“03.jpg”至素材“10.jpg”间，分别加入如下的转场效果（共 7 种）：

素材“03.jpg”和素材“04.jpg”间，加入 Slide 文件夹中的 Slash Slide 转场。

素材“04.jpg”和素材“05.jpg”间，加入Slide文件夹中的Swap转场。

素材“05.jpg”和素材“06.jpg”间，加入Wipe文件夹中的Gradient Wipe转场，在弹出的Gradient Wipe Settings对话框中，直接单击OK按钮。如图3-53所示。

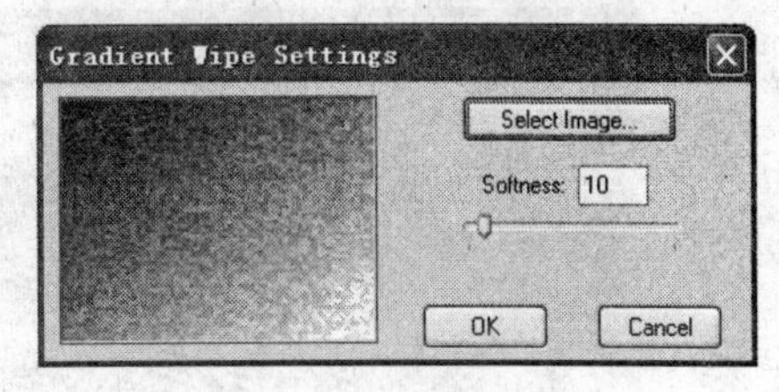

图 3-53

小提示

单击Select Image按钮，可打开选择图片对话框，以选择新的渐变划像转场用辅助图片；修改Softness数值或拖动滑块，可以调节渐变划像的柔和度。

素材“06.jpg”和素材“07.jpg”间，加入Wipe文件夹中的Random Wipe转场。

素材“07.jpg”和素材“08.jpg”间，加入Stretch文件夹中的Stretch In转场。

素材“08.jpg”和素材“09.jpg”间，加入Wipe文件夹中的Venetian Blinds转场。

素材“09.jpg”和素材“10.jpg”间，加入Zoom文件夹中的Cross Zoom转场。

此时，Timeline调板中如图3-54所示。

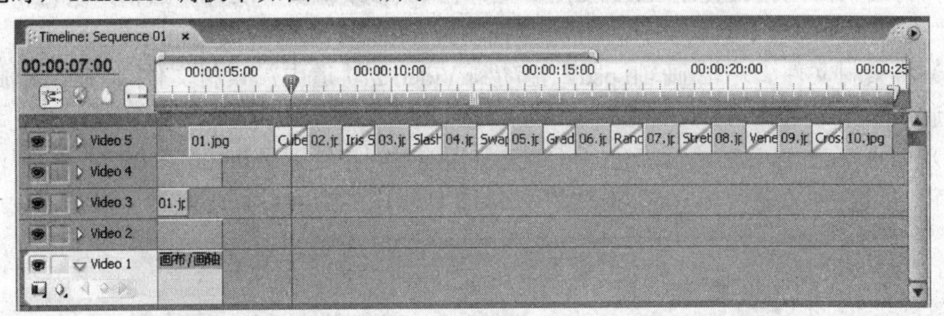

图 3-54

知识加油站

如果想要删除添加到素材片段上的转场效果，在Timeline调板中，单击选中此转场，按〈Delete〉键即可。

如果想用另一种转场来替换当前的转场时：从Effects（效果）调板中，将所需的转场拖动到Timeline调板轨道中原来的转场上即可。

5）我们还需要有一幅图片在持续2s后，再用1s时间由全屏缩小到画卷的中央。所以，我们再向Video 5轨道中，插入一个3s长的图片素材。

① 在Project调板中，展开“flower”素材箱，将素材文件“01.jpg”拖动到Video 5轨道中素材片段“10.jpg”的后面。

② 拖动素材文件“01.jpg”右侧出点至00:00:28:00处，即将其持续时间设为3s。

③ 在素材文件“01.jpg”上单击鼠标右键，在弹出的快捷菜单中选择Scale to Frame Size，使其满屏显示。

④ 在Effects（效果）调板中，展开Video Transitions文件夹中的Wipe文件夹，将其中的Pinwheel转场拖动到Video 5轨道中素材“10.jpg”和素材“01.jpg”的中间，如图3-55所示。

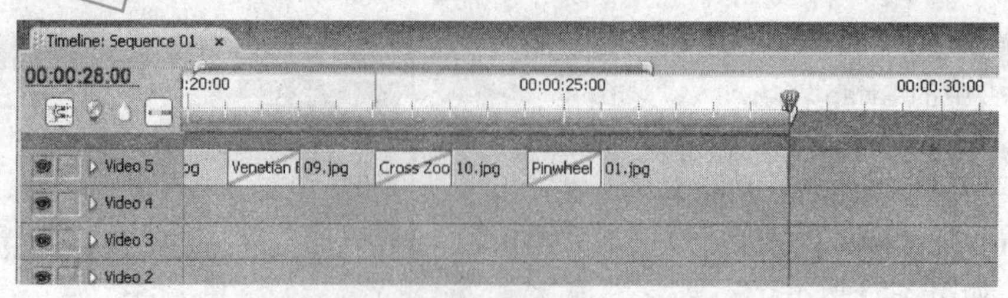

图 3-55

3.4.7 制作图片缩小及颜色变化动画

 制作意图说明

使最后一幅图片用1s的时间由全屏缩小至画卷中央，再用1s的时间由彩色变为单色，从而与影片开头效果相呼应。

1．再次“装配”画卷

1）将当前时间指针置于00:00:27:00处，在Project调板中展开“画轴”素材箱，单击选中“画布/画轴.psd”素材文件，并将其拖动到Video 1轨道中的时间指针处。

2）将素材文件“左轴/画轴. psd”拖动到Video 2轨道中；素材文件“右轴/画轴.psd”拖动到Video 4轨道中。

3）由于图片在1s后才进行变色，所以，先将当前时间指针置于00:00:28:00处，展开“flower”素材箱，再把素材文件“01.jpg”拖动到Video 3轨道中的当前位置，如图3-56所示。

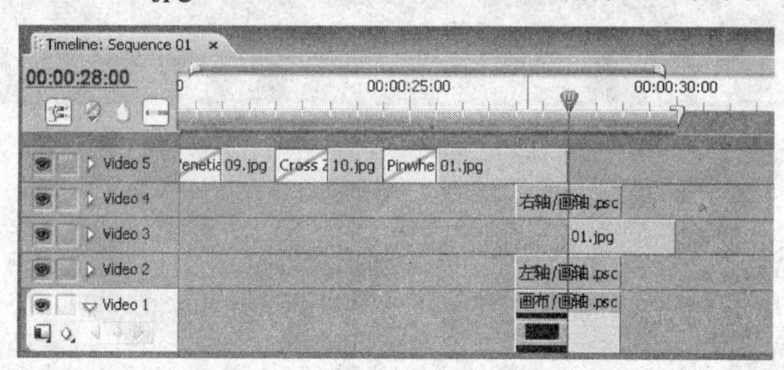

图 3-56

4）在Video 3轨道中的素材文件“01.jpg”上单击鼠标右键，在弹出的快捷菜单中选择Scale to Frame Size，使其满屏显示。

2．调整画卷持续时间

1）将Video 1轨道中的素材文件“画布/画轴.psd”和Video 3轨道中素材文件“01.jpg”的出点，都拖动到00:00:32:00处。即将它们的持续时间分别调整为5s和4s，如图3-57所示。

2）将Video 2轨道中的素材文件“左轴/画轴.psd”和Video 4轨道中素材文件“右轴/画轴.psd”的出点，都拖动到00:00:33:00处。即将它们的持续时间都调整为6s，如图3-58所示。

说明

多出来的1s用于制作两个画轴淡出的动画。

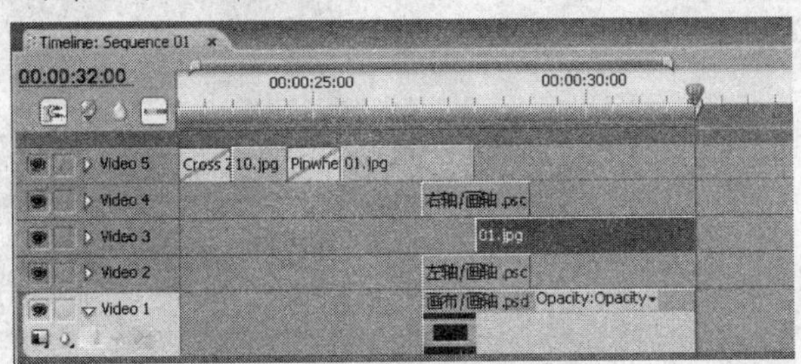

图 3-57

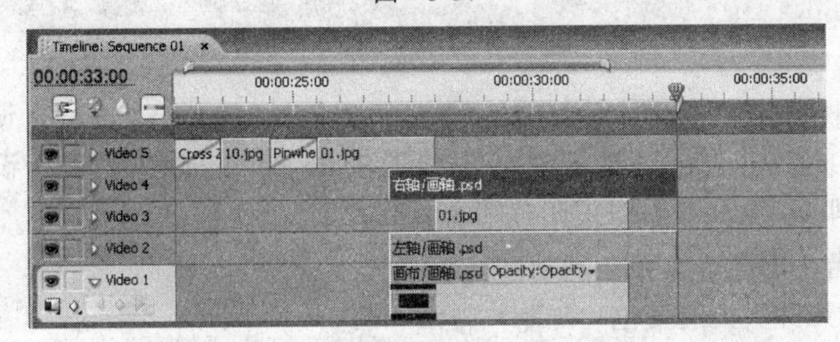

图 3-58

3. 制作图片缩小动画

1）将当前时间指针置于00:00:27:00处，单击选中Video 5轨道中的“01.jpg”素材文件，在Effect Controls（效果控制）调板中展开Motion项，取消对Scale（比例）属性下的Uniform Scale（等比例）复选框的勾选。分别单击Scale Height属性和Scale Width属性前的“开关动画”按钮，设置关键帧，如图3-59所示。

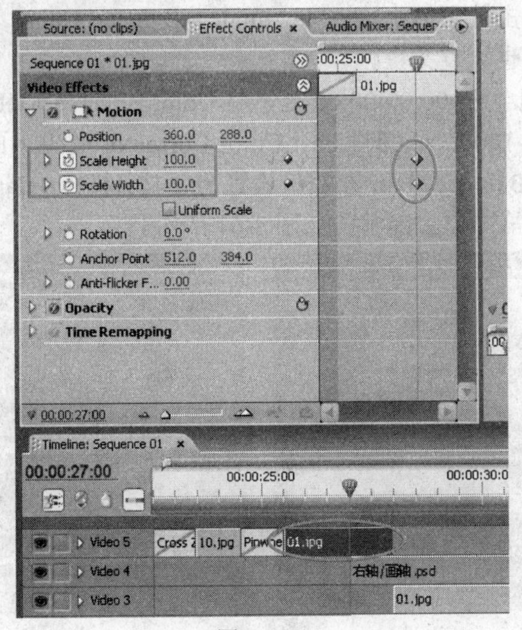

图 3-59

2)将当前时间指针置于 00:00:27:24 处，设置 Scale Height 的值为“45”，设置 Scale Width 的值为“70”，如图 3-60 所示。

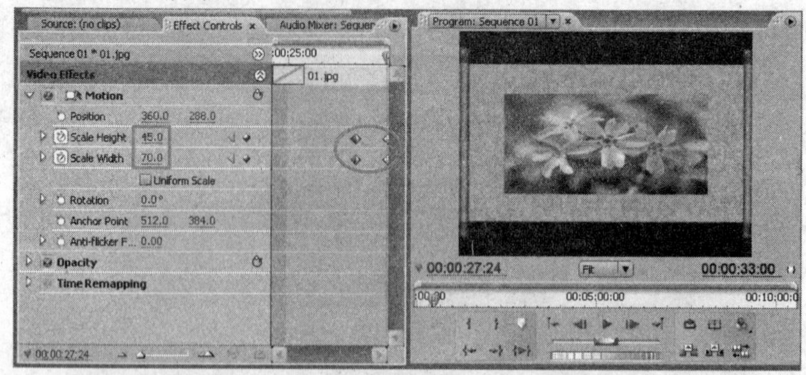

图 3-60

3）单击选中 Video 3 轨道中的“01.jpg”素材文件，在 Effect Controls 调板中，取消对 Scale 属性下的 Uniform Scale 复选框的勾选，设置 Scale Height 的值为“45”，设置 Scale Width 的值为“70”，即与 Video 5 轨道中图片缩小后的大小一致。

4．制作图片由彩色变为单色的动画

此动画与影片开头处的变色动画制作方法相同。

1）在 Effects（效果）调板中，展开 Video Effects 文件夹中的 Color Correction 文件夹，将其中的 Color Balance（HLS）效果拖动到 Video 3 轨道中素材片段“01.jpg”上；再将 Fast Color Corrector 效果也拖动到该素材片段上。

2）选中 Video 3 轨道中素材片段“01.jpg”，将当前时间指针置于 00:00:28:00 处，在 Effect Controls（效果控制）调板中，展开 Color Balance（HLS）效果，单击其下的 Saturation（饱和度）左边的“开关动画”按钮，设置第一个关键帧；再在此调板中展开 Fast Color Corrector 效果，分别单击其下 Balance Magnitude、Balance Gain、Balance Angle 属性前的“开关动画”按钮，也设置关键帧。

3）将当前时间指针置于 00:00:29:00 处，将 Color Balance（HLS）效果下的 Saturation（饱和度）的值设为“-100”；分别将 Fast Color Corrector 效果下的 Balance Magnitude 参数值设置为“31.77”；Balance Gain 参数值设置为“15.44”；Balance Angle 参数值设置为“-106.1°”，自动产生第二个关键帧，如图 3-61 所示。

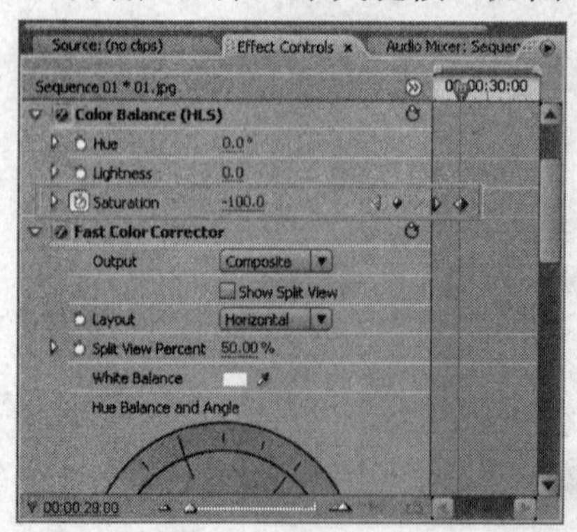

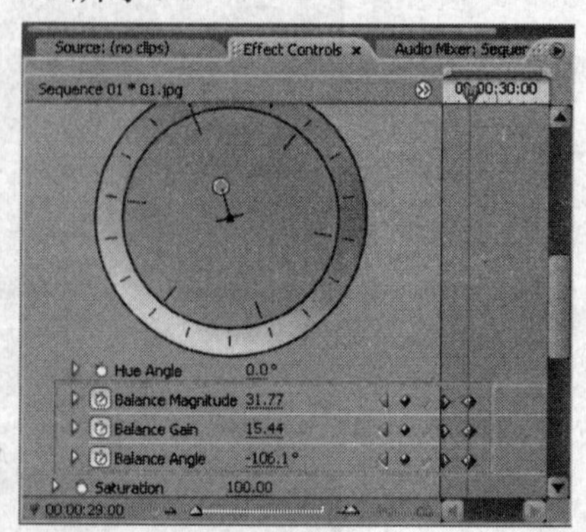

图 3-61

3.4.8 制作画卷"卷起"的效果

实现效果：画卷由右向左逐渐"卷起"。

1．添加转场效果

1）在 Effects（效果）调板中，展开 Video Transitions 文件夹中的 Page Peel 文件夹，将其中的 Roll Away 转场拖动到 Video 1 轨道中素材"画布/画轴.psd"的出点处，如图 3-62 所示。

图 3-62

2）在 Video 1 轨道中，双击刚添加的转场，打开其 Effect Controls（效果控制）调板，将 Duration（转场时间）设置为"00:00:03:00"（即 3s）。

3）拖动时间指针进行预览，发现画卷转场是由左向右进行的，与我们需要的效果相反，如图 3-63 所示。

图 3-63

因此，在 Effect Controls（效果控制）调板中，将下方 Reverse 的复选框勾选，即对转场进行翻转，如图 3-64 所示。

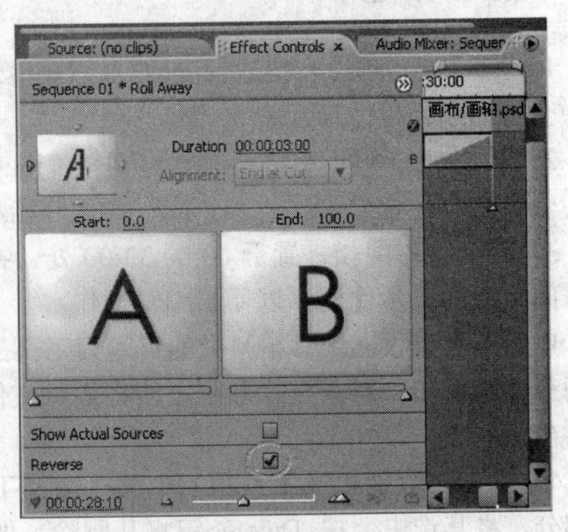

图 3-64

此时，拖动时间指针进行预览，画卷转场效果由右向左"卷起"，如图 3-65 所示。

4）在 Effects（效果）调板中，展开 Video Transitions 文件夹中的 Page Peel 文件夹，将其中的 Roll Away 转场拖动到 Video 3 轨道中素材"01.jpg"的出点处。

在其 Effect Controls 调板中，将

Duration 数值也设置为“00:00:03:00”（即 3s）；并勾选下方 Reverse 的复选框，对转场进行翻转。

图 3-65

2．制作右侧画轴的位移动画

1）将当前时间指针置于 00:00:29:00 处，单击选中 Video 4 轨道中的“右轴/画轴.psd”素材文件。在其 Effect Controls 调板中展开 Motion 项，单击 Position（位置）左边的“开关动画”按钮，开启此属性动画设置，即设置第一个关键帧。

2）将当前时间指针置于 00:00:32:00 处，在 Effect Controls 调板中设置 Position 的第一个参数（X 坐标）值为“-337.0”，完成动画的制作。

拖动时间指针进行预览，效果如图 3-66 所示。

图 3-66

3.4.9 加入背景音乐

1）拖动 Timeline 调板左下方的“缩放滑块”改变时间标尺的显示比例，使素材在调板中全部显示，以方便观察。

2）从 Project 调板中将音频素材文件“music.wma”拖动至 Timeline 调板 Audio 1（音频）轨道中。注意，素材的入点应在影片开始处，即 00:00:00:00 处，如图 3-67 所示。

3）将当前时间指针置于 00:00:33:00 处，拖动 Timeline 调板左下方的“缩放滑块”改变时间标尺的显示比例，以便于编辑操作。

单击工具调板（工具箱）中的“剃刀工具”，再在素材文件“music.wma”上当前时间指针处单击，对其进行分割，即将素材文件“music.wma”在 00:00:33:00 处分割，如图 3-68 所示。

4）单击工具调板（工具箱）中的“选择工具”，再单击素材文件“music.wma”的后半部分，将其选中，按<Delete>键将其删除，如图 3-69 所示。

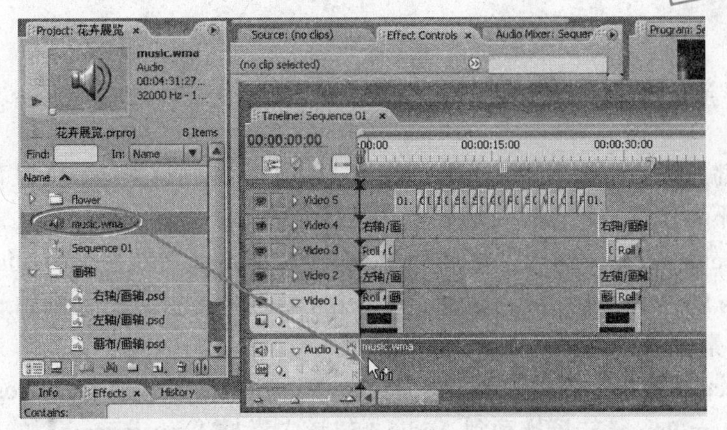

图 3-67

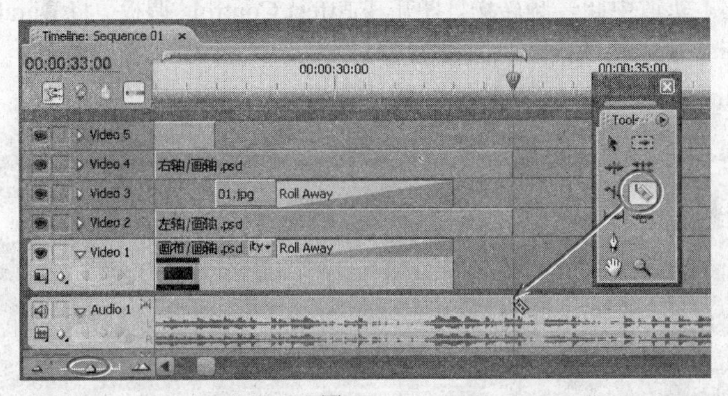

图 3-68

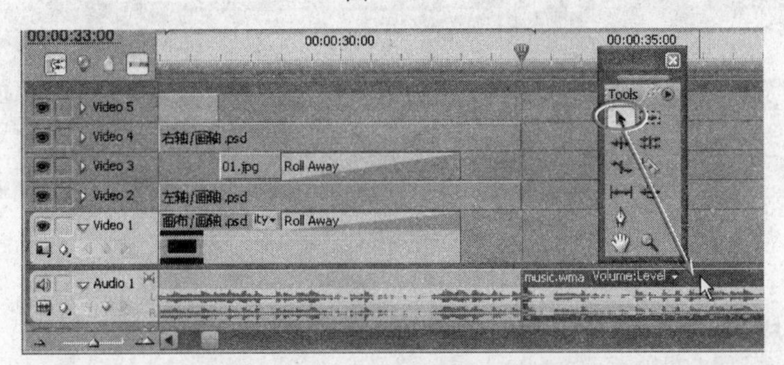

图 3-69

3.4.10 制作"淡出"效果

如果此时播放影片，会发现在影片结束时，画轴是突然消失的，而且背景音乐也是戛然而止，显得不太自然。所以，我们要对其进行处理。

1）在 Effects（效果）调板中，展开 Video Transitions 文件夹中的 Dissolve 文件夹，将其中的 Cross Dissolve 转场分别拖动到 Video 4 轨道中素材"右轴/画轴.psd"的出点处、Video 2 轨道中素材"左轴/画轴.psd"的出点处。

2）在 Effects（效果）调板中，展开 Audio Transitions 文件夹中的 Crossfade 文件夹，将其中的 Constant Power 转场拖动到 Audio 1 轨道中素材"music.wma"的出点处。

双击 Audio 1 轨道中此音频转场，打开其 Effect Controls 调板。将 Duration 数值设置为 00:00:02:00，即将音频转场持续时间设为 2s。

此时 Timeline 调板如图 3-70 所示。

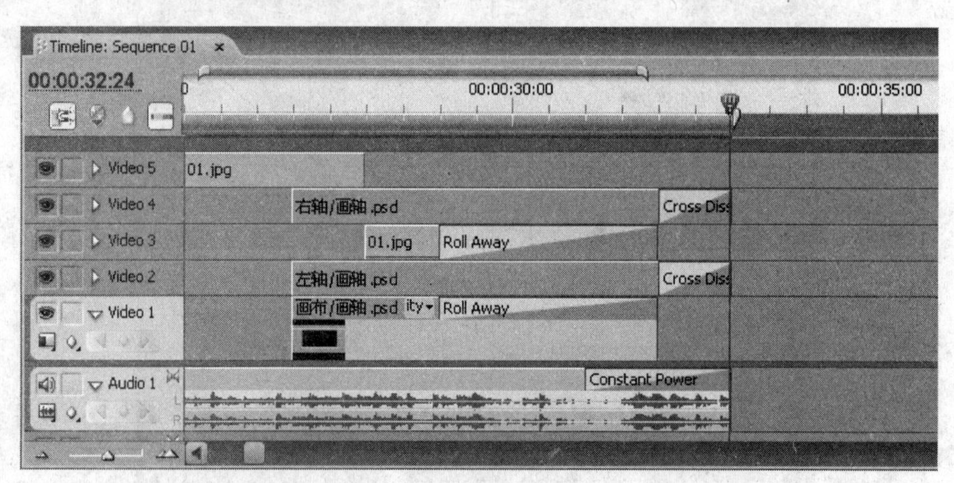

图 3-70

3.4.11 输出影片

1）在 Timeline（时间线）调板或 Program（节目监视器）调板中的任意位置单击，以激活调板。

2）选择菜单 File→Export→Movie，打开 Export Movie（输出影片）对话框。在其中指定输出影片的保存路径及文件名，如图 3-71 所示。

单击对话框右下方的 Settings...按钮，打开 Export Movie Settings 对话框，确认 Export Audio 复选框处于勾选状态，即输出音频，如图 3-72 所示，单击 OK 按钮关闭对话框。

单击"保存"按钮，关闭 Export Movie 对话框，开始影片的渲染输出，如图 3-73 所示。

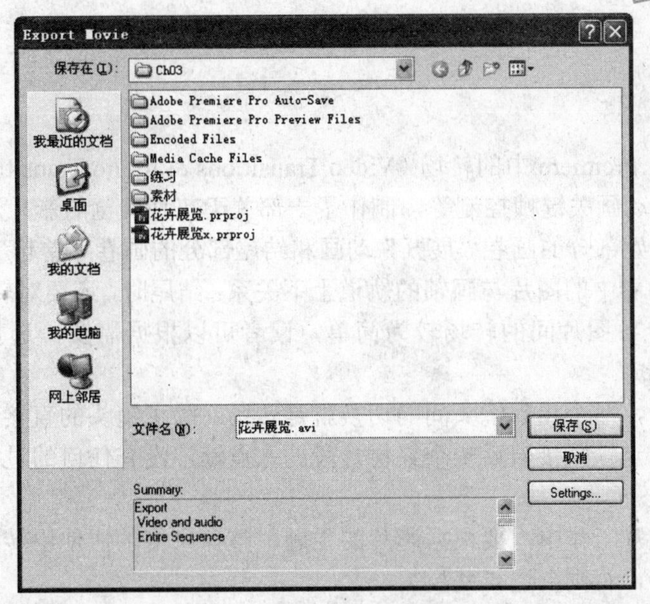

图 3-71

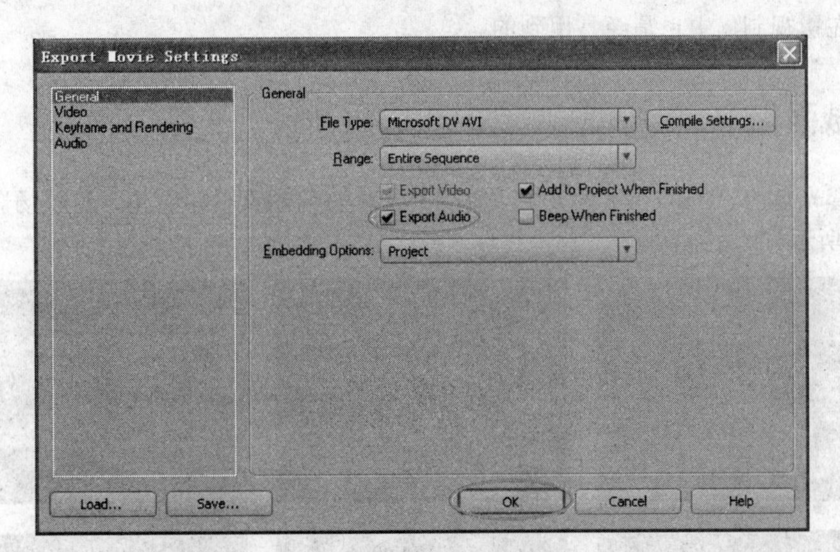

图 3-72

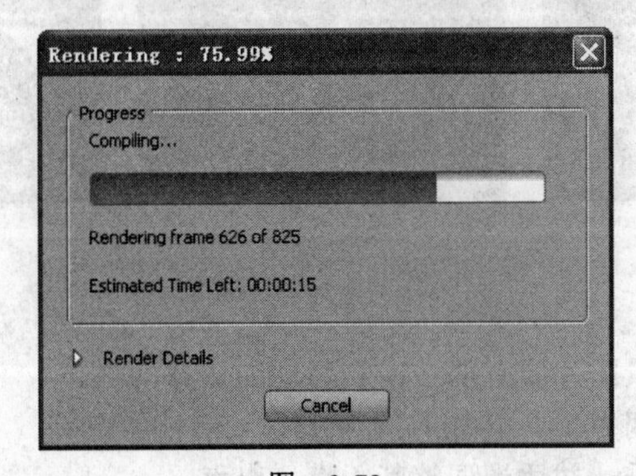

图 3-73

3.5 触类旁通

本项目运用了 Premiere 中的转场（Video Transitions & Audio Transitions）、效果（Video Effects）和属性的动画关键帧控制等，制作了一部关于花卉展览的影片。

其中，影片开始部分的画卷“展开”动画和结尾部分的画卷“卷起”动画是制作难点。制作中需要考虑画卷中的图片与画轴的轨道上下关系；结尾时，还要对转场进行翻转处理。

影片中间部分各图片间的转场较为简单，读者可以根据需要，选择自己喜欢的转场方式。

在视频制作中，两个相邻镜头间的切换就是转场。除了镜头的直接切换（硬切，即前一个素材片段的出点帧紧接着后一个素材片段的入点帧，没有任何的过渡）外，还有很多其他的方式。

我们在实际编片工作中，要根据影片的主题、整体风格酌情使用转场效果，不要滥用或过多地使用转场，否则会适得其反。

影片结尾处，为了使画面和音乐不至于突然消失，采用了“淡出”的转场效果。这样的效果，在影视制作中也是经常用到的。

3.6 实战强化

请利用配套光盘的“Ch03”文件夹中“练习”文件夹内的素材，制作一段转场影片，效果如图 3-74 所示。

图 3-74

1. 制作要求

（1）影片中的长背景图片要有从左向右运动的位移动画。

（2）各图片持续时间为 2s，转场时间为 1s。

（3）要加入背景音乐，并适当调整其入点、出点。

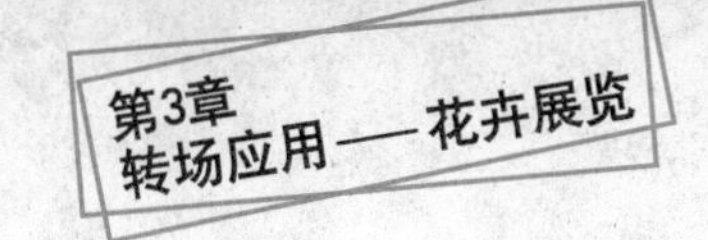

（4）影片开头及结尾要有淡入、淡出效果（包括声音素材）。

2．制作提示

（1）使用 Video Transitions 文件夹中的 Wipe 文件夹内的各转场效果，并需适当调整其转场属性设置。

（2）Timeline 调板可参看图 3-75。

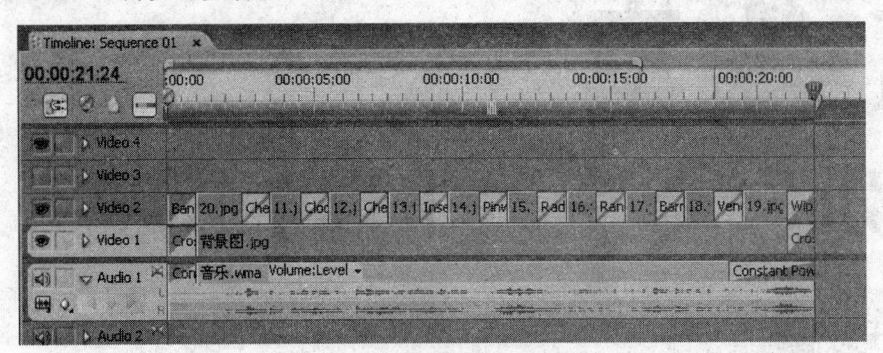

图 3-75

第4章 序列嵌套——时尚车展

4.1 任务情境

某汽车销售公司为配合汽车促销活动，将举办一次名车展。

在展会上，将放映一系列的汽车短片，以展现名车魅力、吸引消费者，其中有一段“宝马”汽车篇的片花需要制作。

汽车销售公司的人员提供了一些“宝马”汽车的照片、图片，要求利用这些图片素材来制作。

制作要求：

1）时尚、富有动感。

2）有“画中画”的效果，增大信息量。

3）时间为15s。

4）配以欢快的背景音乐。

4.2 任务分析

本项目可分为三部分来进行制作：第一部分是3s的片头，其难点是胶片动画的制作；第二部分是6s的嵌套序列；第三部分是3段各2s的序列嵌套动画。

我们如果要制作一些复杂的效果时，可以利用Premiere的“序列嵌套”功能。

“序列嵌套”功能可以提高我们在Premiere中的工作效率，并且完成复杂的或看似不可能完成的工作。

本例的要点就是如何嵌套序列，以及对嵌套序列素材的灵活使用。

知识加油站

可以把一个序列作为素材片段插入到其他的序列中，这种方式称为嵌套。

可以像操作普通素材一样，对嵌套序列素材片段进行选择、剪辑、加入效果等。还可以进行多级嵌套，来创建更为复杂的序列结构。

注意

对源序列中内容所作的任何修改，都会实时反映到其嵌套序列素材片段中；不可进行自身嵌套。

4.3 成品效果

我们先来看一下渲染输出后的影片最终效果，如图 4-1 所示。

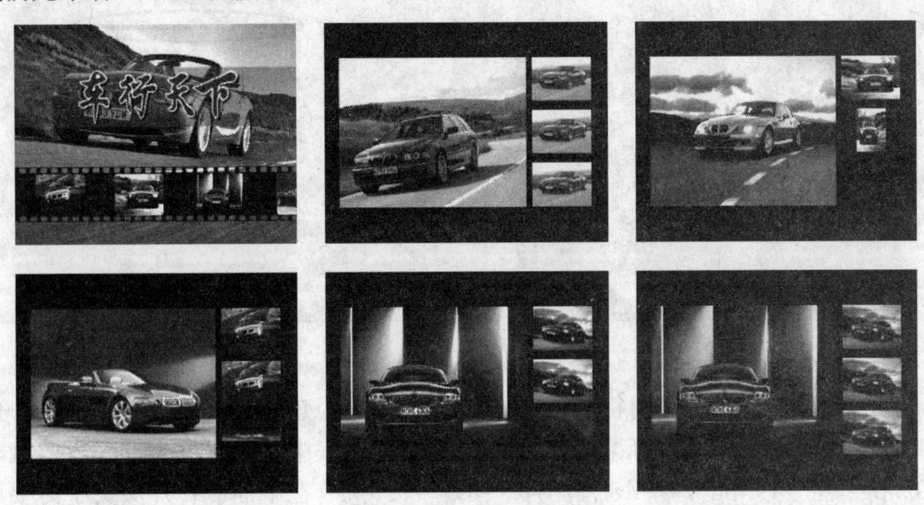

图 4-1

4.4 任务实施

4.4.1 新建项目文件

1）启动 Premiere 软件，单击 New Project 按钮，打开 New Project 对话框。

2）在对话框中展开 DV-PAL 项，选择其下的 Standard 48KHz（我国目前通用的电视制式）。在对话框下方 Location 项的右侧单击 Browse 按钮，打开“浏览文件夹”对话框，新建或选择存放项目文件的目标文件夹，本例为 Ch04，单击“确定”按钮，关闭“浏览文件夹”对话框。在 New Project 对话框最下方的 Name 项中键入项目文件的名称——“时尚车展”，单击 OK 按钮，完成项目文件的建立并关闭 New Project 对话框，进入 Premiere 的工作界面。

4.4.2 导入素材

1）我们要分别导入两组持续时间不一的图片素材，所以要建立两个素材箱。选择菜单 File→New→Bin，或者单击 Project 调板最下方的“新建素材箱”按钮，新建一个素材箱，并为其重新命名为“10 帧素材”。再次单击按钮，新建一个素材箱，并为其重新命

名为“1 秒素材”，如图 4-2 所示。

2）选择菜单 Edit→Preferences→General，打开 Preferences 对话框。将 Still Image Default Duration 项的数值修改为“10”（将默认导入静态图片的持续时间修改为 10 帧），如图 4-3 所示。

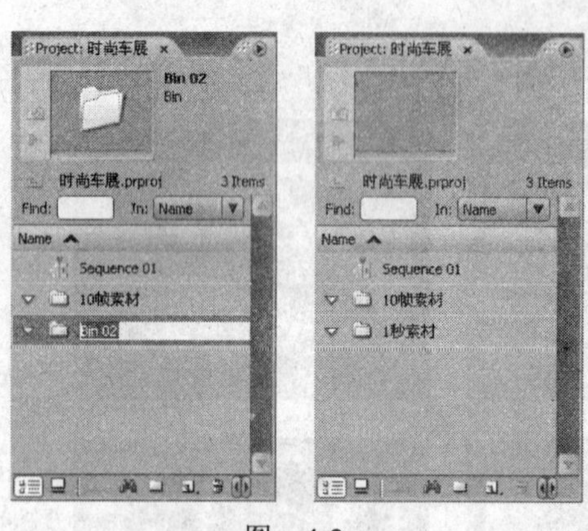

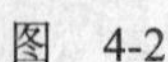
图 4-2

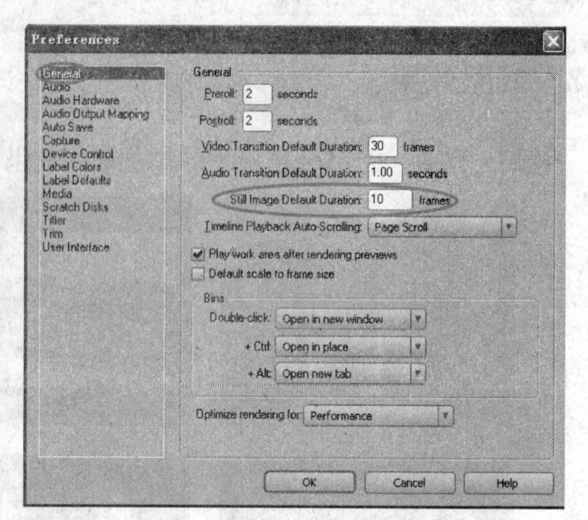

图 4-3

3）双击“10 帧素材”素材箱，将其打开。选择菜单 File→Import（或按<Ctrl+I>组合键），打开 Import 对话框，选择配套光盘“Ch04”文件夹中“素材”文件夹内的汽车图片素材“02.jpg”至“19.jpg”，共 18 幅图片（图片“01.jpg”在下面制作片头文字时要用到），单击“打开”按钮将这些图片导入到“10 帧素材”素材箱中。

4）再次选择菜单 Edit→Preferences→General，打开 Preferences 对话框。将 Still Image Default Duration 项的数值修改为“25”（将默认导入静态图片的持续时间修改为 25 帧即 1s）。

5）双击“1 秒素材”素材箱，将其打开。选择菜单 File→Import（或按<Ctrl+I>组合键），打开 Import 对话框，选择配套光盘“Ch04”文件夹中“素材”文件夹内的“12.jpg”至“20.jpg”，共 9 幅图片，单击“打开”按钮将这些图片导入到“1 秒素材”素材箱中。

6）在 Project 调板空白处单击，再选择菜单 File→Import，打开 Import 对话框，选择配套光盘“Ch04”文件夹中“素材”文件夹内的“01.jpg”、声音素材“bg.wav”（背景音乐）、图片素材“film.tga”（胶片图），单击“打开”按钮将这些素材导入到 Project 调板中。至此，素材准备完毕。

4.4.3 片头的制作

1）在 Project 调板中的 Sequence 01 序列上，单击鼠标右键，在弹出的菜单中选择 Rename，将该序列重新命名为“片头”。

2）在 Project 调板中选择素材“01.jpg”，将其拖动到时间线“片头”中的 Video 1 轨道。左右拖动 Timeline 调板（时间线调板）左下部分的“缩放滑块”，改变时间标尺的显示比例，以调整“01.jpg”在时间线调板中的显示。如图 4-4 所示。

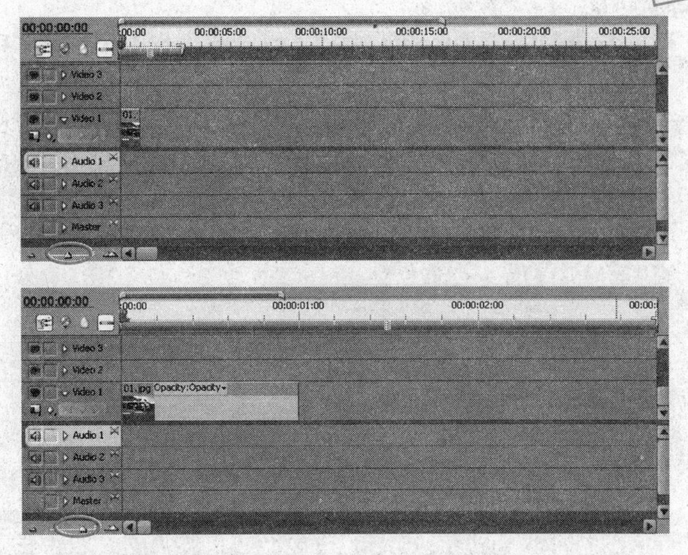

图 4-4

小提示

可以在英文输入法的状态下，通过按<->、<=>和<\>这 3 个快捷键来分别实现缩小查看、放大查看和以默认合适大小显示时间线上的全部素材，熟练运用快捷键可以显著提高工作效率。

3）由于图片素材“01.jpg”的图像尺寸为 1024×768（在项目调板中的素材“01.jpg”上单击鼠标右键，在弹出的菜单中选择 Properties，新出现的窗口中会发现素材的相关信息），而我们的项目设置中图像尺寸为 720×576。显然，素材尺寸偏大，致使图片在 Program 调板中显示不全。为此，在时间线调板中素材“01.jpg”上单击鼠标右键，在弹出的快捷菜单中选择 Scale to Frame Size，以使其满屏显示，如图 4-5 所示。

图 4-5

小提示

虽然可以通过 Scale to Frame Size 命令使过大或过小的素材满屏显示，但是，对小于项目设置中图像尺寸的素材来讲，会使图像清晰度下降。

为此，在视频编辑中应尽量使用等于或大于项目设置中图像尺寸的素材。

4）我们要作 3s 的片头，现在 Timeline 调板（时间线调板）中素材“01.jpg”的持续时间只有 1s，为此，需要进行一些调整。

将当前时间指针移至 00:00:03:00（3s）处，移动鼠标到时间线中素材“01.jpg”的右侧“出点”位置，会出现“剪辑出点”图标，拖动其出点至时间指针处，如图 4-6 所示。

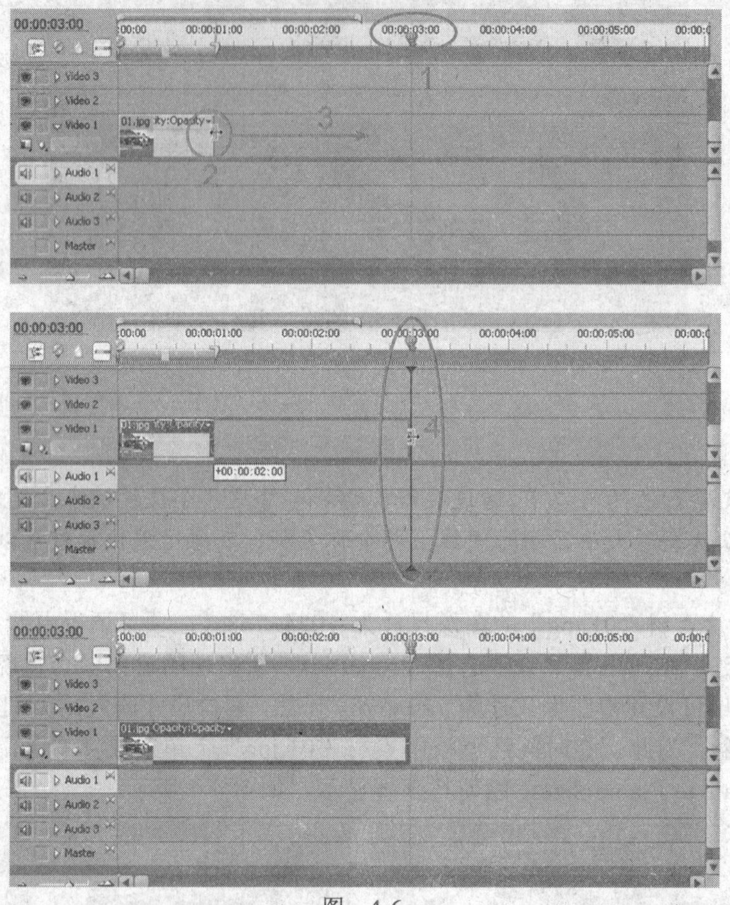

图 4-6

5）由于胶片素材“film.tga”是有 6 个小画幅的图片，如图 4-7 所示。我们将来要在每个小画幅处都放置一幅汽车图片，所以需要占用 6 条视频轨道，加之素材“film.tga”还需占用 1 条，目前空余 2 条视频轨道，所以还少 5 条视频轨道。

图 4-7

添加视频轨道：选择菜单 Sequence→Add Tracks（或在 Timeline 调板的轨道名称上单击鼠标右键），在弹出的 Add Tracks 对话框中进行如图 4-8 所示的设置，并单击 OK 按钮退出。

此时，Timeline 调板的变化如图 4-9 所示。

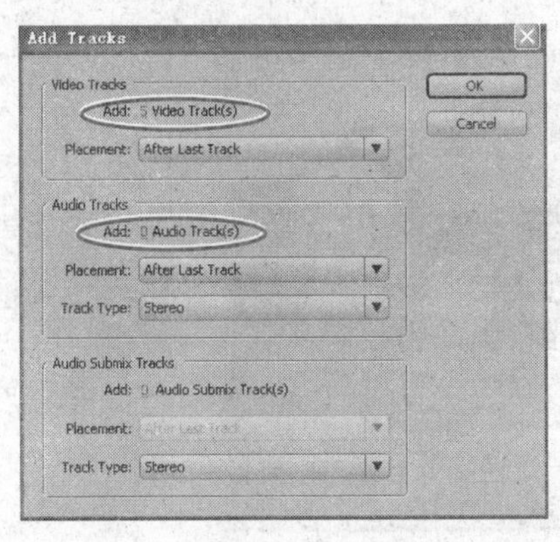

图 4-8

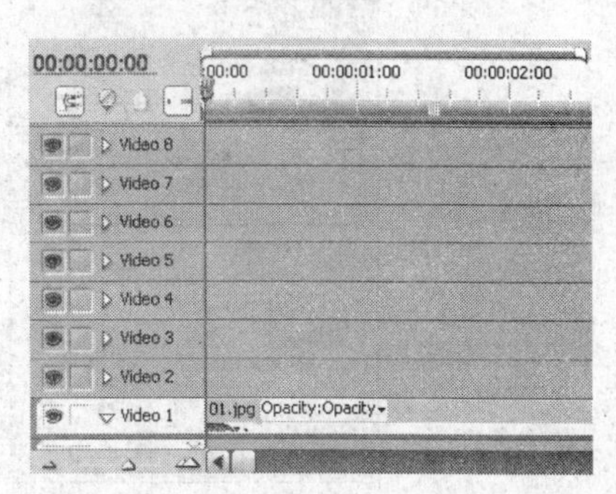

图 4-9

6）在 Project 调板中选择素材“film.tga”，将其拖动到时间线“片头”中的 Video 8 轨道，利用步骤 4）的方法将其出点也拖动到 00:00:03:00（3s）处。

7）改变素材“film.tga”在屏幕中的位置：单击 Program（节目监视器）调板下方的“到入点”按钮，当前时间指针回到 00:00:00:00 处。单击选中 Video 8 轨道中的“film.tga”素材，在 Effect Controls（效果控制）调板中展开 Motion 项，设置其下 Position（位置）属性的值为“617.0”和“445.0”（分别代表 X 坐标和 Y 坐标），如图 4-10 所示。

8）设置胶片动画：单击 Position 左边的“开关动画”按钮，开启此属性动画设置，即设置第一个关键帧。单击 Program（节目监视器）调板下方的“到出点”按钮，在 Effect Controls 调板中设置 Position 属性的（X 坐标）值为“100.0”，Position 属性会自动产生第二个关键帧，此时，会使“film.tga”胶片素材产生由右向左的运动动画，如图 4-11 所示。

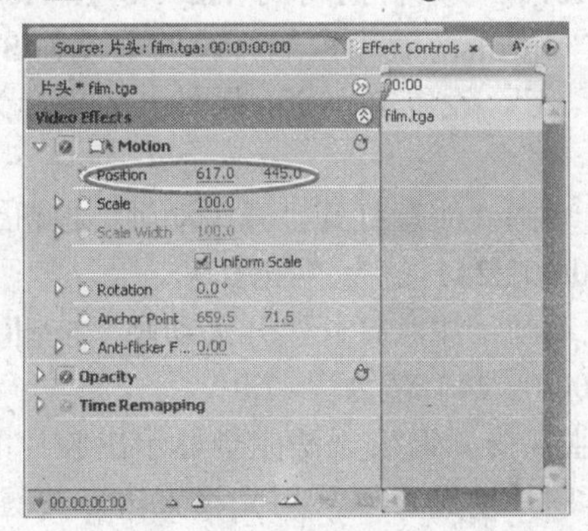

图 4-10

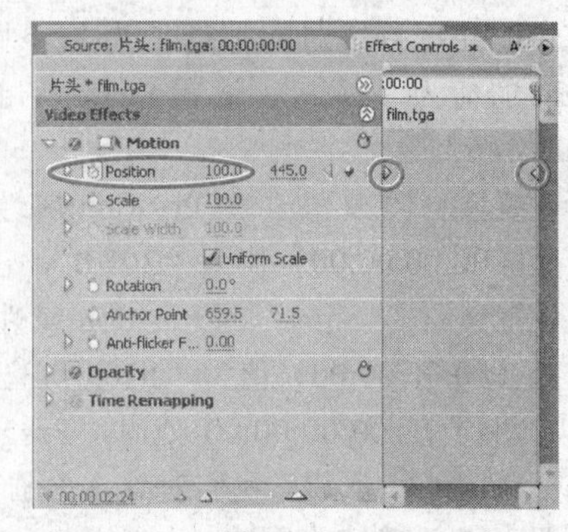

图 4-11

9）为胶片小画幅加入汽车图片并设置动画：

① 单击 Program（节目监视器）调板下方的“到入点”按钮，当前时间指针回到 00:00:00:00。在 Project 调板中展开“1 秒素材”素材箱，将“20.jpg”素材拖动到 Timeline 调板的 Video 2 轨道中，并将其出点也拖动到 00:00:03:00 处，即把持续时间设置为 3s。

② 在 Effect Controls（效果控制）调板中展开 Motion 项，取消 Scale（比例）属性下的 Uniform Scale（等比例）复选框的勾选，设置 Scale Height 的值为“14.5”，设置 Scale Width 的值为“14”；设置 Position（位置）属性的值为“103.0”和“446.0”，如图 4-12 所示。

图 4-12

③ 由于小图片要随胶片的运动而同步运动，所以要参照胶片素材的运动参数变化来设置动画。

胶片素材的 Position 属性（X 坐标）值在 00:00:00:00 和 00:00:03:00 时分别为“617.0”和“100.0”，即从右向左运动了 517（617.0–100.0=517.0）个像素。

④ 确认当前时间指针在 00:00:00:00 处，单击选中 Timeline 调板中的“20.jpg”素材，再在 Effect Controls（效果控制）调板中单击 Position 左边的“开关动画”按钮，开启此属性动画设置，即设置第一个关键帧；单击 Program（节目监视器）调板下方的“到出点”按钮，将 Position 属性的（X 坐标）值设置为“–414.0”（103–517=–414），Position 属性会自动产生第二个关键帧，拖动当前时间指针，可观察动画效果。

⑤ 采用上述方法，分别将“19.jpg”素材至“15.jpg”素材拖动到 Video 3 至 Video 7 轨道中，并把持续时间都延长为 3s；均在 Effect Controls（效果控制）调板中设置 Scale Height 的值为“14.5”，设置 Scale Width 的值为“14”，设置 Position 属性（Y 坐标）的值为“446”。

设置素材“19.jpg”的 Position 属性（X 坐标）动画（注意打开“开关动画”按钮）：入点处（00:00:00:00）值为“307.0”，出点处（00:00:02:24）值为“–210.0”。

设置素材“18.jpg”的 Position 属性（X 坐标）动画（注意打开“开关动画”按钮）：入点处（00:00:00:00）值为“510.0”，出点处（00:00:02:24）值为“–7.0”。

⑥ 由于在 00:00:00:00 处时，Program（节目监视器）调板无法完全显示出胶片的第 4～6 个小画幅，所以，我们对这 3 个画幅内的汽车图片动画可以采用先设置出点关键帧，再设置入点关键帧的方法。

单击 Program（节目监视器）调板下方的“到出点”按钮，在 Effect Controls（效果控制）调板中设置素材“15.jpg”的 Position 属性（X 坐标）动画（注意打开“开关动画”按钮）：出点处（00:00:02:24）值为“609.0”，入点处值为“1126.0”（609.0+517.0=1126.0）。

用同样的方法，设置素材“16.jpg”的 Position 属性（X 坐标）动画（注意打开“开关动画”按钮）：出点处（00:00:02:24）值为“406.0”，入点处值为“923.0”。

设置素材“17.jpg”的 Position 属性（X 坐标）动画（注意打开“开关动画”按钮）：出点处（00:00:02:24）值为“207.0”，入点处值为“724.0”。

此时，可以拖动当前时间指针观察胶片的整体动画效果，如图 4-13 所示。

图 4-13

10）制作片头文字：

① 将当前时间指针置于 00:00:00:00 处，选择菜单 File→New→Title（或选择菜单 Title→New Title→Default Still），弹出 New Title 对话框，输入字幕名称“片头文字”，单击 OK 按钮关闭对话框，调出 Title Designer 调板。

② 在绘制区域单击输入文字的开始点，出现闪动光标，输入文字“车行天下”，输入完毕后单击“字幕工具调板”中的“选择工具”按钮结束输入。保持文本的选择状态，选择菜单 Title→Font，在字体列表中选择 STXingkai 字体。

③ 在右侧 Title Properties（字幕属性）调板中，设置 Font Size（字号）为“100”，文本填充颜色为红色（R：247，G：10，B：10）；添加 Outer Strokes（外边线），Size 值为“22”，填充颜色为白色，如图 4-14 所示。

图 4-14

④ 对文本进行变形修饰：

在右侧 Title Properties（字幕属性）调板中，调节 Properties 属性下 Distort 的 X 值为“57”，Y 值为“−41”。此时，文本发生变形，但大小和字间距就有些不合适了。为此，调节 Font Size（字号）为“137”，Kerning 为“−62”；选择菜单 Title→Position→Horizontal Center，使文本水平居中，再适当调整文本的上下位置，如图 4-15 所示。

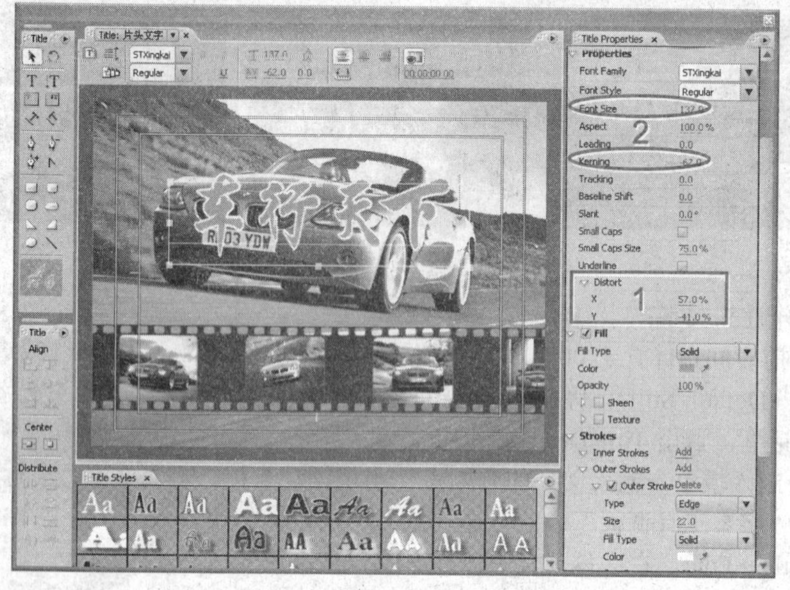

图　4-15

进阶操作：

对文本添加投影：将 Shadow 属性前的复选框勾选；设置 Opacity 值为“75”、Angle 值为“–225.0”、Distance 值为“7.0”、Spread 值为“21.0”。

如果文本与画面内容对比不明显的话，我们可以在文本下方绘制一个带有颜色的图形，并调整图形的不透明度：单击“字幕工具调板”中的“矩形工具”按钮，绘制一个矩形，调整矩形的填充颜色（R: 17, G: 113, B: 205）及大小；选择菜单 Title→Arrange→Send to Back，将矩形置于文本下方；调节 Fill 属性中的 Opacity 值至合适大小（50%）。如图 4-16 所示。

本例接下来的操作，将使用这样的文本效果。该字幕文件已保存为“片头文字_进阶.prtl”，读者可将其导入到 Project 调板中使用。

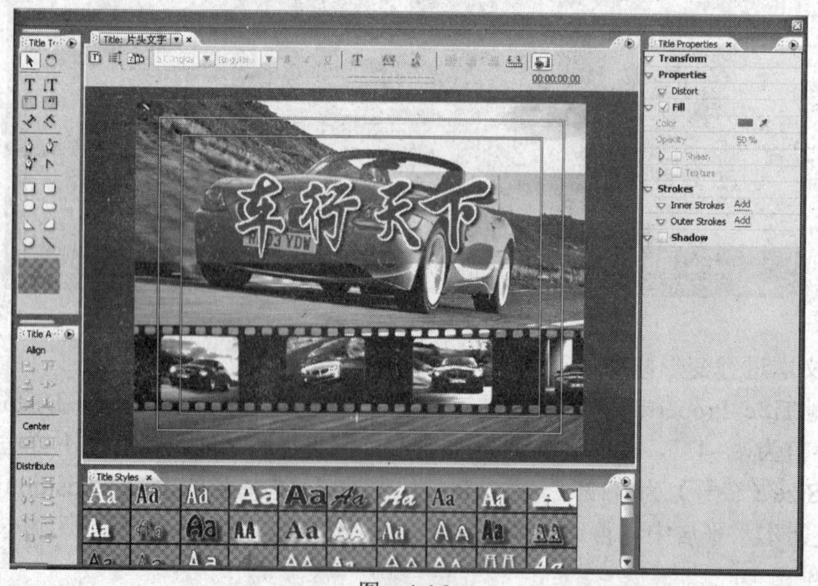

图　4-16

⑤ 导入“进阶操作”中的字幕文件：在Project调板空白处单击，再选择菜单File→Import（或按<Ctrl+I>组合键），打开Import对话框，选择配套光盘“Ch04”文件夹中的“片头文字_进阶.prtl”文件，单击“打开”按钮将其导入到Project调板中。至此，片头所用字幕制作完成。

11）在Timeline调板中装配文字：

将Project调板中“片头文字_进阶”素材拖动至时间线“片头”中最上层视频轨道Video 8的上方空白处，如图4-17所示。

释放鼠标后，轨道Video 8的上方会新增一条Video 9视频轨道，且“片头文字_进阶”素材也已置入此轨道中。运用前面的方法，将“片头文字_进阶”素材的持续时间也调整为3s，与其他素材等长，制作完成，如图4-18所示。

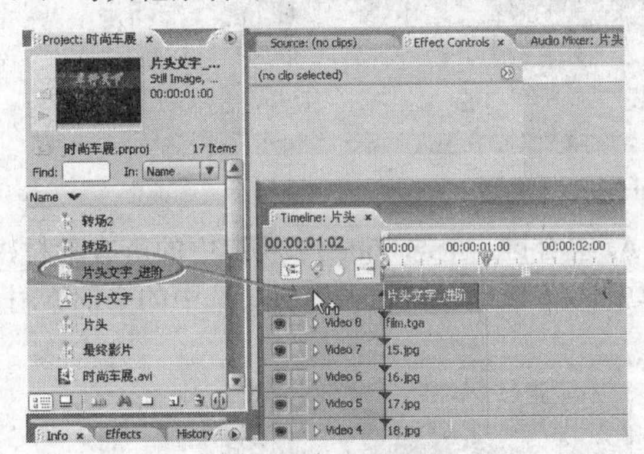

图 4-17

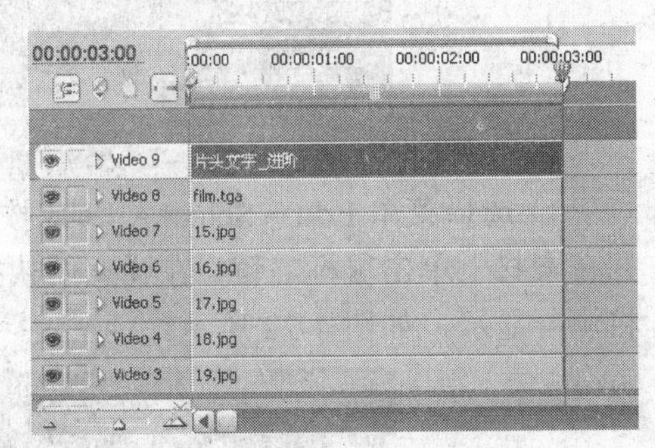

图 4-18

4.4.4 制作子序列

1. 制作6秒序列

1）单击Project调板下方的新建按钮，在弹出的菜单中选择Sequence（或选择菜单File→New→Sequence），出现New Sequence对话框，输入新序列的名称“10帧”，单击OK按钮关闭对话框，如图4-19所示。

2）在Project调板中展开“10帧素材”素材箱，配合<Shift>键选中素材“19.jpg”至“05.jpg”共15个素材，将其拖动到时间线“10帧”的Video 1轨道中，如图4-20所示。

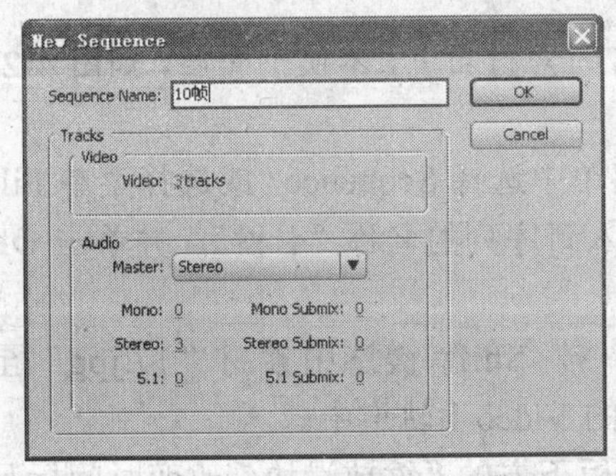

图 4-19

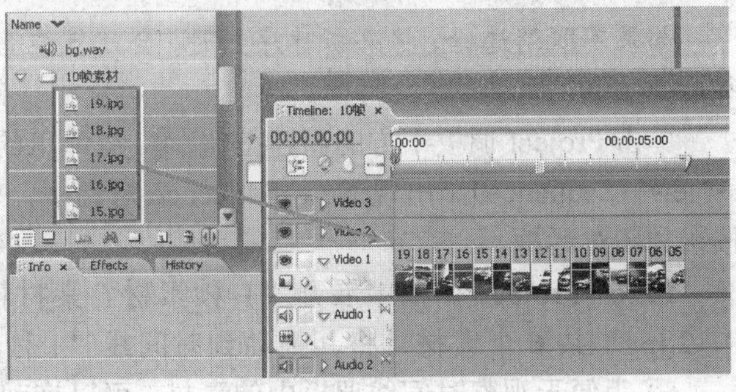

图 4-20

小提示

因为我们要制作 6s 的序列，即 6（秒）×25（帧/秒）=150 帧，所以需要 10 帧的素材共计 15 个。

如果时间线调板中的素材不便于观察，可以拖动调板下方的“缩放滑块”改变时间标尺的显示比例，如图 4-21 所示。

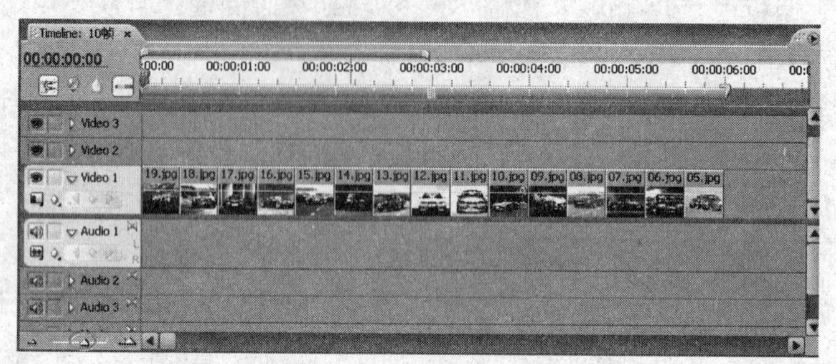

图 4-21

3）选择菜单 Edit→Select All（或按<Ctrl+A>组合键）全选 Video 1 轨道中的所有素材，并在素材上单击鼠标右键，在弹出的快捷菜单中选择 Scale to Frame Size，选中的全部素材将满屏显示，如图 4-22 所示。

图 4-22

4）单击 Project 调板空白处，取消对素材的选择。

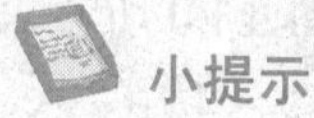

小提示

如果不取消选择，将来新建序列时，会建立在当前的素材箱中，不便于管理，如图 4-23 所示。

单击 Project 调板下方的新建按钮，在弹出的菜单中选择 Sequence（或选择菜单 File→New→Sequence），出现 New Sequence 对话框，输入新序列的名称“1 秒”，并单击 OK 按钮关闭对话框。

5）在 Project 调板中展开“1 秒素材”素材箱，按<Shift>键选中素材“17.jpg”至“12.jpg”共 6 个素材，将其拖动到时间线“1 秒”的 Video 1 轨道中。

6）为便于观察时间线调板中的素材，可以拖动调板下方的“缩放滑块”改变时间标尺的显示比例。

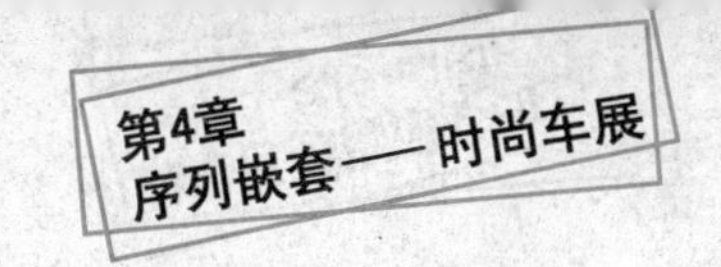

7）选择菜单 Edit→Select All（或按<Ctrl+A>组合键）全选 Video 1 轨道中的所有素材，并在素材上单击鼠标右键，在弹出的快捷菜单中选择 Scale to Frame Size，选中的全部素材在 Program 调板中将满屏显示。

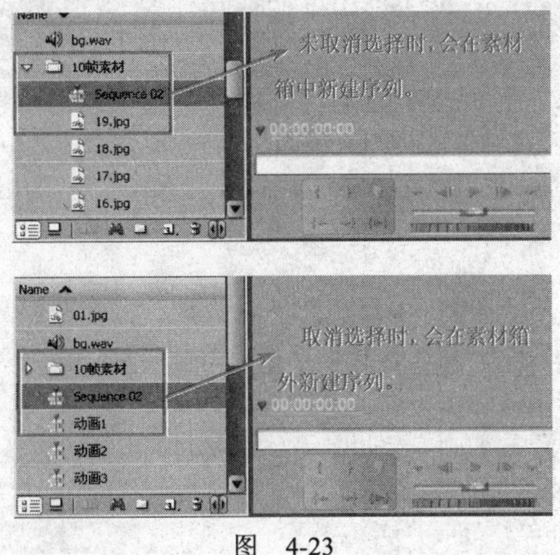

图 4-23

2．制作 2 秒序列

为了给影片增加动感，我们再来制作 3 段 2s 的序列。

制作意图说明

3 段 2s 的序列内容分别为汽车图片的 Y 轴旋转动画、X 轴旋转动画、不透明度的变化动画。

在 2s 时间内，动画过程仅为前 8 帧，其余为动画完成后的静止持续时间。

（1）Y 轴旋转动画

1）单击 Project 调板空白处，取消对素材的选择。单击 Project 调板下方的新建按钮，在弹出的菜单中选择 Sequence（或选择菜单 File→New→Sequence），出现 New Sequence 对话框，输入新序列的名称“动画 1”，并单击 OK 按钮关闭对话框。

2）在 Project 调板中展开“1 秒素材”素材箱，选中素材“18.jpg”将其拖动到时间线“动画 1”的 Video 1 轨道中。

3）将当前时间指针置于 00:00:02:00 处，拖动素材片段“18.jpg”的右侧出点至时间指针处，即将素材片段“18.jpg”的持续时间设为 2s。

小提示

也可先选择菜单 Edit→Preferences→General，打开 Preferences 对话框，将 Still Image Default Duration 项的数值修改为“50”（即将默认导入静态图片的持续时间修改为 50 帧），在 Project 调板中导入所需的图片素材，这样导入的素材在拖动到时间线轨道中时，其持续时间直接就是 2s。

4）利用前面所讲的方法，使素材在 Program 调板中满屏显示。

5）在 Effects（效果）调板中，展开 Video Effects 文件夹中的 Distort 文件夹，将其中的 Transform 效果拖动到素材片段“18.jpg”上，如图 4-24 所示。

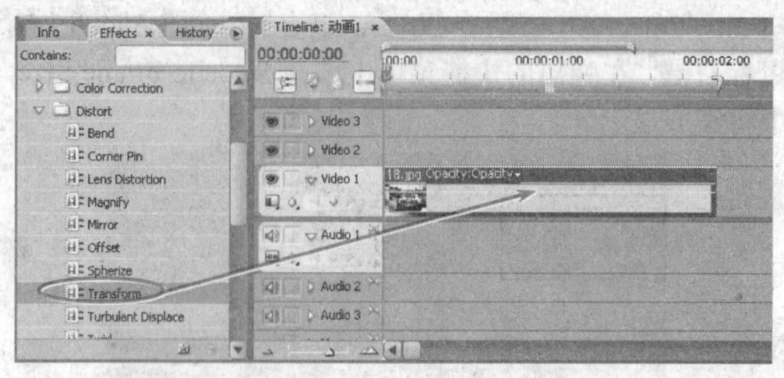

图 4-24

6）将当前时间指针置于 00:00:00:00 处，确认时间线中素材片段“18.jpg”处于被选择状态，在 Effect Controls 调板中，展开 Transform 效果，单击其 Scale Width 属性名称左边的“开关动画”按钮，激活 Scale Width 属性的关键帧功能，同时记录第一个关键帧，再将其参数设置为“–100”。

7）将当前时间指针置于 00:00:00:08 处，在 Effect Controls 调板中，将 Scale Width 属性的参数设置为“100”，随即会产生第二个关键帧，如图 4-25 所示。

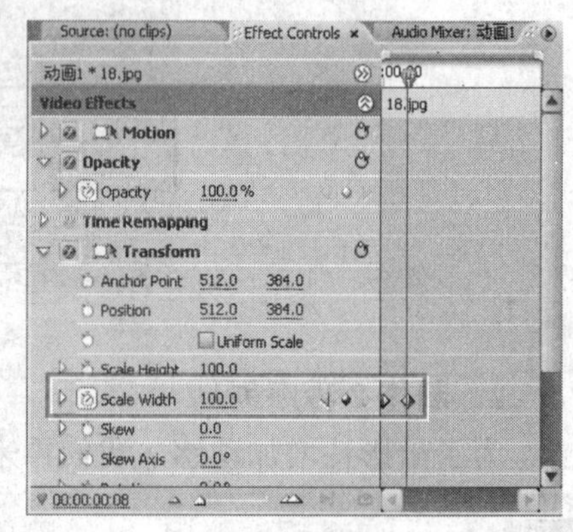

图 4-25

小提示

这个动画是巧妙利用宽度方向的负值缩放，来模拟图片的旋转，从而产生了图片沿着 Y 轴“旋转”的效果。

Program 调板中的播放效果如图 4-26 所示。

图 4-26

（2）X 轴旋转动画

1）单击 Project 调板空白处，取消对素材的选择，单击 Project 调板下方的新建按钮，在弹出的菜单中选择 Sequence（或选择菜单 File→New→Sequence），出现 New Sequence 对话框，输入新序列的名称“动画 2”，并单击 OK 按钮关闭对话框。

2）在 Project 调板中展开“1 秒素材”素材箱，选中素材“19.jpg”将其拖动到时间线“动画 2”的 Video 1 轨道中。

3）将素材片段“19.jpg”的持续时间设为 2s。

4）利用前面的方法，使素材在 Program 调板中满屏显示。

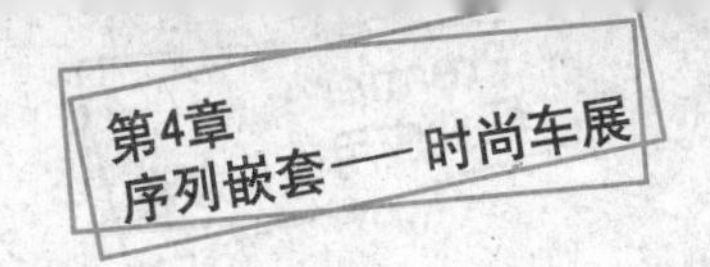

5）在 Effects（效果）调板中，展开 Video Effects 文件夹中的 Distort 文件夹，将其中的 Transform 效果拖动到素材片段“19.jpg”上。

6）将当前时间指针置于 00:00:00:00 处，确认时间线中素材片段“19.jpg”处于被选择状态，在 Effect Controls 调板中，展开 Transform 效果，单击其 Scale Height 属性名称左边的“开关动画”按钮，激活 Scale Height 属性的关键帧功能，同时记录第一个关键帧，再将其参数设置为“–100”。

7）将当前时间指针置于 00:00:00:08 处，在 Effect Controls 调板中，将 Scale Height 属性的参数设置为“100”，随即会产生第二个关键帧，如图 4-27 所示。

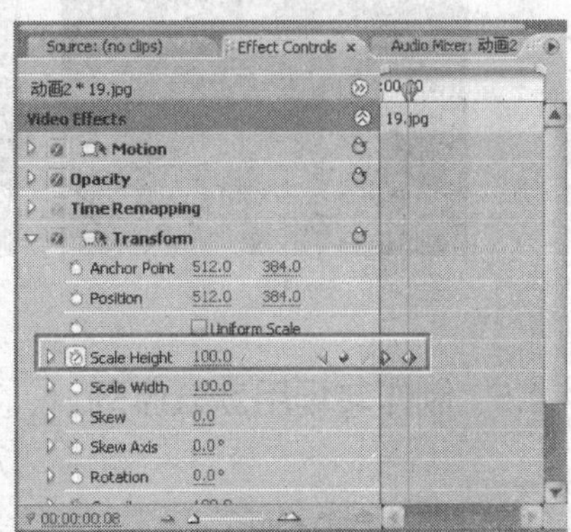

图 4-27

Program 调板中的播放效果如图 4-28 所示。

图 4-28

（3）不透明度变化动画

1）单击 Project 调板空白处，取消对素材的选择。单击 Project 调板下方的新建按钮，在弹出的菜单中选择 Sequence（或选择菜单 File→New→Sequence），出现 New Sequence 对话框，输入新序列的名称“动画 3”，并单击 OK 按钮关闭对话框。

2）在 Project 调板中展开“1 秒素材”素材箱，选中素材“20.jpg”将其拖动到时间线“动画 3”的 Video 1 轨道中。

3）将素材片段“20.jpg”的持续时间设为 2s。

4）利用前面的方法，使素材在 Program 调板中满屏显示。

5）将当前时间指针置于 00:00:00:00 处，确认时间线中素材片段“20.jpg”处于被选择状态，在 Effect Controls 调板中，展开 Opacity 项，将 Opacity（不透明度）属性的参数设置为“0”（即素材不可见），产生第一个关键帧。

6）将当前时间指针置于 00:00:00:08 处，在 Effect Controls 调板中，将 Opacity 属性的参数设置为“100”（即素材完全可见），随即会产生第二个关键帧，如图 4-29 所示。

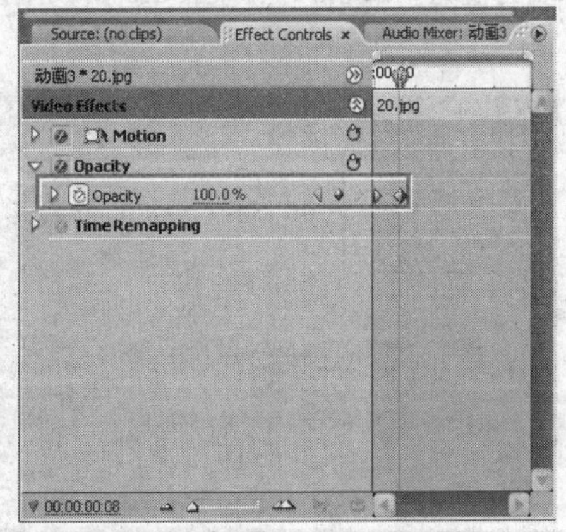

图 4-29

Program 调板中的播放效果如图 4-30 所示。

图 4-30

4.4.5 制作转场用嵌套序列

制作原因说明

由于在本实例中从片头过渡到影片时，要应用转场效果，而在影片结束时也会应用转场效果，如果不对序列嵌套，则添加转场后，会出现错误的结果，所以需要再制作 2 个转场用嵌套序列。

1. 6 秒钟转场用序列

1）单击 Project 调板空白处，取消对素材的选择。单击 Project 调板下方的新建按钮，在弹出的菜单中选择 Sequence（或选择菜单 File→New→Sequence)，出现 New Sequence 对话框，输入新序列的名称“转场 1”，并将 Video 轨道数设置为“4”，单击 OK 按钮关闭对话框，如图 4-31 所示。

2）在 Project 调板中，选中序列“1 秒”将其拖动到时间线“转场 1”的 Video 1 轨道中，如图 4-32 所示。

3）分别将序列“10 帧”拖动到 Video 2 至 Video 4 轨道中，如图 4-33 所示。

4）改变序列素材“10 帧”在屏幕中的位置：

① 单击选中 Video 4 轨道中的“10 帧”序列素材，在 Effect Controls（效果控制）调板中展开 Motion 项，取消 Scale（比例）属性下的 Uniform Scale（等比例）复选框的勾选，设置 Scale Height 的值为“20.0”，设置 Scale Width 的值为“21.0”；设置 Position（位置）属性的值为“600.0”和“150.0”，如图 4-34 所示。

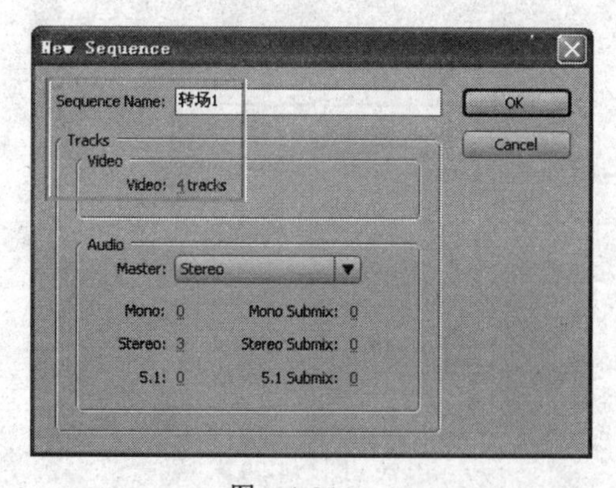

图 4-31

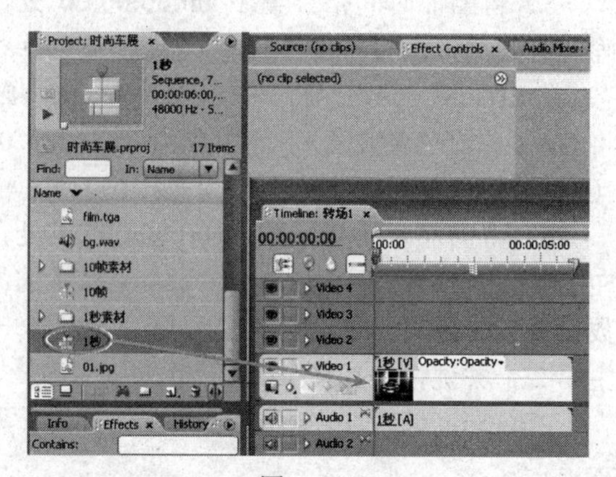

图 4-32

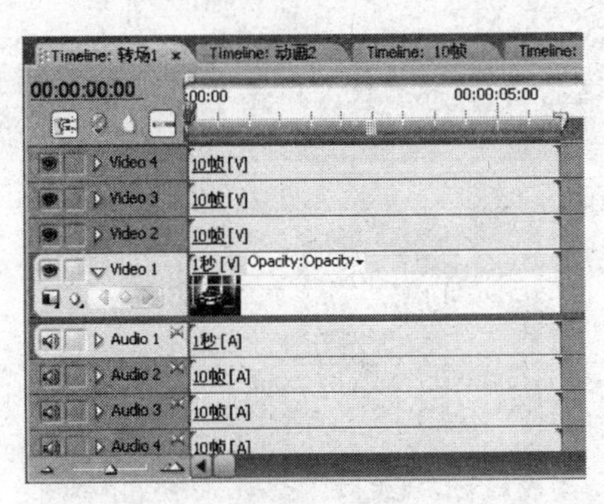

图 4-33

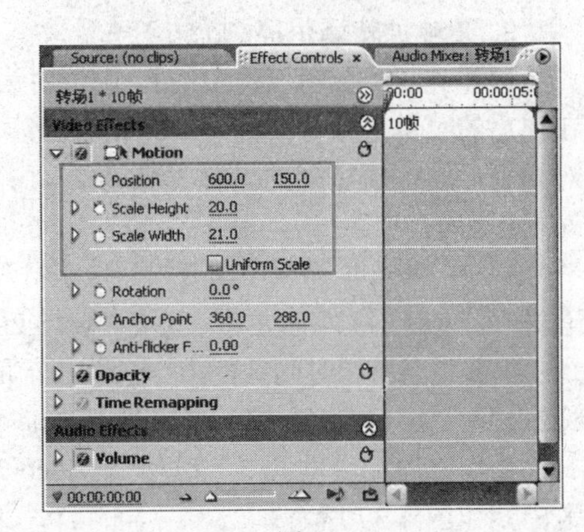

图 4-34

② 采用同样的方法，改变 Video 3 轨道中“10 帧”序列素材属性：在 Effect Controls（效果控制）调板中设置 Scale Height 的值为“20.0”，设置 Scale Width 的值为“21.0”；设置 Position（位置）属性的值为“600.0”和“288.0”。

图 4-35

③ 改变 Video 2 轨道中“10 帧”序列素材属性：在 Effect Controls（效果控制）调板中设置 Scale Height 的值为“20.0”，设置 Scale Width 的值为“21.0”；设置 Position（位置）属性的值为“600.0”和“426.0”。

此时，Program 调板中的效果如图 4-35 所示。

5）改变 Video 1 轨道中序列素材“1 秒”在屏幕中的位置：

利用上述方法，在 Effect Controls（效果控制）调板中设置 Scale Height 的值为“68.0”，设置 Scale Width 的值为“66.0”；设置 Position（位置）属性的值为“273.0”和“288.0”，如图 4-36 所示。

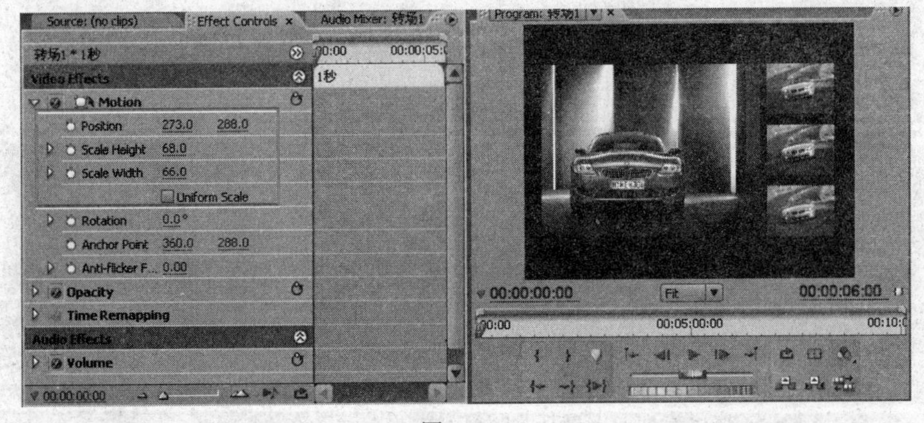

图 4-36

2．2 秒钟转场用序列

1）单击 Project 调板空白处，取消对素材的选择。单击 Project 调板下方的新建按钮，在弹出的菜单中选择 Sequence（或选择菜单 File→New→Sequence），出现 New Sequence 对话框，输入新序列的名称“转场 2”，并将 Video 轨道数设置为“4”，单击 OK 按钮关闭对话框。

2）在 Project 调板中展开“1 秒素材”素材箱，选中素材“17.jpg”将其拖动到时间线“转场 2”的 Video 1 轨道中，并将其持续时间调整为 2s，利用前面所讲的方法，使素材在 Program 调板中满屏显示（Scale to Frame Size）。

分别将序列“动画 3”拖动到 Video 2 至 Video 4 轨道中，如图 4-37 所示。

图 4-37

3）改变序列素材“动画 3”在屏幕中的位置：

① 单击选中 Video 4 轨道中的“动画 3”序列素材，在 Effect Controls（效果控制）调板中展开 Motion 项，取消 Scale（比例）属性下的 Uniform Scale（等比例）复选框的勾选，设置 Scale Height 的值为“20.0”，设置 Scale Width 的值为“21.0”；设置 Position（位置）属性的值为“600.0”和“150.0”。

② 采用同样的方法，改变 Video 3 轨道中“动画 3”序列素材属性：在 Effect Controls（效果控制）调板中设置 Scale Height 的值为“20.0”，设置 Scale Width 的值为“21.0”；设置 Position（位置）属性的值为“600.0”和“288.0”。

③ 改变 Video 2 轨道中“动画 3”序列素材属性：在 Effect Controls（效果控制）调板中设置 Scale Height 的值为“20.0”，设置 Scale Width 的值为“21.0”；设置 Position（位置）属性的值为“600.0”和“426.0”。

4）改变 Video 1 轨道中素材“17.jpg”在屏幕中的位置：

利用如上方法，在 Effect Controls（效果控制）调板中设置 Scale Height 的值为“68.0”，设置 Scale Width 的值为“66.0”；设置 Position（位置）属性的值为“273.0”和“288.0”。

Program 调板在时间 00:00:00:02 时的效果如图 4-38 所示。

5）如果现在播放影片，我们会发现右侧三个小画面（“动画 3”序列素材）的不透明度变化动画是同时进行的，显得有些过于统一、单调。因此，我们将分别调整 Video 3、Video 2 轨道中“动画 3”序列素材的出现时间，使影片产生一定的节奏感。

① 将当前时间指针置于 00:00:00:08 处，单击并向右拖动 Video 3 轨道中“动画 3”序列素材，使其入点吸附于当前时间指针处。通过此操作，使 Video 3 轨道中“动画 3”序列素材向后延迟 8 帧出现，如图 4-39 所示。

图 4-38

② 将当前时间指针置于 00:00:00:16 处，单击并向右拖动 Video 2 轨道中“动画 3”序列素材，使其入点吸附于当前时间指针处。通过此操作，使 Video 2 轨道中“动画 3”序列素材向后延迟 16 帧出现，如图 4-40 所示。

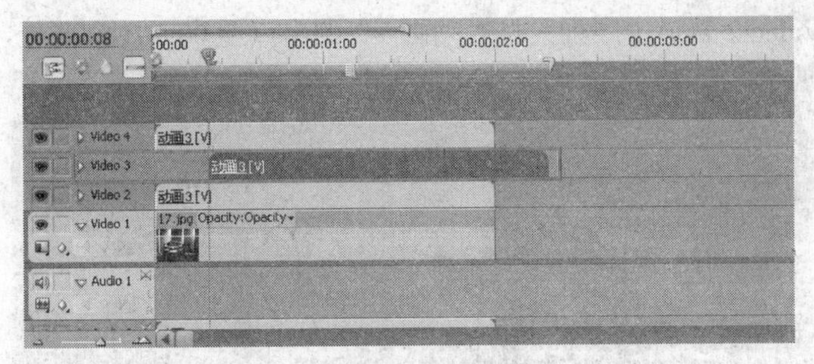

图 4-39

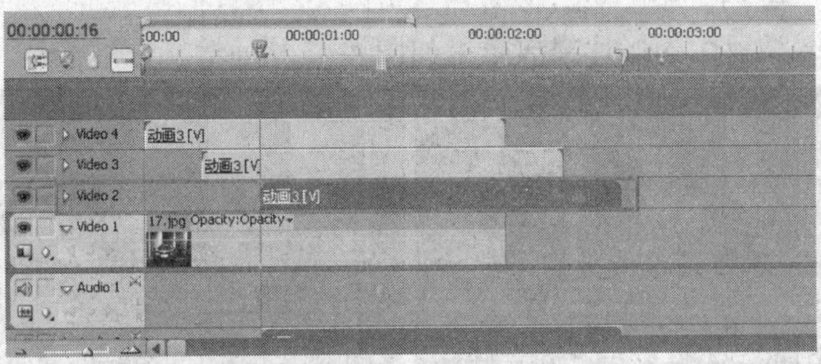

图 4-40

③ 调整 Video 3、Video 2 轨道中素材出点位置：移动鼠标到 Video 3 轨道中序列素材“动画 3”的右侧“出点”位置，会出现“剪辑出点”图标，向左拖动其出点至 00:00:02:00 处，如图 4-41 所示。

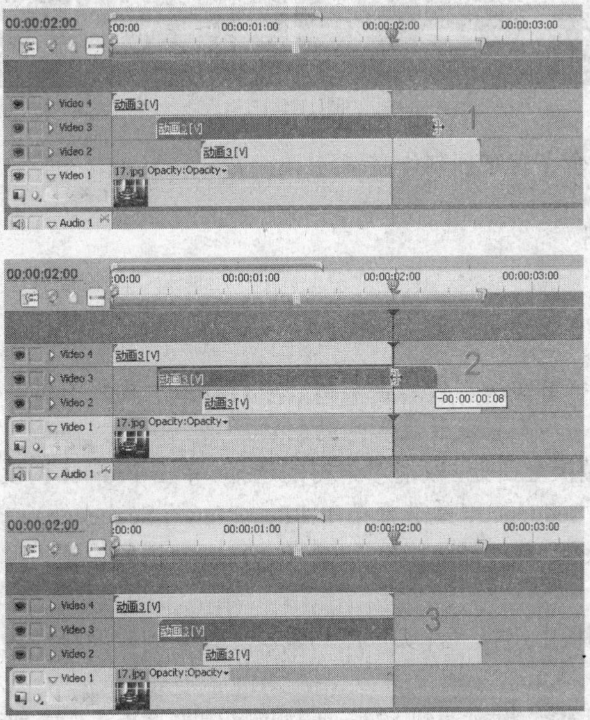

图 4-41

同样，调整 Video 2 轨道中序列素材“动画 3”的出点至 00:00:02:00 处，如图 4-42 所示。

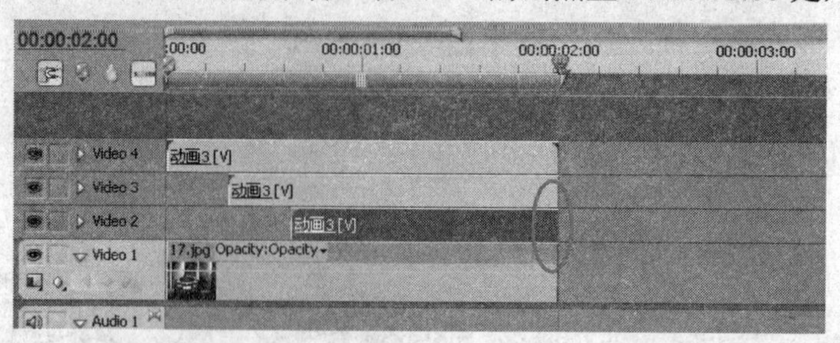

图 4-42

此时，Program 调板中的影片播放效果如图 4-43 所示。

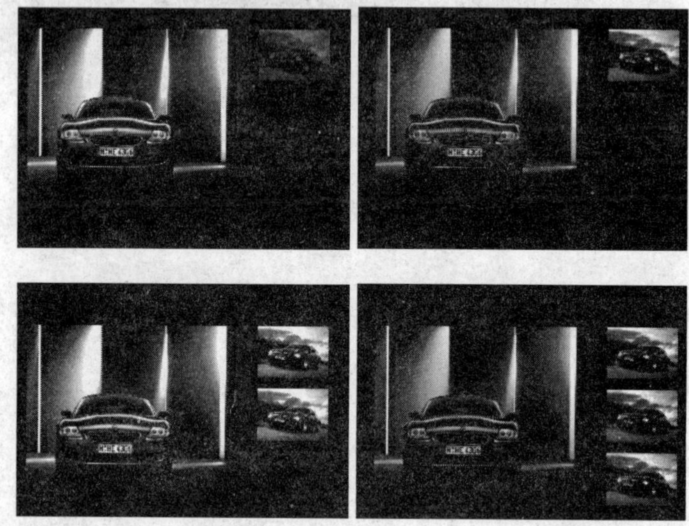

图 4-43

至此，转场用 2 个嵌套序列制作完毕。

4.4.6 制作最终影片

制作说明

新建一个序列，将前面所制作的各素材、序列都置于此新序列中，再加入必要的转场效果及背景音乐素材，从而完成最终影片的制作。

1）单击 Project 调板空白处，取消对素材的选择。单击 Project 调板下方的新建按钮，在弹出的菜单中选择 Sequence（或选择菜单 File→New→Sequence），出现“New Sequence”对话框，输入新序列的名称“最终影片”，并将 Video 轨道数设置为“4”，单击 OK 按钮关闭对话框。

2）从 Project 调板中选择“片头”序列素材，拖动到时间线“最终影片”的 Video 4 轨道。

将序列素材“转场 1”也拖动到 Video 4 轨道，置于“片头”序列素材之后，如图 4-44

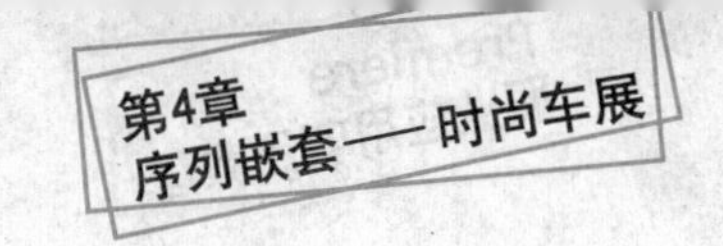

所示。

3）在 Project 调板中展开“1 秒素材”素材箱，选中“15.jpg”素材，拖动到 Video 4 轨道“转场 1”序列素材之后，即拖动到 00:00:09:00 处；调整其持续时间为 2s（运用前面所讲拖动素材出点的方法，拖动其出点至 00:00:11:00 处）；再利用 Scale to Frame Size 使其满屏显示。

在 Project 调板中拖动“动画 1”序列素材分别到 Video 3、Video 2、Video 1 中，如图 4-45 所示。

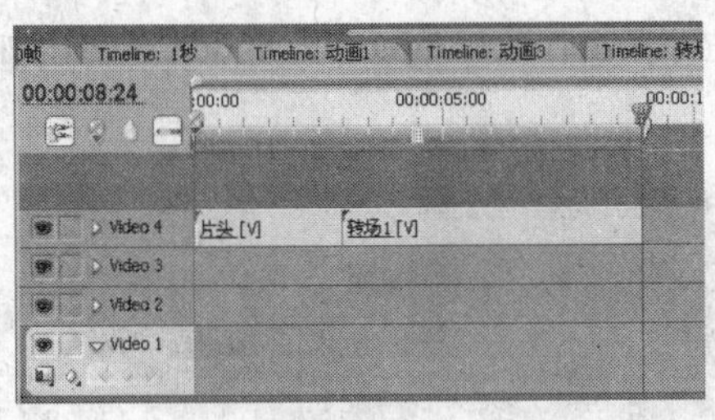

图 4-44

图 4-45

① 调整素材的大小及位置：

- 选中 Video 4 中的“15.jpg”素材，在 Effect Controls（效果控制）调板中设置 Scale Height 的值为“68.0”，设置 Scale Width 的值为“66.0”；设置 Position（位置）属性的值为“273.0”和“288.0”。
- 选中 Video 3 中“动画 1”序列素材，在 Effect Controls（效果控制）调板中设置 Scale Height 的值为“20.0”，设置 Scale Width 的值为“21.0”；设置 Position（位置）属性的值为“600.0”和“150.0”。
- 选中 Video 2 中“动画 1”序列素材，在 Effect Controls（效果控制）调板中设置 Scale Height 的值为“20.0”，设置 Scale Width 的值为“21.0”；设置 Position（位置）属性的值为“600.0”和“288.0”。
- 选中 Video 1 中“动画 1”序列素材，在 Effect Controls（效果控制）调板中设置 Scale Height 的值为“20.0”，设置 Scale Width 的值为“21.0”；设置 Position（位置）属性的值为“600.0”和“426.0”。

Program 调板的效果如图 4-46 所示。

② 制作序列素材的延时出现效果：

- 将当前时间指针置于 00:00:09:08 处，单击并向右拖动 Video 2 轨道中“动画 1”序列素材，使其入点吸附于当前时间指针处。即通过此操作，使 Video 2 轨道中“动画 1”序列素材相对向后延迟 8 帧出现。
- 将当前时间指针置于 00:00:09:16 处，单击并向右拖动 Video 1 轨道中“动画 1”序列素材，使其入点吸附于当前时间指针处。即通过此操作，

图 4-46

使 Video 1 轨道中“动画 1”序列素材相对向后延迟 16 帧出现。

- 分别调整 Video 2 和 Vidco 1 轨道中“动画 1”序列素材的出点至 00:00:11:00 处，即与 Video 4 中“15.jpg”素材、Video 3 中“动画 1”序列素材的出点对齐，如图 4-47 所示。

4）在 Project 调板中展开“1 秒素材”素材箱，选中“16.jpg”素材，拖动到 Video 4 轨道“15.jpg”素材之后，即拖动到 00:00:11:00 处；调整其持续时间为 2s（运用前面所讲拖动素材出点的方法，拖动其出点至 00:00:13:00 处）；再利用 Scale to Frame Size 使其满屏显示。

在 Project 调板中拖动“动画 2”序列素材分别到 Video 3、Video 2、Video 1 中，如图 4-48 所示。

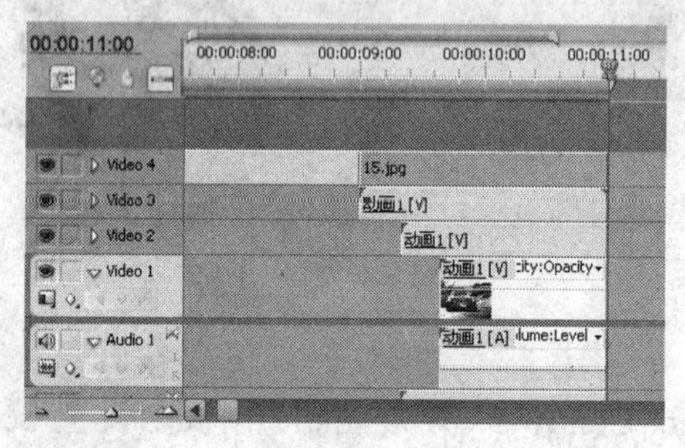

图 4-47

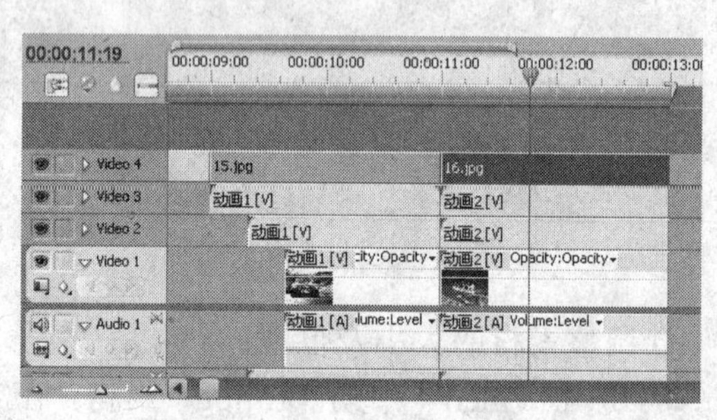

图 4-48

① 调整素材的大小及位置：

由于 Video 4 轨道中“16.jpg”素材与“15.jpg”素材的大小及在屏幕中的位置相同；“动画 2”序列素材与“动画 1”序列素材在各自相应轨道中的大小、屏幕中的位置也相同，所以，可以采用属性间的复制、粘贴方法，提高制作效率。

- 选中 Video 4 轨道中“15.jpg”素材，在 Effect Controls（效果控制）调板中 Motion 属性上单击鼠标右键，在弹出的菜单中选择 Copy，如图 4-49 所示。

选中 Video 4 轨道中“16.jpg”素材，在 Effect Controls（效果控制）调板中 Motion 属性上单击鼠标右键，在弹出的菜单中选择 Paste。

- 采用此方法，分别复制不同轨道“动画 1”序列素材的 Motion 属性，并粘贴到相应轨道的“动画 2”序列素材。

Program 调板中的效果如图 4-50 所示。

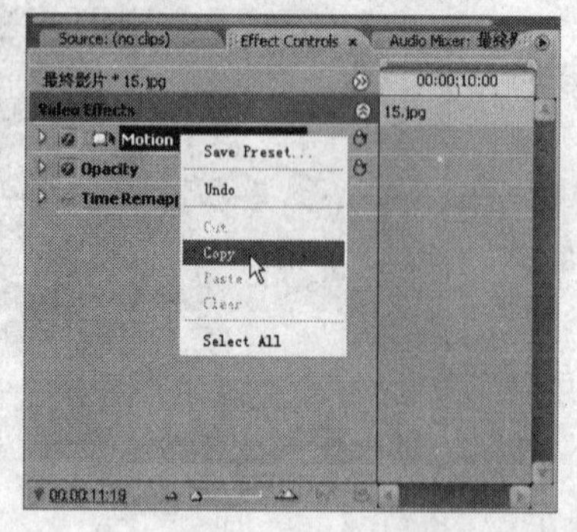

图 4-49

图 4-50

② 制作序列素材的延迟出现效果：

- 将当前时间指针置于 00:00:11:08 处，单击并向右拖动 Video 2 轨道中“动画 2”序列素材，使其入点吸附于当前时间指针处。通过此操作，使 Video 2 轨道中“动画 2”序列素材相对向后延迟 8 帧出现。
- 将当前时间指针置于 00:00:11:16 处，单击并向右拖动 Video 1 轨道中“动画 2”序列素材，使其入点吸附于当前时间指针处。通过此操作，使 Video 1 轨道中“动画 2”序列素材相对向后延迟 16 帧出现。
- 分别调整 Video 2 和 Video 1 轨道中“动画 2”序列素材的出点至 00:00:13:00 处，即与 Video 4 中“16.jpg”素材、Video 3 中“动画 2”序列素材的出点对齐，如图 4-51 所示。

5）从 Project 调板中选择“转场 2”序列素材，拖动到时间线“最终影片”Video 4 轨道的“16.jpg”素材后。至此，素材组接完毕，如图 4-52 所示。

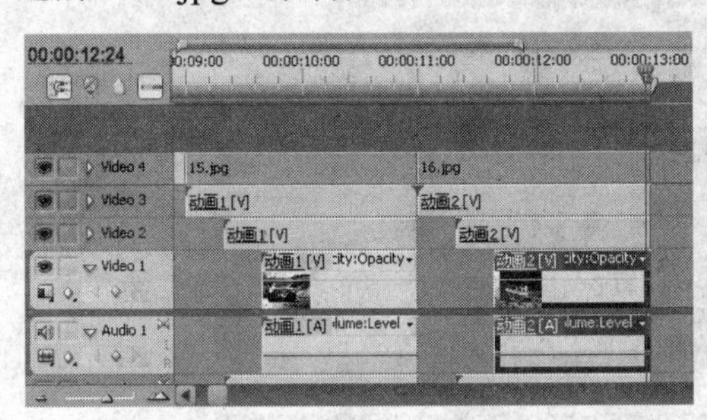

图 4-51

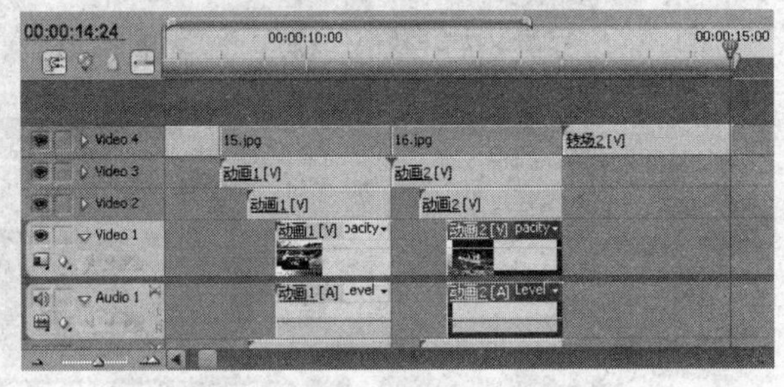

图 4-52

6）对素材加入转场效果：

① 在 Effects（效果）调板中，展开 Video Transitions 文件夹中的 Dissolve 文件夹，将其中的 Cross Dissolve 转场拖动到 Video 4 轨道的序列素材“片头”的入点处，如图 4-53 所示。

在 Timeline（时间线）调板中，双击刚添加的转场，调出 Effect Controls（效果控制）调板，将 Duration（转场时间）设置为“00:00:00:15”（即 15 帧），如图 4-54 所示。

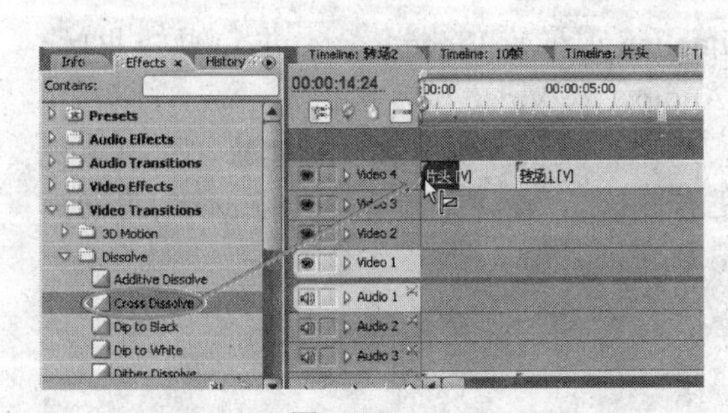

图 4-53

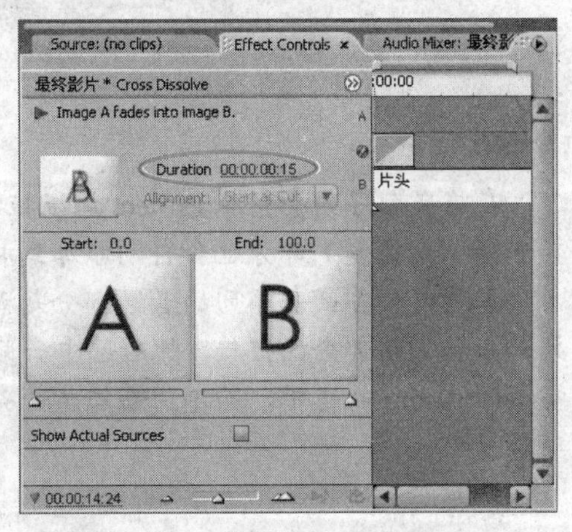

图 4-54

② 采用相同的方法，分别在Video 4轨道的序列素材“转场 1”的入点处、序列素材“转场 2”的出点处也应用 Cross Dissolve 转场，并将Duration（转场时间）都设置为“00:00:00:15”，如图 4-55 所示。

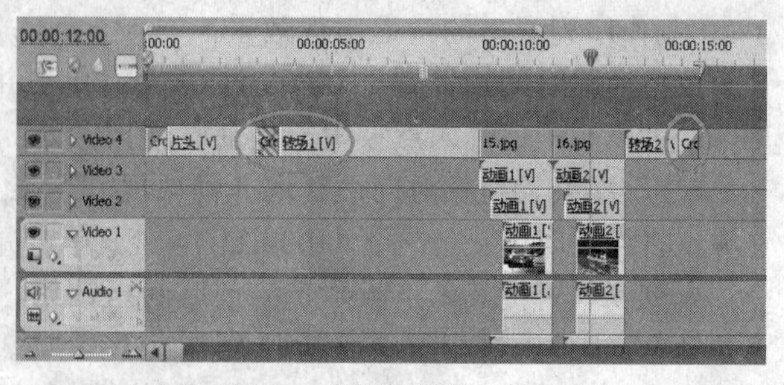

图 4-55

7）加入背景音乐：

从 Project 调板中，拖动音频素材文件“bg.wav”至音频轨道 Master 下方空白处，会自动添加一条 Audio 5 轨道，同时素材也置入其中，如图 4-56 所示。

图 4-56

小提示

在将嵌套序列素材从 Project 调板拖动至 Timeline 调板的 Video（或 Audio）轨道中时，其音频（或视频）部分也会自动添加到相应的 Audio（或 Video）轨道中。

本例中，各嵌套序列的音频部分是无用的，所以，我们可以将其单独删除（先取消视频部分和音频部分的链接，然后选中音频部分进行删除），再将音频素材“bg.wav”拖动到空白的 Audio 轨道中，而不用新添加一条 Audio 轨道。

4.4.7 影片的输出

选择菜单 File→Export→Movie，弹出 Export Movie 对话框，从中选择保存目标路径及输入文件名，然后单击“保存”按钮，等渲染完毕后，就可观看影片了。

4.5 触类旁通

本项目的制作具有一定的难度，运用了 Premiere 中的素材属性动画、标题字幕、序列嵌套、转场效果等，制作了一部关于车展的影片片花。

片头部分的制作是第一个难点，主要是胶片素材在运动时，其中各小画幅画面也要随之运动。

小提示

这部分如果放到合成软件中去制作会比较简单。以 Adobe After Effects 软件为例，将小画幅内画面素材层设置为胶片素材层的“子层”，然后对胶片素材设置位移动画即可。

这就提示我们，在实际的视频编辑工作中，最好还要掌握一些相关的其他软件，如合成软件、三维动画制作软件、平面制作软件等，综合运用能提高工作效率。

第二个难点就是序列嵌套及多级嵌套、对嵌套素材的灵活运用，在学习过程中读者可以把嵌套序列当作一个普通的包含视频和音频的素材去操作。

4.6 实战强化

请读者利用本例的图片素材制作如图 4-57 所示的序列嵌套效果。

图 4-57

制作要求：

1）影片长度为 5s。

2）影片在同一时刻，下方三幅小画面的素材是不一样的。

第2篇

综合实例篇

综合实例篇

第5章

项目 1——结婚纪念电子相册

5.1 任务情境

一对新人拿来他们的婚纱照片，要制作成电子相册，在结婚典礼当天通过大屏幕投影给各位亲朋好友播放，一是可以展示自己的婚纱照片，二是使来宾们在典礼开始前这段时间不至于“空等”。

制作要求：

1）风格新颖。

2）动画效果丰富且流畅、连贯。

3）构图及色彩美观。

4）要加入音乐，烘托气氛。

5.2 任务分析

电子相册就是把静态的照片制作成动态的视频，添加丰富、绚丽的动画和转场效果及特效、字幕等，使照片的表现更具活力。

1）本项目较为复杂：需要制作的影片时间较长；需对大量照片设计、制作动画等效果；同一时刻有多种效果同时出现；需要进行很多重复性的操作。

2）对客户的照片进行必要的处理，比如可通过 Photoshop 软件为其调色、合成背景、加相框等。

3）将各种素材导入到 Premiere 中进行组接、制作动画、加入转场等。

4）加入字幕、音频文件并制作淡入、淡出等效果；输出影片。

5.3 成品效果

影片最终的渲染输出效果，如图 5-1 所示。

图 5-1

5.4 任务实施

5.4.1 新建项目文件

1）启动 Premiere 软件，单击 New Project 按钮，打开 New Project 对话框。

2）在对话框中展开 DV-PAL 项，选择其下的 Standard 48KHz。在对话框下方指定保存路径（目录）并将其命名为“结婚相册”，单击 OK 按钮关闭对话框，进入 Premiere 的工作界面。

5.4.2 导入素材

1. 素材文件夹的导入

1）选择菜单 Edit→Preferences→General，打开 Preferences 对话框。将 Still Image Default Duration 项的数值设置为“100”（即将默认导入静止图片的持续时间设置为 100 帧），单击 OK 按钮关闭对话框。

2）选择菜单 File→Import（或按<Ctrl+I>组合键），打开 Import 对话框。在对话框中找到配套光盘“Ch05”文件夹中的“素材”文件夹，打开后，再选中“photo”文件夹，单击 Import 对话框右下方的 Import Folder 按钮，将“photo”文件夹及其内的所有素材都导入到 Project 调板中。

3）采用同样的方法，将“背景”文件夹（配套光盘“Ch05”文件夹中的“素材”文件夹内）也导入到 Project 调板中。

此时，Project 调板如图 5-2 所示。

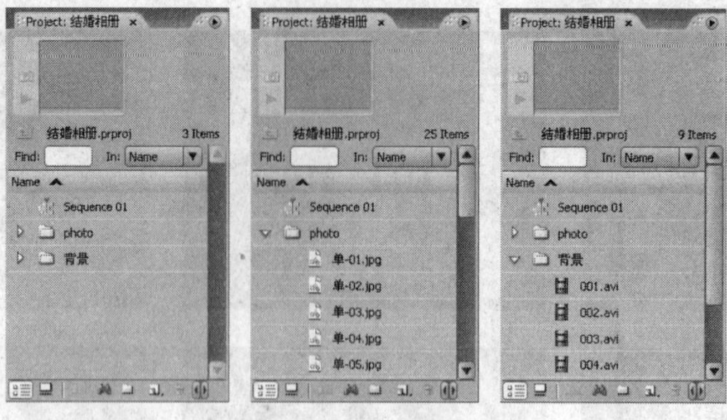

图 5-2

2．导入 Photoshop 素材文件

1）在 Project 调板空白处单击，选择菜单 File→Import（或按<Ctrl+I>组合键），打开 Import 对话框。在对话框中找到配套光盘“Ch05”文件夹中的“素材”文件夹，打开后，再选中“黑方格.psd”文件，单击 Import 对话框的“打开”按钮，弹出 Import Layered File（导入分层文件）对话框。

2）在 Import Layered File 对话框的 Import As 下拉列表框中，选择 Footage（素材），在下方的 Layer Options（层选项）栏中，选择 Merged Layers（合并层），然后单击 OK 按钮，即以素材方式导入合并图层后的 psd 文件。

3）用同样的方法，导入“片头字.psd”文件。

3．导入音频素材文件

在 Project 调板空白处单击，再选择菜单 File→Import（或按<Ctrl+I>组合键），打开 Import 对话框。在对话框中找到配套光盘“Ch05”文件夹中的“素材”文件夹，打开后，选中“music.mp3”文件，单击 Import 对话框的“打开”按钮，关闭对话框。

此时，Project 调板如图 5-3 所示。

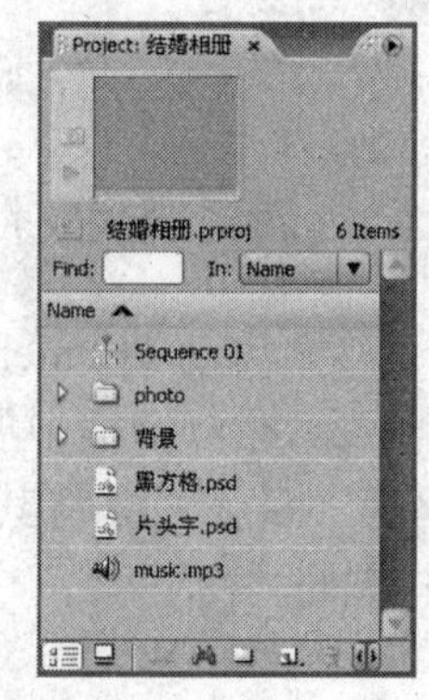

图 5-3

5.4.3 制作片头

1）在 Project 调板中，展开“背景”素材箱，将其中的素材文件“001.avi”拖动到 Timeline 调板的 Video 2 轨道中。

2）移动当前时间指针至 00:00:15:00 处，再移动鼠标到时间线 Video 2 轨道中素材“001.avi”的右侧“出点”位置，会出现“剪辑出点”图标，向左拖动其出点至时间指针处，即将其持续时间调整为 15s。

3）将 Project 调板中的“片头字.psd”素材，拖动到 Video 3 轨道中。

4）在 Effects（效果）调板中，展开 Video Transitions 文件夹中的 Dissolve 文件夹，将其中的 Cross Dissolve 转场分别拖动到 Video 3 轨道中素材“片头字.psd”的入点处和出点处（确认在 Effect Controls 调板中，转场持续时间为 1s），对其加入“淡入”、“淡出”的效果，如图 5-4 所示。

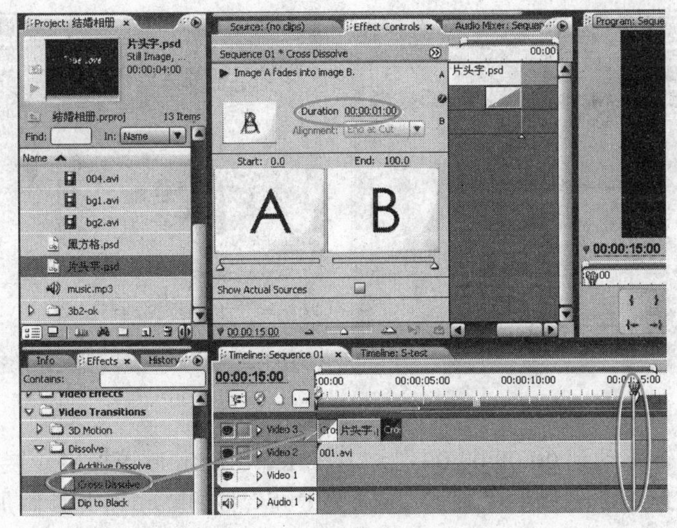

图 5-4

5.4.4 制作动画片段（1）

1．添加视频轨道

选择菜单 Sequence→Add Tracks（或在轨道控制区域单击鼠标右键，在弹出的菜单中选择 Add Tracks），出现 Add Tracks（添加轨道）对话框，在其中输入添加轨道的数量：3 条 Video 轨道，0 条 Audio 轨道，单击 OK 按钮关闭对话框。

2．第一段照片动画

1）在 Project 调板中，展开“photo”素材箱，将其中的素材文件“合–01.jpg”拖动到 Video 3 轨道中素材“片头字.psd”的后面。在此素材上单击鼠标右键，从菜单中选择 Speed/Duration 命令，设置其持续时间为 00:00:06:00，即 6 秒，如图 5-5 所示。

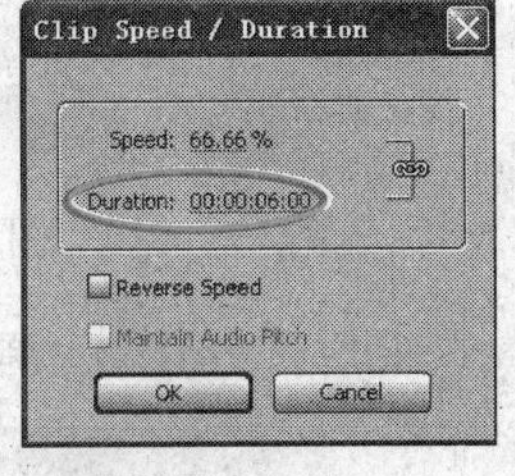

图 5-5

2）移动当前时间指针至 00:00:04:00 处，单击选中素材文件“合–01.jpg”，在其 Effect Controls 调板中，设置 Position 的 X 坐标值为“874.0”，并单击 Position 左侧的“开关动画”按钮，开启此属性动画设置，为其设置第一个关键帧；设置 Scale 的值为“80.0”。

3）在 Effects 调板中，展开 Video Effects 文件夹中的 Perspective 文件夹，将其中的 Drop Shadow 效果拖动到 Video 3 轨道中素材“合–01.jpg”上。在 Effect Controls 调板中，设置 Drop Shadow 中的 Distance 参数值为“12.0”，Softness 参数值为“11.0”。

小提示

Perspective 为“透视效果”，其中的 Drop Shadow 是在素材片段的后方添加一个投影，投影的外形由素材片段的 Alpha 通道决定。

此时，素材“合–01.jpg”的 Effect Controls 调板如图 5-6 所示。

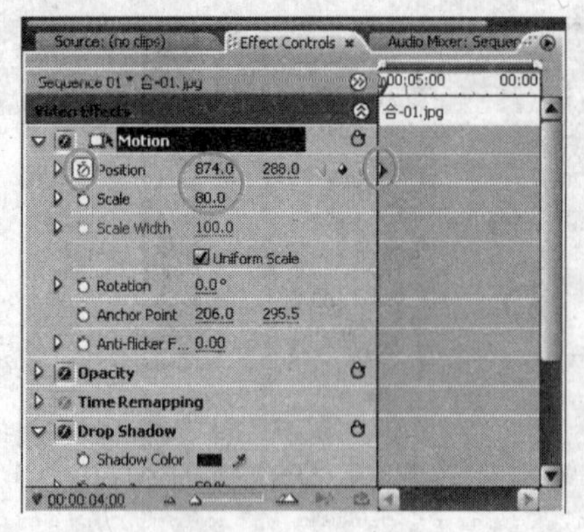

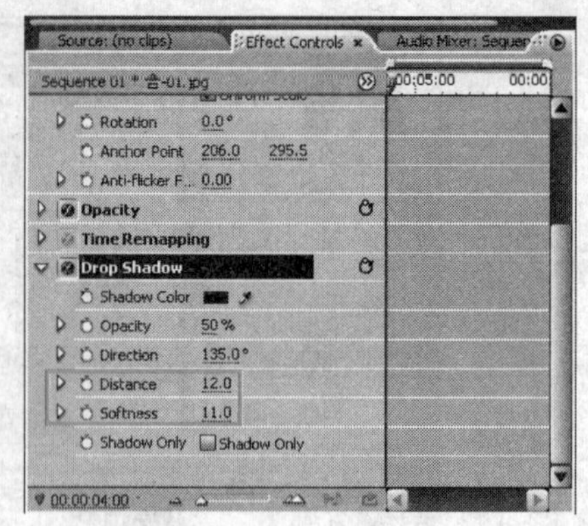

图 5-6

4）将时间指针移动到00:00:08:00处，在Effect Controls调板中，展开Opacity（不透明度）项，单击Opacity右侧的“添加/移除关键帧”按钮，在此处添加一个关键帧，如图5-7所示。

将时间指针移动到00:00:09:24处，设置Opacity值为“0”，自动产生第二个关键帧。

5）将Motion项中Position的X坐标值设置为“-166.0”。此时，调板如图5-8所示。

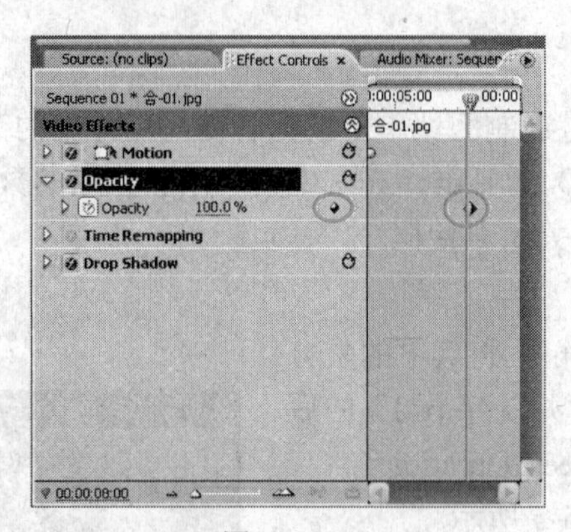

图 5-7

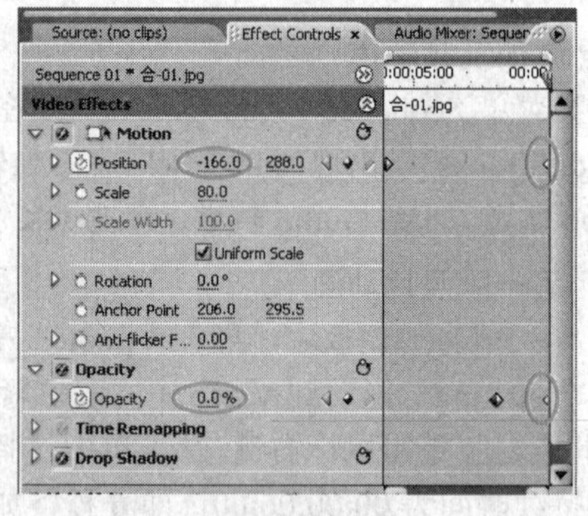

图 5-8

此时，Program调板中的播放效果如图5-9所示。

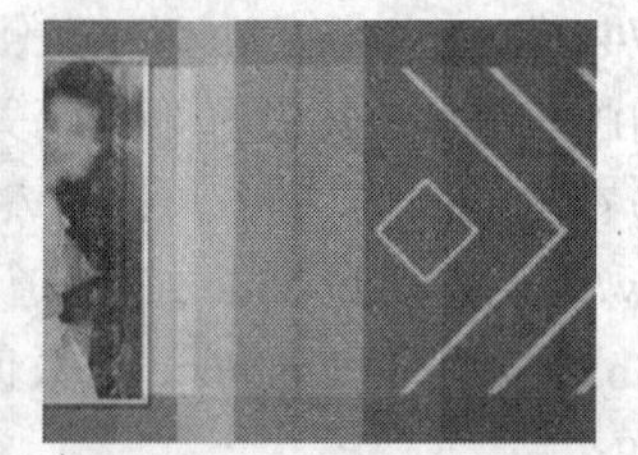

图 5-9

3．第二段照片动画

1）将时间指针移动到00:00:08:07处，从Project调板中拖动素材“合-02.jpg”到Video 4轨道。在此素材上单击鼠标右键，从菜单中选择Speed/Duration命令，设置其持续时间为00:00:06:00。

2）选中素材“合–02.jpg”，在 Effect Controls 调板中，设置 Position 的 X 坐标值为“–159.0”，并单击 Position 左侧的“开关动画”按钮，为其设置第一个关键帧；设置 Scale 的值为“80.0”。

3）在 Effects 调板中，展开 Video Effects 文件夹中的 Perspective 文件夹，将其中的 Drop Shadow 效果拖动到 Video 4 轨道中素材“合–02.jpg”上。在 Effect Controls 调板中，设置 Drop Shadow 中的 Distance 参数值为“12.0”，Softness 参数值为“11.0”。

4）将时间指针移动到 00:00:12:07 处，在 Effect Controls 调板中，展开 Opacity 项，单击 Opacity 右侧的“添加/移除关键帧”按钮，在此处添加一个关键帧；将时间指针移动到 00:00:14:06 处，设置 Opacity 值为“0”，自动产生第二个关键帧。

5）将 Motion 项中 Position 的 X 坐标值设置为“872.0”，使其产生由左向右的运动。

此时，Program 调板中的播放效果如图 5-10 所示。

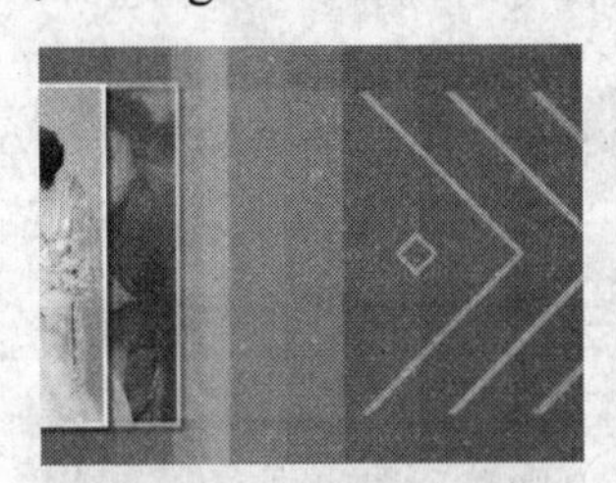  

图　5-10

4. 第三段照片动画

1）将时间指针移动到 00:00:13:15 处，从 Project 调板中拖动素材“单–01.jpg”到 Video 3 轨道。在此素材上单击鼠标右键，从菜单中选择 Speed/Duration 命令，设置其持续时间为 00:00:06:00。

2）在其 Effect Controls 调板中，设置 Position 的 Y 坐标值为“–243.0”，并单击 Position 左侧的“开关动画”按钮，为其设置关键帧；设置 Scale 的值为“80.0”，单击 Scale 左侧的“开关动画”按钮，也为其设置关键帧。

3）从 Effects 调板中拖动 Drop Shadow 效果至素材“单–01.jpg”上；在 Effect Controls 调板中的参数设置同上。

4）将时间指针移动到 00:00:16:17 处，在 Effect Controls 调板中单击 Opacity 右侧的“添加/移除关键帧”按钮，为 Opacity 属性添加一个关键帧；将时间指针移动到 00:00:19:14 处，设置 Opacity 值为“0”，自动产生第二个关键帧。

5）将 Motion 项中 Position 的 Y 坐标值设置为“1280.0”；Scale 的值设置为“290.0”。

此时，Program 调板中的播放效果如图 5-11 所示。

 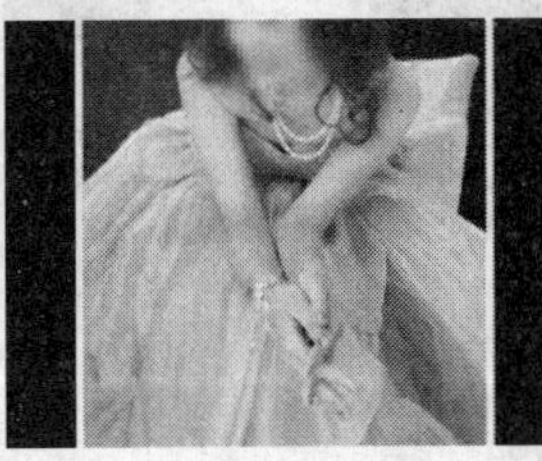 

图　5-11

5．第四段照片动画

1）将时间指针移动到 00:00:18:05 处，从 Project 调板中拖动素材“单–02.jpg”到 Video 4 轨道。在此素材上单击鼠标右键，从菜单中选择 Speed/Duration 命令，设置其持续时间为 00:00:06:00。

2）在其 Effect Controls 调板中，设置 Position 的 Y 坐标值为“815.0”，并单击 Position 左侧的“开关动画”按钮，为其设置关键帧；设置 Scale 的值为“80.0”，单击 Scale 左侧的“开关动画”按钮，也为其设置关键帧。

3）从 Effects 调板中拖动 Drop Shadow 效果至素材“单–02.jpg”上；在 Effect Controls 调板中的参数设置同上。

4）将时间指针移动到 00:00:21:05 处，在 Effect Controls 调板中单击 Opacity 右侧的“添加/移除关键帧”按钮，为 Opacity 属性添加一个关键帧；将时间指针移动到 00:00:24:04 处，设置 Opacity 值为“0”。

5）将 Motion 项中 Position 的 Y 坐标值设置为“–659.0”；Scale 的值设置为“276.0”。此时，Program 调板中的播放效果如图 5-12 所示。

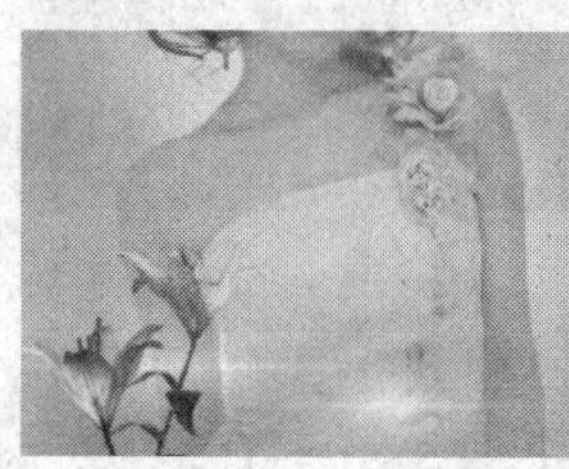

图 5-12

6．第五段照片动画

1）将时间指针移动到 00:00:22:23 处，从 Project 调板中拖动素材“合–03.jpg”到 Video 3 轨道。

2）在其 Effect Controls 调板中，设置 Scale 的值为“80.0”。

3）设置 Position 的 X 坐标值为“880.0”，并单击 Position 左侧的“开关动画”按钮，设置关键帧；将时间指针移动到 00:00:24:23 处，设置 X 坐标值为“360.0”；将时间指针移动到 00:00:26:23 处，设置 X 坐标值为“876.0”。

4）添加 Drop Shadow 效果，在 Effect Controls 调板中的参数设置同上。

此时，Program 调板中的播放效果如图 5-13 所示。

图 5-13

7．添加背景素材

1）将时间指针移至 00:00:13:00 处，从 Project 调板的“背景”素材箱中拖动“002.avi”

素材到 Video 1 轨道中。

2）移动时间指针到 00:00:26:23 处，将鼠标移动到该素材右侧的出点位置，拖动出点到时间指针处，即缩短其持续时间。

3）在 Effects 调板中，展开 Video Transitions 文件夹中的 Dissolve 文件夹，将其中的 Cross Dissolve 转场拖动到 Video 2 轨道中素材“001.avi”的出点处；在 Effect Controls 调板中，将转场持续时间设置为 00:00:02:00。

此时 Timeline 调板如图 5-14 所示。

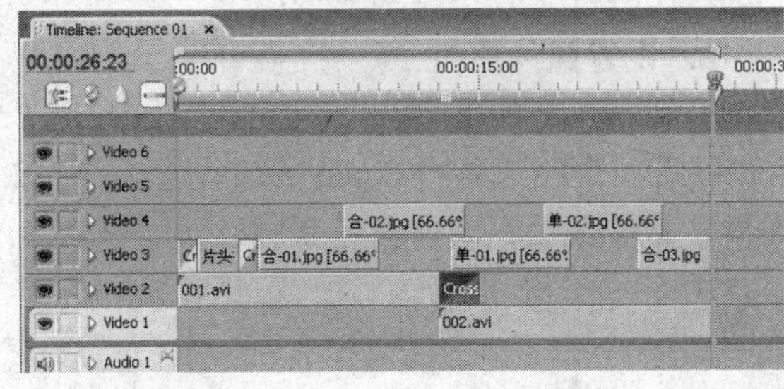

图 5-14

5.4.5 制作动画片段（2）

1. 组接素材

1）在 Project 调板的“Photo”素材箱中，单击选中“单–03.jpg”素材，再按住<Ctrl>键，分别单击“合–04.jpg”、“单–04.jpg”、“合–05.jpg”素材（即按顺序选中 4 个素材文件）。松开<Ctrl>键，将它们同时拖动到 Video 3 轨道中“合–03.jpg”素材片段的后面，如图 5-15 所示。

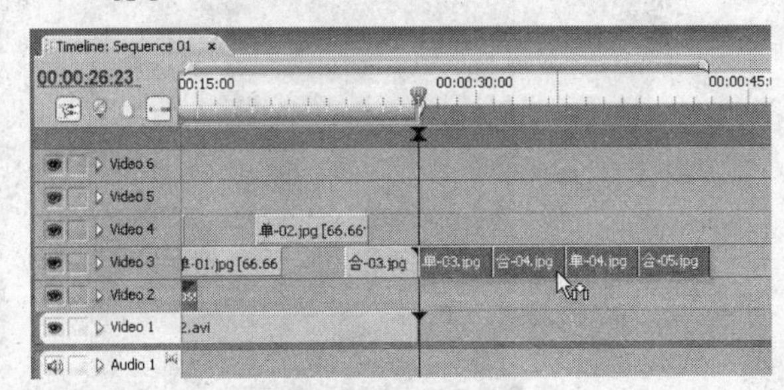

图 5-15

2）拖动“背景”素材箱内的“003.avi”到 Video 1 轨道中素材片段“002.avi”的后面。拖动其右侧出点与 Video 3 轨道中素材片段“合–05.jpg”的出点对齐，即拖动出点至 00:00:42:23 处，如图 5-16 所示。

图 5-16

小提示

也可先将时间指针移动到 00:00:42:23 处，再拖动素材“003.avi”右侧的出点至该处。

2. 设置照片属性

分别在各自的 Effect Controls 调板中，将“单–03.jpg”、“合–04.jpg”、“单–04.jpg”、“合–05.jpg”4 个照片素材 Scale 的值设置为“152.0”；再对这 4 个素材分别添加 Drop Shadow 效果，其参数设置同前面各素材。

小提示

由于各素材的 Drop Shadow（投影）效果参数设置都相同，所以可采用复制、粘贴的方法来提高操作效率。即：打开已添加了该效果素材的 Effect Controls 调板，在 Drop Shadow 名称上单击鼠标右键，从弹出的菜单中选择 Copy 命令；打开目标素材的 Effect Controls 调板，在调板空白处单击鼠标右键，从弹出的菜单中选择 Paste 命令。

Effect Controls 调板如图 5-17 所示。

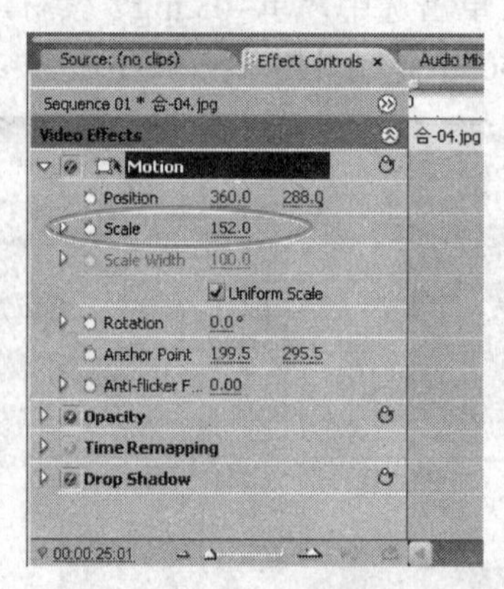

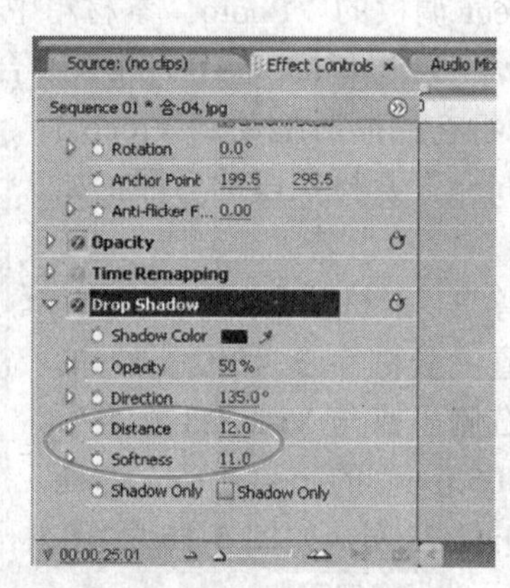

图 5-17

3. 制作照片上下运动的动画

1）将时间指针移至 00:00:26:23 处，单击选中“单–03.jpg”素材。在其 Effect Controls 调板中，设置 Position 的 Y 坐标值为“158.0”，并单击 Position 左侧的“开关动画”按钮，为其设置关键帧；将时间指针移至 00:00:30:23 处，设置 Position 的 Y 坐标值为“436.0”。

2）单击选中“合–04.jpg”素材，在其 Effect Controls 调板中，设置 Position 的 Y 坐标值为“438.0”，并单击 Position 左侧的“开关动画”按钮，为其设置关键帧；将时间指针移至 00:00:34:23 处，设置 Position 的 Y 坐标值为“142.0”。

3）单击选中“单–04.jpg”素材，在其 Effect Controls 调板中，设置 Position 的 Y 坐标值为“139.0”，并单击 Position 左侧的“开关动画”按钮，为其设置关键帧；将时间指针移至 00:00:38:23 处，设置 Position 的 Y 坐标值为“438.0”。

4）单击选中“合–05.jpg”素材，在其 Effect Controls 调板中，设置 Position 的 Y 坐标值为“439.0”，并单击 Position 左侧的“开关动画”按钮，为其设置关键帧；将时间指针移至 00:00:42:23 处，设置 Position 的 Y 坐标值为“140.0”。

5.4.6 制作动画片段（3）

1. 组接素材

1）将时间指针移至 00:00:42:23 处，在 Project 调板的“Photo”素材箱中，单击选中“单–05.jpg”素材，再按住<Ctrl>键，分别单击“单–07.jpg”、“合–01.jpg”、“单–06.jpg”、“合–06.jpg”素材（即按顺序选中 5 个素材文件）。松开<Ctrl>键，将它们同时拖动到 Video 4 轨道中。

2）在“单–05.jpg”素材上单击鼠标右键，从菜单中选择 Speed/Duration 命令，设置其持续时间为 00:00:03:05。

3）用同样的方法，将“单–07.jpg”、“合–01.jpg”、“单–06.jpg”、“合–06.jpg”素材的持续时间都调整为 00:00:03:05；在轨道中重新拖动它们的位置，使其首尾相接，中间无空隙。如图 5-18 所示。

图 5-18

4）拖动“背景”素材箱内的“bg1.avi”到 Video 1 轨道中素材片段“003.avi”的后面，如图 5-19 所示。

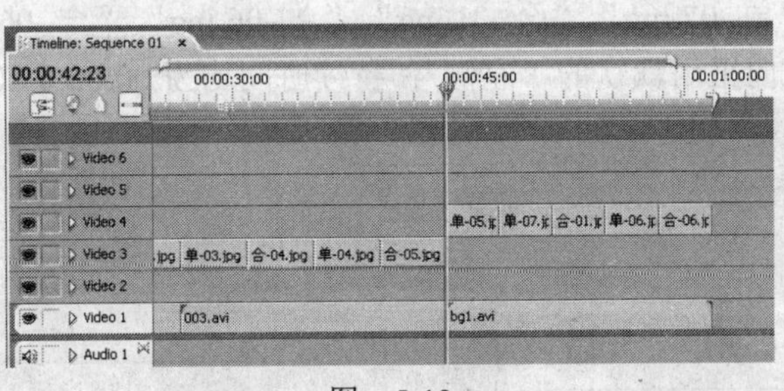

图 5-19

2. 设置照片属性

1）单击选中“单–05.jpg”素材，在其 Effect Controls 调板中，设置 Position 的 X 坐标

值为“503.0”，Y 坐标值为“279.0”；Scale 的值为“80.0”。

2）为其添加 Drop Shadow（投影）效果，参数设置同前面各素材，如图 5-20 所示。

3）在 Effect Controls 调板中，单击选中 Motion 属性，再按住<Ctrl>键，单击 Drop Shadow，将它们选中，如图 5-21 所示。

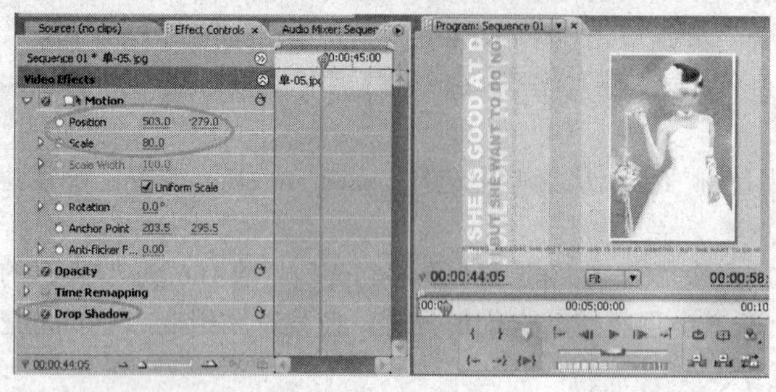

图 5-20

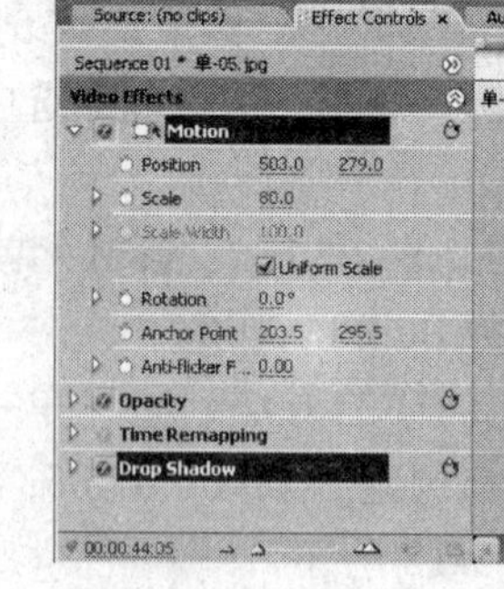

图 5-21

选择菜单 Edit→Copy，将其复制。

4）单击选中“单–07.jpg”素材，选择菜单 Edit→Paste，将两个属性粘贴至该素材。

5）用同样的方法，将属性粘贴至“合–01.jpg”、“单–06.jpg”、“合–06.jpg”素材。

3．添加转场效果

1）在 Effects（效果）调板中，展开 Video Transitions 文件夹中的 Wipe 文件夹，将其中的 Wipe 转场拖动到素材“单–05.jpg”的入点处。

2）在 Effect Controls 调板中，调整转场方向为“左下角”，持续时间为 00:00:01:00，如图 5-22 所示。

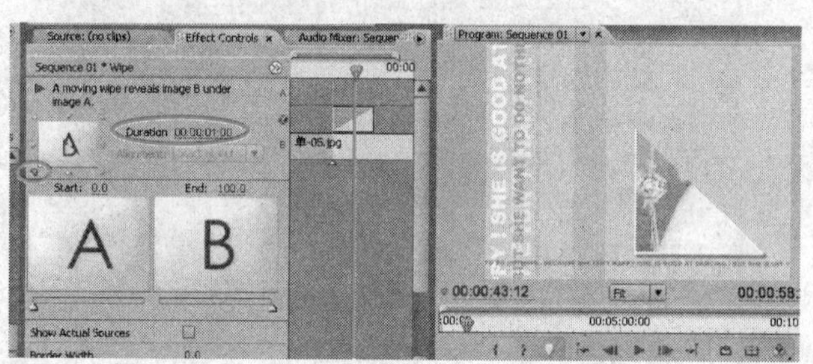

图 5-22

3）分别为素材“单–07.jpg”、“合–01.jpg”、“单–06.jpg”、“合–06.jpg”的入点位置添加 Wipe 转场，其转场方向采用默认的“左侧”；持续时间均为 00:00:01:00，如图 5-23 所示。

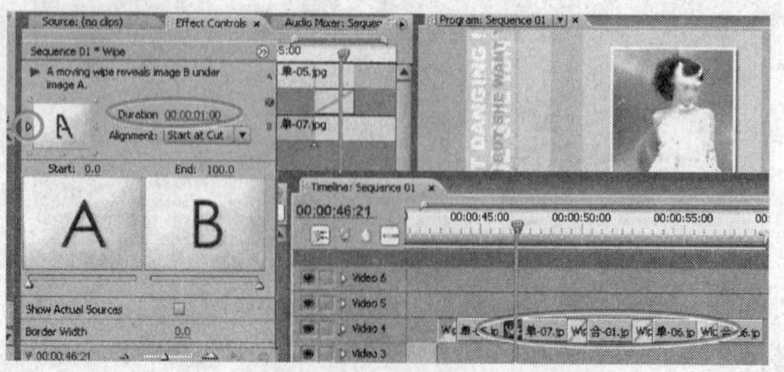

图 5-23

5.4.7 制作动画片段（4）

1．添加背景素材

1）拖动“背景”素材箱内的“004.avi”到 Video 1 轨道中素材片段“bg1.avi”的后面。

2）将时间指针移至 00:01:08:23 处，拖动其右侧出点至该处。

2．第一段照片动画

1）将时间指针移至 00:00:58:23 处，从“Photo”素材箱中，将“单–08.jpg”素材拖动到 Video 2 轨道中；在其上单击鼠标右键，从菜单中选择 Speed/Duration 命令，设置持续时间为 00:00:10:00。

2）在其 Effect Controls 调板中，设置 Position 的 X 坐标值为“–128.0”，并单击 Position 左侧的“开关动画”按钮，设置第一个关键帧；设置 Scale 的值为“55.0”。

3）将时间指针移至 00:01:03:23 处，展开 Opacity 项，单击 Opacity 右侧的“添加/移除关键帧”按钮，在此处添加一个关键帧。

4）将时间指针移至 00:01:08:22 处，设置 Position 的 X 坐标值为“842.0”；设置 Opacity 的值为“0”。

5）添加 Drop Shadow 效果，其参数设置同前面各素材。

此时，Program 调板中的播放效果如图 5-24 所示。

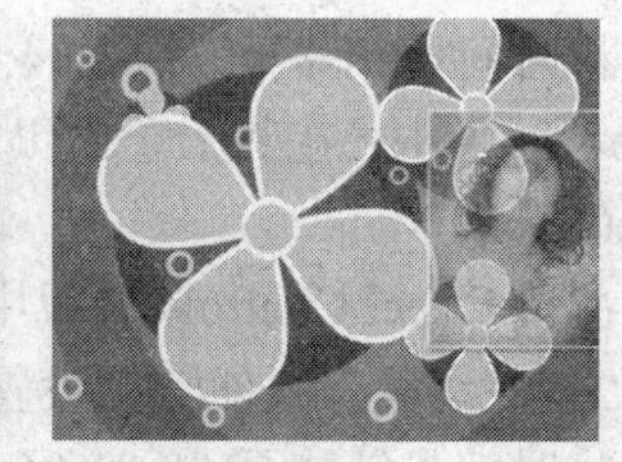

图 5-24

3．第二段照片动画

1）将时间指针移至 00:01:00:24 处，从“Photo”素材箱中，将“单–09.jpg”素材拖动到 Video 3 轨道中；在其上单击鼠标右键，从菜单中选择 Speed/Duration 命令，设置持续时间为 00:00:06:00。

2）在其 Effect Controls 调板中，设置 Position 的 X 坐标值为“838.0”，并单击 Position 左侧的“开关动画”按钮，设置第一个关键帧；设置 Scale 的值为“60.0”。

3）将时间指针移至 00:01:03:24 处，展开 Opacity 项，单击 Opacity 右侧的“添加/移除关键帧”按钮，在此处添加一个关键帧。

4）将时间指针移至 00:01:06:23 处，设置 Position 的 X 坐标值为“–127.0”；设置 Opacity 的值为“0”。

5）添加 Drop Shadow 效果，其参数设置同前面各素材。

此时，Program 调板中的播放效果如图 5-25 所示。

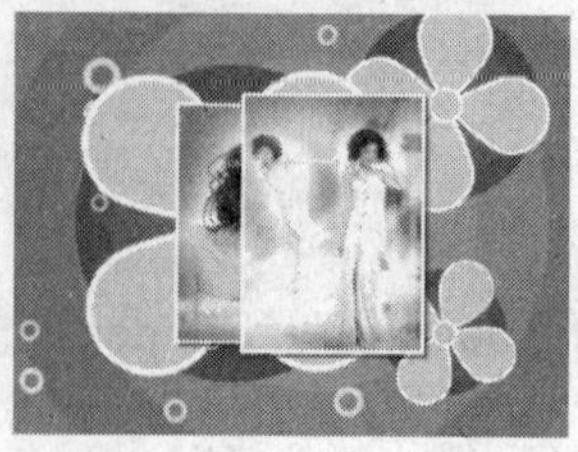

图 5-25

4．第三段照片动画

1）将时间指针移至00:01:03:13处，从“Photo”素材箱中，将“合-07.jpg”素材拖动到Video 4轨道中；在其上单击鼠标右键，从菜单中选择Speed/Duration命令，设置持续时间为00:00:05:10。

2）在其Effect Controls调板中，设置Position的X坐标值为“–199.0”，并单击Position左侧的“开关动画”按钮，设置第一个关键帧；设置Scale的值为“70.0”。

3）将时间指针移至00:01:06:13处，展开Opacity项，单击Opacity右侧的“添加/移除关键帧”按钮，在此处添加一个关键帧。

4）将时间指针移至00:01:08:22处，设置Position的X坐标值为“706.9”；设置Opacity的值为“20.3”。

5）添加Drop Shadow效果，其参数设置同前面各素材。

5．第四段照片动画

1）将时间指针移至00:01:04:13处，从“Photo”素材箱中，将“单–01.jpg”素材拖动到Video 5轨道中；在其上单击鼠标右键，从菜单中选择Speed/Duration命令，设置持续时间为00:00:04:10。

2）在其Effect Controls调板中，设置Position的X坐标值为“871.0”，并单击Position左侧的“开关动画”按钮，设置第一个关键帧；设置Scale的值为“80.0”。

3）将时间指针移至00:01:06:19处，展开Opacity项，单击Opacity右侧的“添加/移除关键帧”按钮，在此处添加一个关键帧。

4）将时间指针移至00:01:08:22处，设置Position的X坐标值为“1.0”；设置Opacity的值为“0”。

5）添加Drop Shadow效果，其参数设置同前面各素材。

此时，Program调板中的播放效果如图5-26所示。

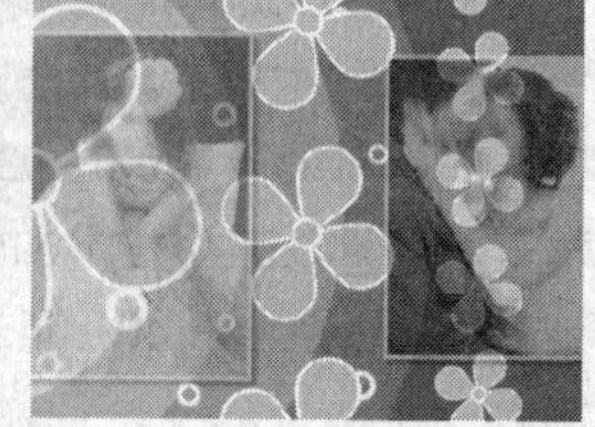

图 5-26

Timeline调板如图5-27所示。

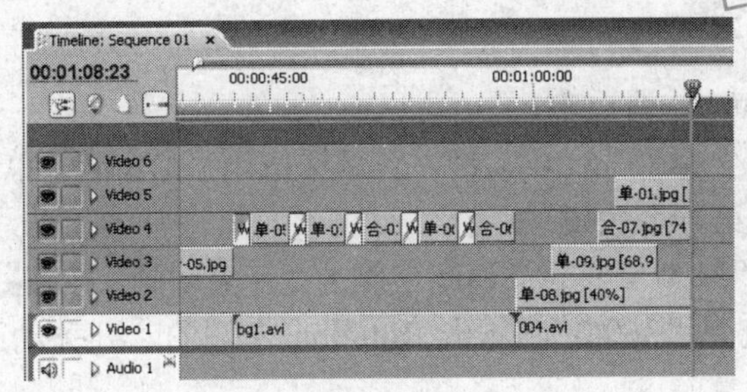

图　5-27

5.4.8　制作动画片段（5）

制作说明

此步骤将制作八段照片的位置、缩放、旋转、不透明度动画，以丰富画面内容、增强画面节奏，但是操作较为繁杂，望读者要有耐心。

1．添加背景素材

1）拖动“背景”素材箱内的“001.avi”到 Video 1 轨道中素材片段“004.avi”的后面。

2）将时间指针移至 00:01:20:11 处，拖动其右侧出点至该处。

2．第一段照片动画

1）将时间指针移至 00:01:08:23 处，从“Photo”素材箱中，将“合–01.jpg”素材拖到 Video 2 轨道中。

2）在其 Effect Controls 调板中：

设置 Position 的 X 坐标值为“71.8”，Y 坐标值为“476.6”，单击 Position 左侧的“开关动画”按钮，设置第一个关键帧。

设置 Scale 的值为“30.0”，单击 Scale 左侧的“开关动画”按钮，设置第一个关键帧。

单击 Rotation 左侧的“开关动画”按钮，设置第一个关键帧。

设置 Opacity 的值为“80.0”。

3）将时间指针移至 00:01:12:22 处，在 Effect Controls 调板中：

设置 Position 的 X 坐标值为“360.0”，Y 坐标值为“288.0”；Scale 的值为“150.0”；Rotation 的值为“360.0”（即旋转 1 圈）；Opacity 的值为“0”。

此时，Program 调板中的播放效果如图 5-28 所示。

 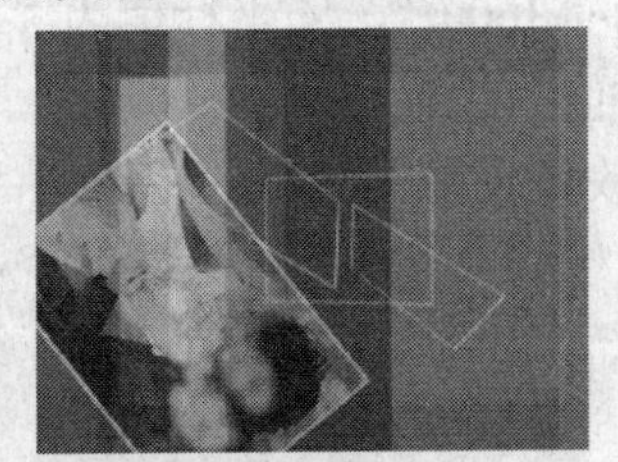 

图　5-28

3．第二段照片动画

1）将时间指针移至 00:01:10:13 处，从“Photo”素材箱中，将“单–02.jpg”素材拖动到 Video 3 轨道中。

2）在其 Effect Controls 调板中：

设置 Position 的 X 坐标值为“641.1”，Y 坐标值为“476.6”，单击 Position 左侧的“开关动画”按钮，设置第一个关键帧。

设置 Scale 的值为“30.0”，单击 Scale 左侧的“开关动画”按钮，设置第一个关键帧。

设置 Rotation 的值为“360.0”，单击 Rotation 左侧的“开关动画”按钮，设置第一个关键帧。

设置 Opacity 的值为“80.0”。

3）将时间指针移至 00:01:14:12 处，在 Effect Controls 调板中：

设置 Position 的 X 坐标值为“360.0”，Y 坐标值为“288.0”；Scale 的值为“150.0”；Rotation 的值为“0”；Opacity 的值为“0”。

此时，Program 调板中的播放效果如图 5-29 所示。

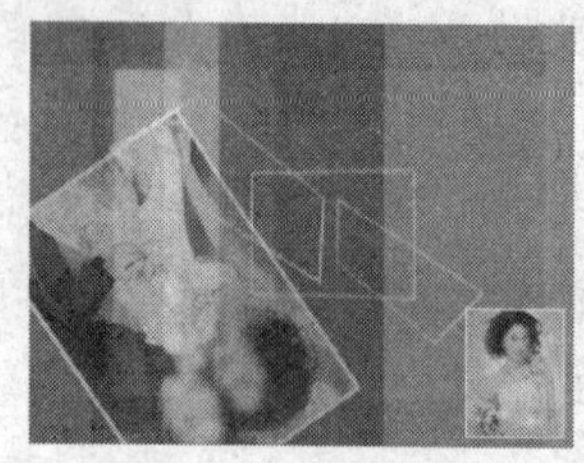 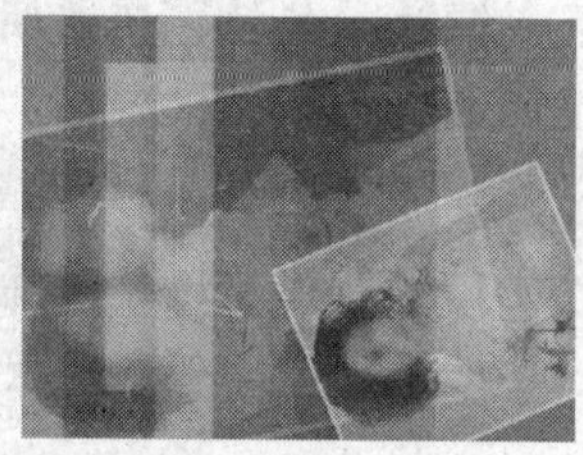 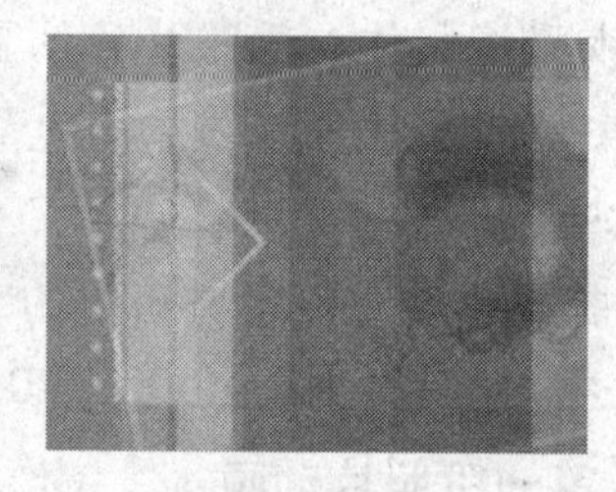

图 5-29

4．第三段照片动画

1）将时间指针移至 00:01:11:21 处，从“Photo”素材箱中，将“单–03.jpg”素材拖动到 Video 4 轨道中。

2）在其 Effect Controls 调板中：

设置 Position 的 X 坐标值为“71.8”，Y 坐标值为“104.5”，单击 Position 左侧的“开关动画”按钮，设置第一个关键帧。

设置 Scale 的值为“30.0”，单击 Scale 左侧的“开关动画”按钮，设置第一个关键帧。

设置 Rotation 的值为“360.0”，单击 Rotation 左侧的“开关动画”按钮，设置第一个关键帧。

设置 Opacity 的值为“80.0”。

3）将时间指针移至 00:01:15:20 处，在 Effect Controls 调板中：

设置 Position 的 X 坐标值为“360.0”，Y 坐标值为“288.0”；Scale 的值为“150.0”；Rotation 的值为“0”；Opacity 的值为“0”。

此时，Program 调板中的播放效果如图 5-30 所示。

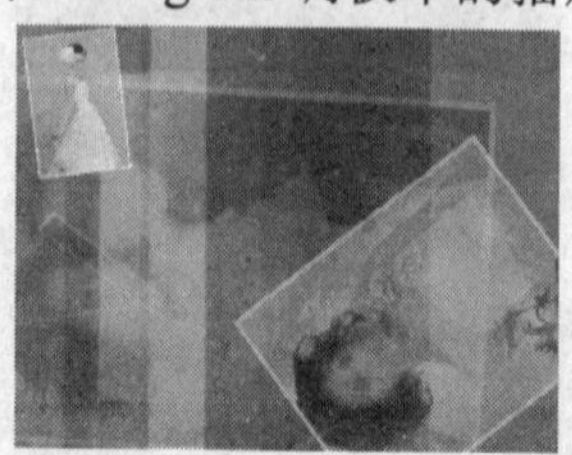 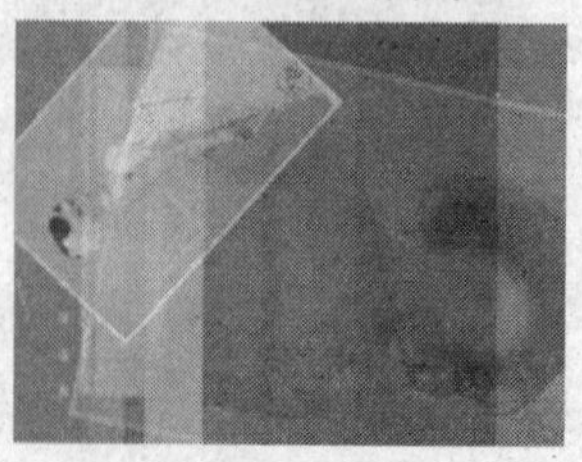 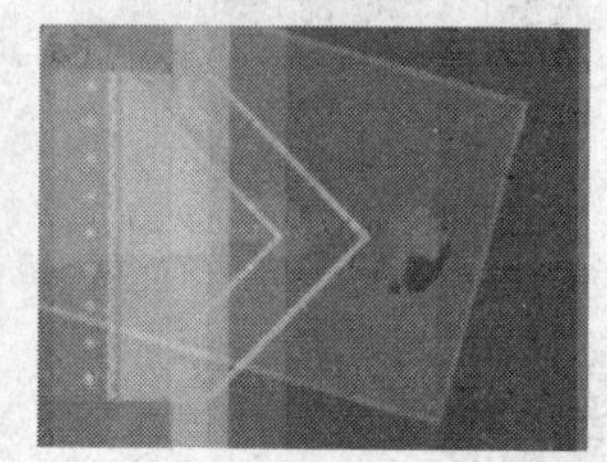

图 5-30

5. 第四段照片动画

1）将时间指针移至00:01:12:10处，从“Photo”素材箱中，将“单–04.jpg”素材拖动到Video 5轨道中。

2）在其Effect Controls调板中：

设置Position的X坐标值为“641.1”，Y坐标值为“112.1”，单击Position左侧的“开关动画”按钮，设置第一个关键帧。

设置Scale的值为“30.0”，单击Scale左侧的“开关动画”按钮，设置第一个关键帧。

单击Rotation左侧的“开关动画”按钮，设置第一个关键帧。

设置Opacity的值为“80.0”。

3）将时间指针移至00:01:16:09处，在Effect Controls调板中：

设置Position的X坐标值为“360.0”，Y坐标值为“288.0”；Scale的值为“150.0”；Rotation的值为“360”；Opacity的值为“0”。

此时，Program调板中的播放效果如图5-31所示。

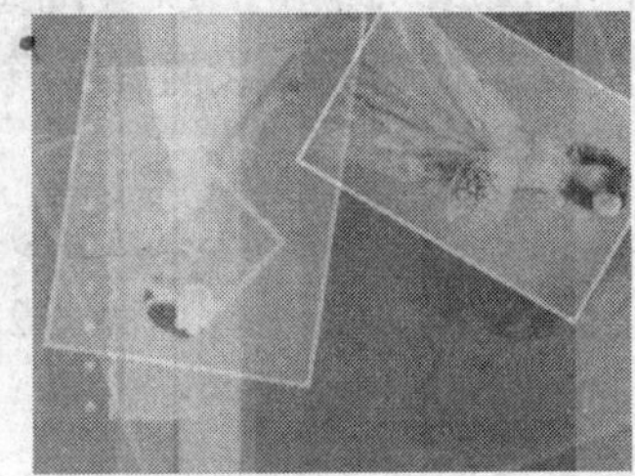
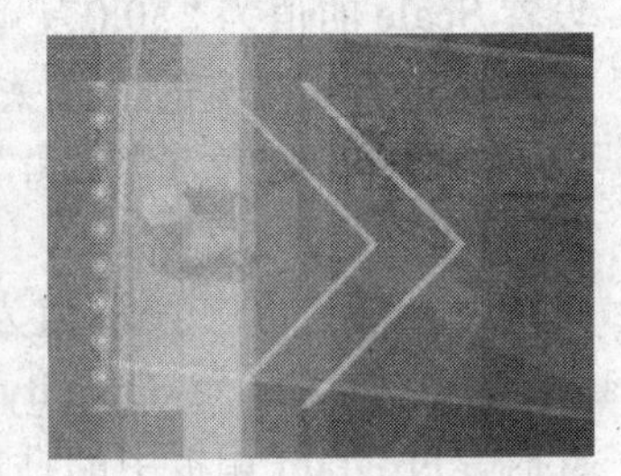

图 5-31

Timeline调板如图5-32所示。

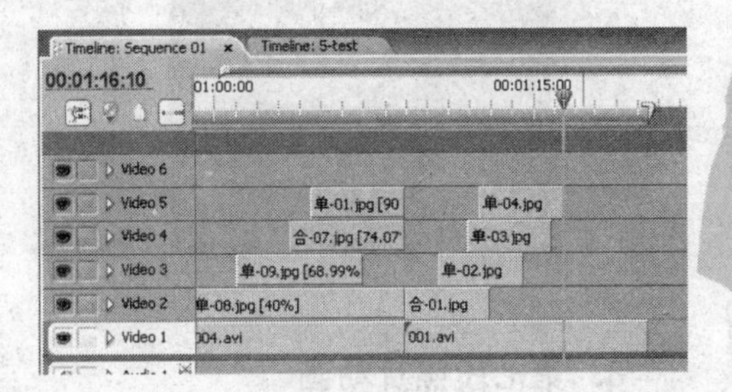

图 5-32

6. 第五段照片动画

1）将时间指针移至00:01:14:13处，从“Photo”素材箱中，将“合–02.jpg”素材拖动到Video 2轨道中。

2）在其Effect Controls调板中：

设置Position的X坐标值为“360.0”，Y坐标值为“285.5”，单击Position左侧的“开关动画”按钮，设置第一个关键帧。

设置Scale的值为“30.0”，单击Scale左侧的“开关动画”按钮，设置第一个关键帧。

设置Rotation的值为“360.0”，单击Rotation左侧的“开关动画”按钮，设置第一个关键帧。

设置Opacity的值为“80.0”。

3）将时间指针移至00:01:18:12处，在Effect Controls调板中：

设置Position的X坐标值为“360.0”，Y坐标值为“288.0”；Scale的值为“150.0”；Rotation的值为“0”；Opacity的值为“0”。

此时，Program调板中的播放效果如图5-33所示。

 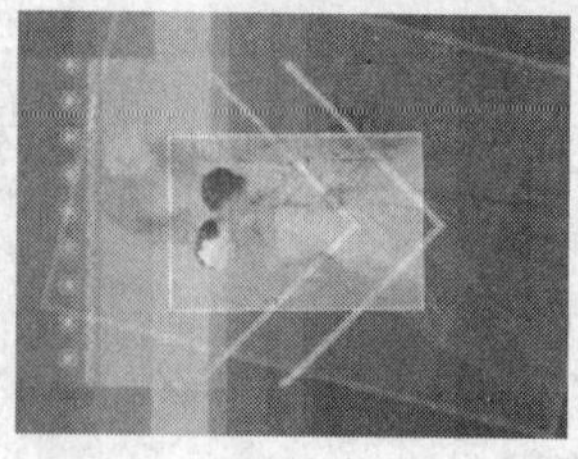 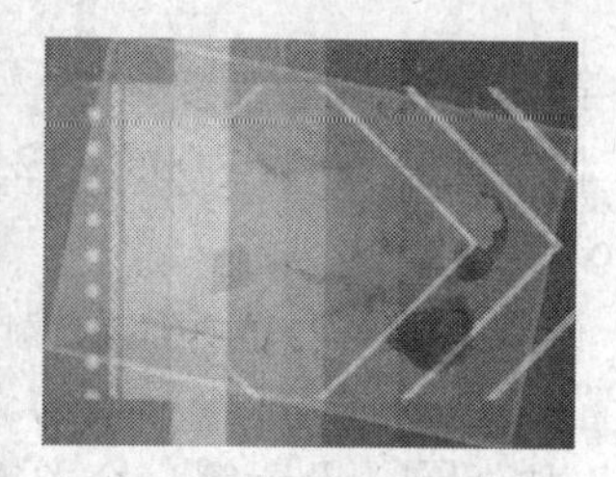

图 5-33

7．第六段照片动画

1）将时间指针移至 00:01:15:21 处，从“Photo”素材箱中，将“合–03.jpg”素材拖动到 Video 3 轨道中。

2）在其 Effect Controls 调板中：

设置 Position 的 X 坐标值为“648.2”，Y 坐标值为“252.3”，单击 Position 左侧的“开关动画”按钮，设置第一个关键帧。

设置 Scale 的值为“30.0”，单击 Scale 左侧的“开关动画”按钮，设置第一个关键帧。

单击 Rotation 左侧的“开关动画”按钮，设置第一个关键帧。

设置 Opacity 的值为“80.0”。

3）将时间指针移至 00:01:19:20 处，在 Effect Controls 调板中：

设置 Position 的 X 坐标值为“360.0”，Y 坐标值为“288.0”；Scale 的值为“150.0”；Rotation 的值为“360”；Opacity 的值为“0”。

此时，Program 调板中的播放效果如图 5-34 所示。

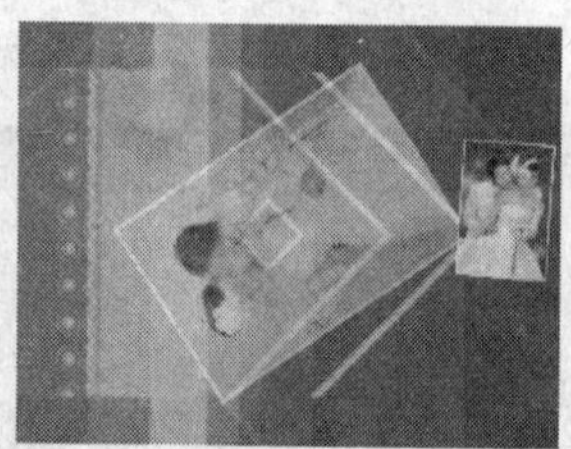 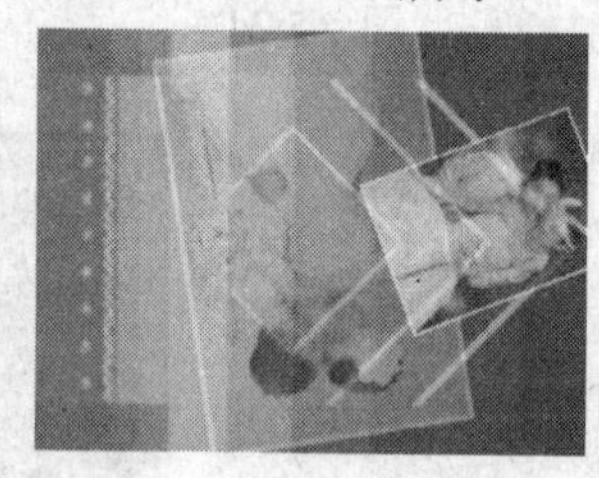 

图 5-34

8．第七段照片动画

1）将时间指针移至 00:01:16:17 处，从“Photo”素材箱中，将“单–05.jpg”素材拖动到 Video 4 轨道中；在其上单击鼠标右键，从菜单中选择 Speed/Duration 命令，其持续时间为 00:00:03:19。

2）在其 Effect Controls 调板中：

设置 Position 的 X 坐标值为“76.5”，Y 坐标值为“469.0”，单击 Position 左侧的“开关动画”按钮，设置第一个关键帧。

设置 Scale 的值为“30.0”，单击 Scale 左侧的“开关动画”按钮，设置第一个关键帧。

设置 Rotation 的值为“360.0”，单击 Rotation 左侧的“开关动画”按钮，设置第一个关键帧。

设置 Opacity 的值为“80.0”。

3）将时间指针移至 00:01:20:11 处，在 Effect Controls 调板中：

设置 Position 的 X 坐标值为“345.7”，Y 坐标值为“297.1”；Scale 的值为“143.9”；Rotation 的值为“18.2”；Opacity 的值为“4”。

此时，Program 调板中的播放效果如图 5-35 所示。

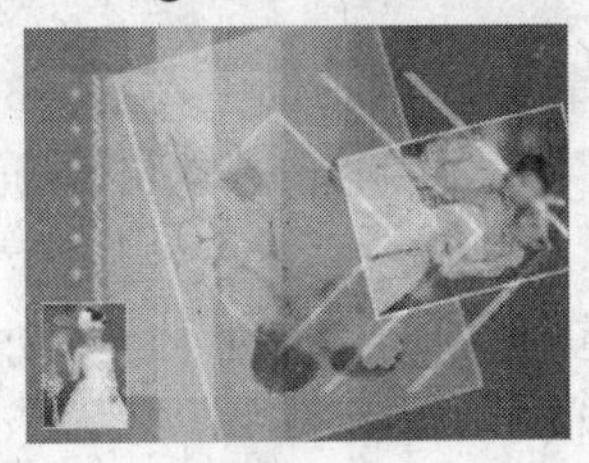

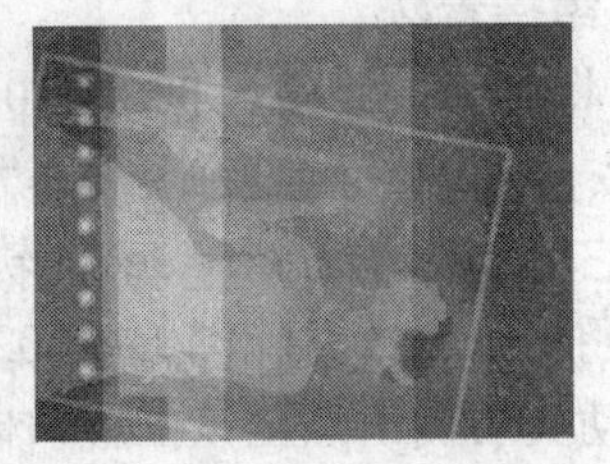

图 5-35

9．第八段照片动画

1）将时间指针移至 00:01:17:22 处，从“Photo”素材箱中，将“单–06.jpg”素材拖动到 Video 5 轨道中；在其上单击鼠标右键，从菜单中选择 Speed/Duration 命令，设置其持续时间为 00:00:02:14。

2）在其 Effect Controls 调板中：

设置 Position 的 X 坐标值为“643.5”，Y 坐标值为“104.5”，单击 Position 左侧的“开关动画”按钮，设置第一个关键帧。

设置 Scale 的值为“30.0”，单击 Scale 左侧的“开关动画”按钮，设置第一个关键帧。

设置 Rotation 的值为“360.0”，单击 Rotation 左侧的“开关动画”按钮，设置第一个关键帧。

设置 Opacity 的值为“80.0”。

3）将时间指针移至 00:01:20:11 处，在 Effect Controls 调板中：

设置 Position 的 X 坐标值为“460.2”，Y 坐标值为“223.1”；Scale 的值为“107.6”；Rotation 的值为“127.3”；Opacity 的值为“28.3”。

此时，Program 调板中的播放效果如图 5-36 所示。

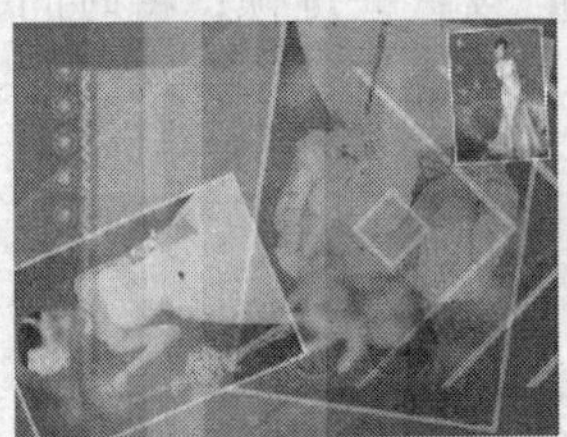
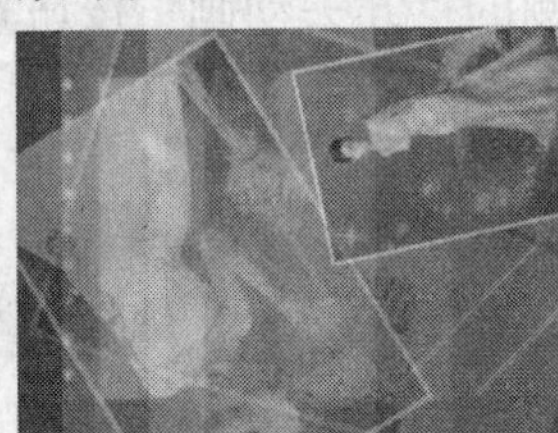
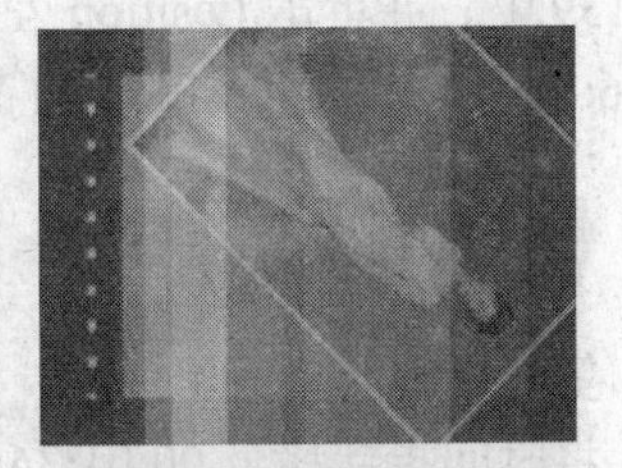

图 5-36

Timeline 调板如图 5-37 所示。

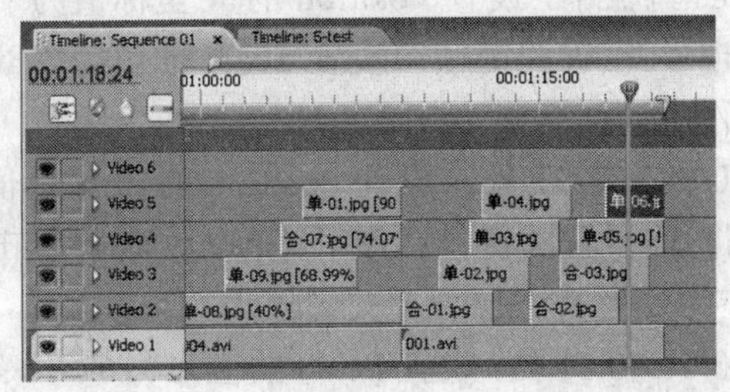

图 5-37

5.4.9 制作动画片段（6）

1．组接素材

1）将时间指针移至 00:01:20:11 处，在“Photo”素材箱中，单击选中“单–03.jpg”素材，再按住<Ctrl>键，分别单击 “单–04.jpg”、“合–07.jpg”、“合–04.jpg”素材，松开<Ctrl>键，将它们同时拖动到 Video 3 轨道中。

2）将“背景”素材箱中的“002.avi”拖动到 Video 1 轨道中；将时间指针移至 00:01:36:11 处，拖动其右侧出点至该位置，即缩短背景素材的持续时间。

2．设置照片属性

分别在各自的 Effect Controls 调板中，将“单–03.jpg”、“单–04.jpg”、“合–07.jpg”、“合–04.jpg” 4 个照片素材 Scale 的值设置为“152.0”；再对这 4 个素材分别添加 Drop Shadow 效果，其参数设置同前面各素材。

3．制作照片上下运动的动画

1）将时间指针移至 00:01:20:11 处，单击选中“单–03.jpg”素材。在其 Effect Controls 调板中，设置 Position 的 Y 坐标值为“435.0”，并单击 Position 左侧的“开关动画”按钮，为其设置关键帧；将时间指针移至 00:01:24:11 处，设置 Position 的 Y 坐标值为“151.0”。

2）单击选中“单–04.jpg”素材，在其 Effect Controls 调板中，设置 Position 的 Y 坐标值为“142.0”，并单击 Position 左侧的“开关动画”按钮，设置关键帧；将时间指针移至 00:01:28:11 处，设置 Position 的 Y 坐标值为“438.0”。

3）单击选中“合–07.jpg”素材，在其 Effect Controls 调板中，设置 Position 的 Y 坐标值为“438.0”，并单击 Position 左侧的“开关动画”按钮，设置关键帧；将时间指针移至 00:01:32:11 处，设置 Position 的 Y 坐标值为“140.0”。

4）单击选中“合–04.jpg”素材，在其 Effect Controls 调板中，设置 Position 的 Y 坐标值为“139.0”，并单击 Position 左侧的“开关动画”按钮，设置关键帧；将时间指针移至 00:01:36:11 处，设置 Position 的 Y 坐标值为“437.0”。

5.4.10 制作动画片段（7）

1．第一段照片动画

1）将时间指针移至 00:01:36:11 处，从“Photo”素材箱中，将“合–05.jpg”素材拖动到 Video 3 轨道中。

2）在其 Effect Controls 调板中，设置 Position 的 X 坐标值为“–169.0”，并单击 Position 左侧的“开关动画”按钮，设置关键帧；设置 Scale 的值为“80.0”；添加 Drop Shadow 效果，其参数设置同前面各素材。

3）将时间指针移至 00:01:38:11 处，设置 Position 的 X 坐标值为“360.0”；单击 Scale 左侧的“开关动画”按钮，设置关键帧；展开 Opacity 项，单击 Opacity 右侧的“添加/移除关键帧”按钮，在此处为其添加一个关键帧。

4）将时间指针移至 00:01:40:11 处，设置 Scale 的值为“167.0”；设置 Opacity 的值为“0”。

此时，Program 调板中的播放效果如图 5-38 所示。

图 5-38

2. 第二段照片动画

1）从“Photo”素材箱中，将“单–07.jpg”拖动到 Video 3 轨道中“合–05.jpg”素材的后面。

2）在其 Effect Controls 调板中，设置 Position 的 Y 坐标值为“817.0”，并单击 Position 左侧的“开关动画”按钮，设置关键帧；设置 Scale 的值为“80.0”；添加 Drop Shadow 效果，其参数设置同前面各素材。

3）将时间指针移至 00:01:42:11 处，设置 Position 的 Y 坐标值为“288.0”；单击 Scale 左侧的“开关动画”按钮，设置关键帧；展开 Opacity 项，单击 Opacity 右侧的“添加/移除关键帧”按钮，在此处添加一个关键帧。

4）将时间指针移至 00:01:44:11 处，设置 Scale 的值为“201.0”；设置 Opacity 的值为“0”。

此时，Program 调板中的播放效果如图 5-39 所示。

图 5-39

3. 第三段照片动画

1）将时间指针移至 00:01:44:09 处，从“Photo”素材箱中，将“单–02.jpg”素材拖动到 Video 5 轨道中。在其上单击鼠标右键，从菜单中选择 Speed/Duration 命令，设置其持续时间为 00:00:06:00。

小提示

将素材拖动到当前时间指针处时，应注意“吸附”提示。这里，我们应使素材“吸附”到时间指针处，而非与前面的素材出点相“吸附”。如图 5-40 所示。

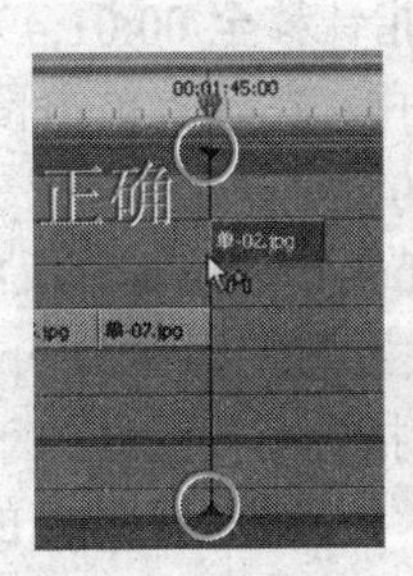

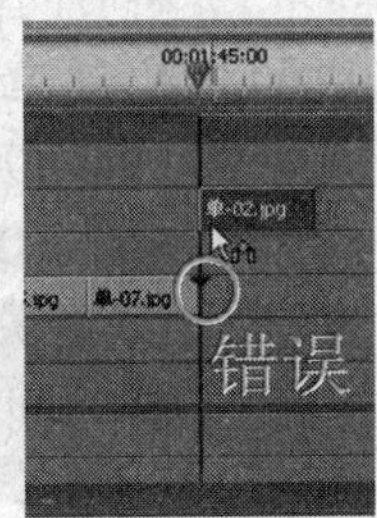

图 5-40

2）在其 Effect Controls 调板中，设置 Position 的 Y 坐标值为“–247.0”，并单击 Position 左侧的“开关动画”按钮，设置关键帧；设置 Scale 的值为“80.0”；添加 Drop Shadow 效果，其参数设置同前面各素材。

3）将时间指针移至00:01:46:09处，设置Position的Y坐标值为“288.0”；将时间指针移至00:01:47:09处，单击Position右侧的“添加/移除关键帧”按钮，在此处添加一个关键帧；将时间指针移至 00:01:47:10 处，单击右侧的“添加/移除关键帧”按钮，添加一个关键帧；将时间指针移至00:01:50:08处，设置Position的X坐标值为“–187.0”。

4．第四段照片动画

1）将时间指针移至00:01:46:09处，从“Photo”素材箱中，将“单–02.jpg”素材拖动到Video 4轨道中。

2）在其Effect Controls调板中，单击Position左侧的“开关动画”按钮，设置关键帧；设置Scale的值为“65.0”；设置Opacity的值为“80.0”；添加Drop Shadow效果，其参数设置同前面各素材。

3）将时间指针移至 00:01:48:06 处，设置 Opacity 的值为“60.0”；将时间指针移至00:01:50:08处，设置Position的X坐标值为“870.0”。

5．第五段照片动画

1）将时间指针移至00:01:46:09处，从“Photo”素材箱中，将“单–02.jpg”素材拖动到Video 3轨道中。

2）在其Effect Controls调板中，单击Position左侧的“开关动画”按钮，设置关键帧；设置Scale的值为“55.0”；设置Opacity的值为“80.0”；添加Drop Shadow效果，其参数设置同前面各素材。

3）将时间指针移至 00:01:47:01 处，设置 Opacity 的值为“60.0”；将时间指针移至00:01:50:08处，设置Position的X坐标值为“–826.0”。

此时，第三段至第五段照片动画在Program调板中的播放效果如图5-41所示。

图 5-41

6．第六段照片动画

1）将时间指针移至00:01:49:11处，从“Photo”素材箱中，将“合–01.jpg”素材拖动到Video 2轨道中；在其上单击鼠标右键，从菜单中选择Speed/Duration命令，设置持续时间为00:00:06:00。

2）在其Effect Controls调板中，设置Scale的值为“0”，单击Scale左侧的“开关动画”按钮，设置关键帧；添加Drop Shadow效果，其参数设置同前面各素材。

3）将时间指针移至 00:01:52:11 处，设置 Scale 的值为“80.0”；将时间指针移至00:01:54:11处，单击Scale右侧的“添加/移除关键帧”按钮，在此处添加一个关键帧；单击Rotation左侧的“开关动画”按钮，为其设置关键帧；单击Opacity右侧的“添加/

移除关键帧”按钮，在此处添加一个关键帧。

4）将时间指针移至00:01:55:10处，设置Scale的值为“205.0”；Rotation的值为“600.0”；Opacity的值为“0”。

7．第七段照片动画

1）将时间指针移至00:01:52:11处，将“合–01.jpg”素材拖动到Video 4轨道中；在其上单击鼠标右键，从菜单中选择Speed/Duration命令，设置持续时间为00:00:03:00。

2）在其Effect Controls调板中，单击Position左侧的“开关动画”按钮，设置关键帧；设置Scale的值为“80.0”，单击Scale左侧的“开关动画”按钮，设置关键帧；单击Rotation左侧的“开关动画”按钮，设置关键帧；单击Opacity右侧的“添加/移除关键帧”按钮，在此处添加一个关键帧；添加Drop Shadow效果，其参数设置同前面各素材。

3）将时间指针移至00:01:53:11处，设置Position的X坐标值为“545.0”，Y坐标值为“398.0”；Scale的值为“205.0”；Rotation的值为“270.0”；Opacity的值为“0”。

8．第八段照片动画

1）将时间指针移至00:01:52:11处，将“合–01.jpg”素材拖动到Video 3轨道中；在其上单击鼠标右键，从菜单中选择Speed/Duration命令，设置持续时间为00:00:03:00。

2）在其Effect Controls调板中，设置Scale的值为“80.0”。

3）将时间指针移至00:01:53:11处，单击Position左侧的“开关动画”按钮，为其设置关键帧；单击Scale左侧的“开关动画”按钮，设置关键帧；单击Rotation左侧的“开关动画”按钮，设置关键帧；单击Opacity右侧的“添加/移除关键帧”按钮，在此处添加一个关键帧；添加Drop Shadow效果，其参数设置同前面各素材。

4）将时间指针移至00:01:54:11处，设置Position的X坐标值为“90.0”，Y坐标值为“–262.0”；Scale的值为“205.0”；Rotation的值为“–360.0”；Opacity的值为“0”。

此时，第六段至第八段照片动画在Program调板中的播放效果如图5-42所示。

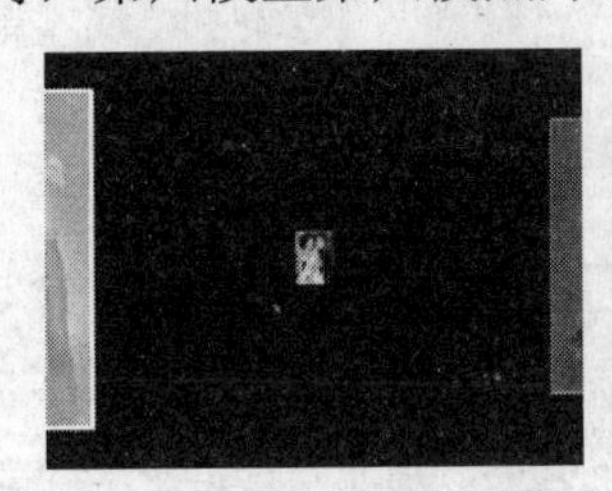
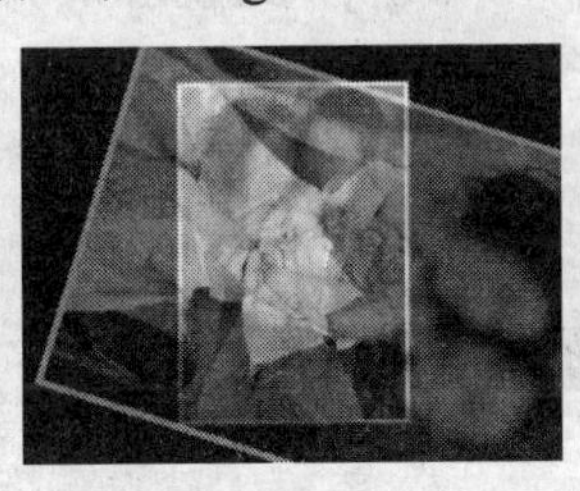

图 5-42

9．添加背景素材

1）将时间指针移至00:01:36:11处，将“背景”素材箱中的“bg2.avi”素材拖动到Video 1轨道（即拖动到“002.avi”素材片段的后面）。

2）再次从“背景”素材箱中拖动“bg2.avi”到Video 1轨道中已有的“bg2.avi”素材片段后面。将时间指针移至00:01:55:11处，拖动其右侧的出点至该处，即缩短背景素材的持续时间，如图5-43所示。

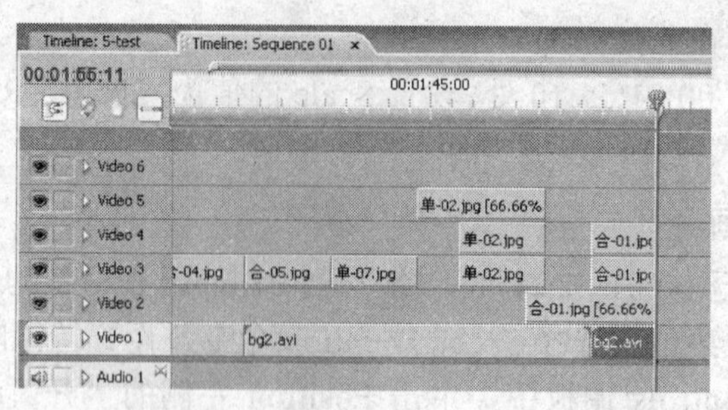

图 5-43

5.4.11 制作字幕

1. 添加背景素材

从“背景”素材箱中拖动“bg1.avi”到 Video 1 轨道中“bg2.avi”素材片段后面（即拖动至 00:01:55:11 处）。

2. 制作第一段字幕

1）在 Project 调板空白处单击，取消对文件的选择。再次将当前时间指针置于 00:01:55:11 处，选择菜单 File→New→Title（或选择菜单 Title→New Title→Default Still），弹出 New Title 对话框，输入字幕名称“昨天”，单击 OK 按钮关闭对话框，调出 Title Designer 调板。

2）单击字幕工具栏中的T（文本工具）按钮，在绘制区域单击欲输入文字的开始点，输入“昨天是回忆，”。单击字幕工具栏中的（选择工具）按钮，单击文本框外任意一点，结束输入。

3）单击选中刚输入的文本，在右侧的 Title Properties（字幕属性）调板中：

设置字体为“STXingKai”；字号为“35”；字间距为“3”；文字填充颜色为红色（R：228，G：24，B：24）。

设置文本位置：X Position 为“540.0”；Y Position 为“140.0”。

此时，Title Designer 调板如图 5-44 所示。

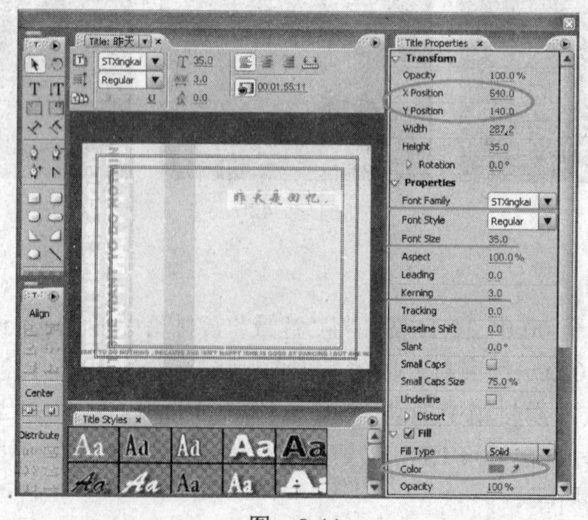

图 5-44

3．制作第二段、第三段字幕

1）采用刚才的方法新建名为“今天”的字幕，输入“今天是幸福，”。调整各参数同上，只是将文本位置设置为：X Position 为“540.0”；Y Position 为“200.0”。

2）新建名为“永远”的字幕，输入“永远是爱情。”。调整各参数同上，只是将文本位置设置为：X Position 为“540.0”；Y Position 为“260.0”。

4．制作第四段字幕

1）新建名为“结尾”的字幕，在 Title Designer 调板中，单击字幕工具栏中的▣（区域文本工具）按钮，在绘制区域用鼠标拖曳出一个文本框，并输入“让我们的心一起扇起爱的双翼，在爱的世界中永远翱翔！”。

2）设置字体、颜色同前；设置字号为“30”；行间距（Leading）为“23”；字间距为“0”。

3）将输入光标置于第一个字“让”前，按一下<Tab>键，再选择菜单 Title→Tab Stops，调出 Tab Stops（制表符）对话框。单击数字上方的标尺，添加一个“左对齐”制表符。拖动此符号的同时，文本段落中会出现一条黄色参考线指示制表符在段落中的位置。将此段文本设为如图 5-45 所示的效果，单击 OK 按钮关闭 Tab Stops 对话框。

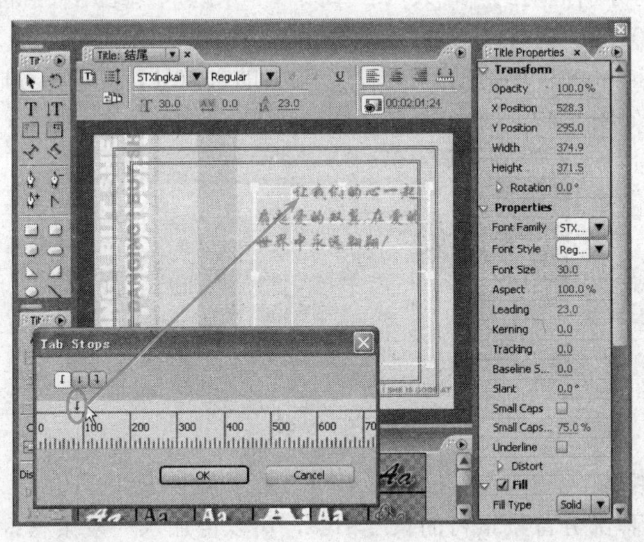

图 5-45

4）再次选中文本，将文本位置设置为：X Position 为“530.0”；Y Position 为“295.0”。

5．组接字幕素材

1）将时间指针置于 00:01:55:11 处，拖动“昨天”字幕素材到 Video 5 轨道中，在其上单击鼠标右键，从菜单中选择 Speed/Duration 命令，设置其持续时间为 00:00:11:03。

2）将时间指针置于 00:01:57:12 处，拖动“今天”字幕素材到 Video 4 轨道中，在其上单击鼠标右键，从菜单中选择 Speed/Duration 命令，设置其持续时间为 00:00:09:02。

3）将时间指针置于 00:01:59:16 处，拖动“永远”字幕素材到 Video 3 轨道中，在其上单击鼠标右键，从菜单中选择 Speed/Duration 命令，设置其持续时间为 00:00:06:23。

4）将时间指针置于 00:02:06:14 处，拖动“结尾”字幕素材到 Video 2 轨道中，在其上单击鼠标右键，从菜单中选择 Speed/Duration 命令，设置其持续时间为 00:00:07:00。

Timeline 调板如图 5-46 所示。

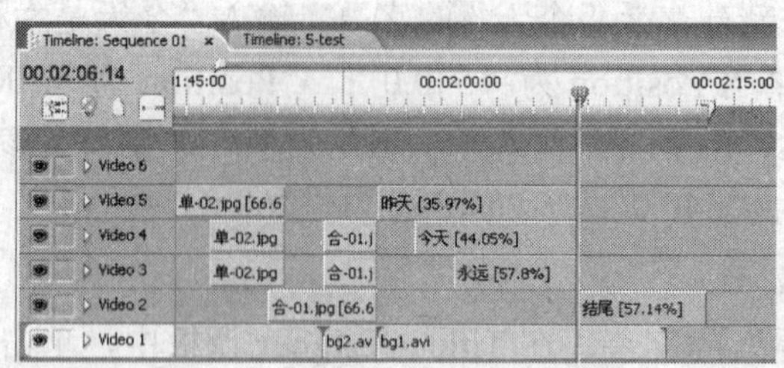

图 5-46

6. 添加字幕转场

1）在 Effects 调板中，展开 Video Transitions 文件夹中的 Wipe 文件夹，将其中的 Wipe 转场拖动到素材“昨天”的入点处，并设置其转场持续时间为“00:00:02:00”即 2s。

2）对“今天”、“永远”字幕素材的入点也加入该转场，持续时间同上。

3）在 Effects 调板中，展开 Video Transitions 文件夹中的 Dissolve 文件夹，将其中的 Cross Dissolve 转场分别拖动到“昨天”、“今天”、“永远”、“结尾”素材的出点处，转场持续时间均为 00:00:03:00，即 3s。

4）将 Cross Dissolve 转场拖动到“结尾”素材的入点处，设置持续时间为 00:00:02:00。Timeline 调板如图 5-47 所示。

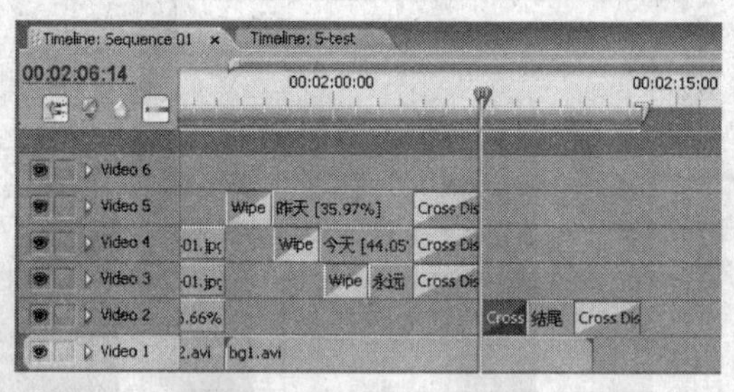

图 5-47

7. 补充背景素材

在“结尾”字幕部分背景素材的长度不够，所以再加入一段素材：

1）将时间指针移至 00:02:06:14 处，拖动 Video 1 轨道中“bg1.avi”素材的出点至该处。

2）从“背景”素材箱内拖动“bg1.avi”素材到 Video 1 轨道中已有“bg1.avi”素材的后面（即 Video 1 轨道的 00:02:06:14 处）。

3）将时间指针移至 00:02:13:14 处（即片尾），拖动“bg1.avi”素材的出点至该处。

4）将时间指针移至 00:01:55:11 处，在 Effects 调板中，展开 Video Transitions 文件夹中的 Dissolve 文件夹，将其中的 Additive Dissolve 转场拖动到此处 Video 1 轨道中“bg1.avi”素材的入点处，转场持续时间为 00:00:00:15。

5）将时间指针移至 00:02:06:14 处，在 Effects 调板中，展开 Video Transitions 文件夹中的 Dissolve 文件夹，将其中的 Cross Dissolve 转场分别拖动到此处 Video 1 轨道中“bg1.avi”素材（即最后一段背景素材）的入点处、出点处，转场持续时间均为 00:00:01:00。

Timeline 调板如图 5-48 所示。

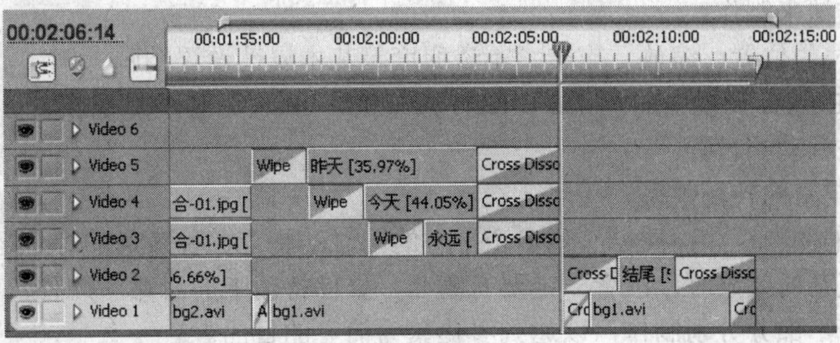

图 5-48

5.4.12 加入点缀素材及背景音乐

1．加入点缀素材

1）将时间指针移至影片开始（即 00:00:00:00）处，从 Project 调板中将“黑方格.psd”素材拖动到 Video 6 轨道；在其上单击鼠标右键，从菜单中选择 Speed/Duration 命令，设置其持续时间为 00:02:13:14（即贯穿全片）。

2）在该素材片段的出点处添加 Cross Dissolve 转场，转场持续时间为 00:00:01:00。

2．添加背景音乐

1）将时间指针移至影片开始（即 00:00:00:00）处，从 Project 调板中将“music.mp3”素材拖动到 Audio 1 轨道。

2）将时间指针移至 00:00:01:21 处，单击右侧 Tools 调板（工具箱）中的（剃刀工具）按钮，在时间指针处的“music.mp3”素材上单击，将其分割为 2 部分；单击（选择工具）按钮，再单击分割的前半部分，将其选中，按<Delete>键将其删除；将余下的素材片段移动至轨道开头处。

3）将时间指针移至 00:02:13:14 处，利用“剃刀”工具分割“music.mp3”素材片段，并将分割的后半部分删除。

4）展开 Effects 调板 Audio Transitions 文件夹中的 Crossfade 文件夹，将其中的 Constant Power 转场拖动到“music.mp3”素材片段的出点处，转场持续时间为 00:00:03:00。

5.4.13 输出影片

选择菜单 File→Export→Movie，弹出 Export Movie 对话框，从中选择保存目标路径及输入文件名，然后单击“保存”按钮，等渲染完毕后，即可观看电子相册了。

5.5 触类旁通

本项目的制作比较复杂，操作步骤较多；要考虑如何为照片设计丰富的动画效果；用到了多条视频轨道。

很多读者在初次制作时，对于设计照片的动画往往不知如何下手。其实，我们可以利用下面一些方法来制作：

1）对素材的位置、缩放、旋转、不透明度等基本属性设置动画。

2）利用 Effects 调板中的 Video Effects、Audio Effects 为其添加视频、音频特效，然后对特效参数进行动画设置。

3）加入丰富的转场效果。

4）复杂的动画，如：同一时刻多个素材的同时动画；各种效果的综合运用等。

在制作复杂的效果时，读者一定要有耐心，要保持清晰的思路。此外，我们可以把复杂效果分成若干部分分别制作，以达到“化繁为简”的目的。

5.6 实战强化

请读者收集一些照片（图片）或利用本例的素材制作一部电子相册影片。

要求：动画及转场效果丰富、背景音乐贴切。

第6章 项目2——翻页电子相册

6.1 任务情境

随着数码相机、拍照手机的普及，人们对于生活中的点滴记录越来越方便，也喜欢把照片以图像文件的形式存储在计算机中。利用Premiere软件，可以给这些照片加上字幕、背景音乐及设置动画等，把照片制作成影片文件。

小女孩安娜的生日快到了，她的父母想送给她一份特别的礼物：挑选出不同年龄阶段的一些照片，制作成电子相册送给她。

对这个相册的要求是：

1）与真正的相册一样，有翻页的效果。

2）版面、色彩等要适合儿童阶段的特点，要美观。

3）加入合适的背景音乐。

6.2 任务分析

1）在用Premiere软件对照片素材进行组接前，需要先在Photoshop软件中进行必要的修饰、处理。由于照片数量较多，所以这部分的工作量比较大。

2）在Timeline调板中，对图片素材进行组接；添加Transform及Camera View效果，并设置关键帧，使素材产生“翻页”动画。

3）利用“序列嵌套”技术，对相册整体加入背景；设置必要的相册动画。

4）添加背景音乐，并调整其入点、出点，使之适合画面的持续时间。

6.3 成品效果

影片最终的渲染输出效果，如图6-1所示。

图 6-1

6.4 任务实施

6.4.1 新建项目文件

1）启动 Premiere 软件，单击 New Project 按钮，打开 New Project 对话框。

2）在对话框中展开 DV-PAL 项，选择其下的 Standard 48KHz。在对话框下方指定保存目录并命名为“翻页相册”，单击 OK 按钮关闭对话框，进入 Premiere 的工作界面。

6.4.2 导入素材

1．素材文件夹的导入

1）选择菜单 Edit→Preferences→General，打开 Preferences 对话框。将 Still Image Default Duration 项的数值设置为“125”，单击 OK 按钮关闭对话框。

小提示

我们想要使每张照片停留 3s 后，再用 2s 翻页，共 5s 时间，所以需要将图片默认持续时间设置为 125 帧，即 5s。

2）选择菜单 File→Import（或按<Ctrl+I>组合键），打开 Import 对话框。在对话框中找到配套光盘“Ch06”文件夹中的“素材”文件夹，打开后，选中“photo”文件夹，单击 Import 对话框右下方的 Import Folder 按钮，将“photo”文件夹及其内的所有素材都导入到 Project 调板中。

3）用同样的方法，导入“photo-m”文件夹及其内所有素材。

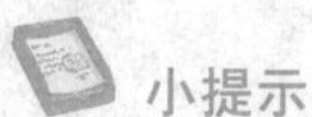

小提示

以上素材，均已在 Photoshop 软件中进行了必要的处理。对于 Photoshop 软件的具体使用，请参阅相关书籍。

2．导入背景及音频素材文件

将配套光盘“Ch06”文件夹中“素材”文件夹内的“Sound.wma”、“背景.jpg”素材文件导入到 Project 调板中。

6.4.3 制作照片翻页动画

1）在 Project 调板中，将素材箱“photo”拖动到 Timeline 调板的 Video 3 轨道中，则该素材箱中的所有照片素材都一次性插入到 Video 3 轨道，如图 6-2 所示。

图 6-2

2)在 Effects 调板中，展开 Video Effects 文件夹中的 Distort 文件夹，将其中的 Transform 效果拖动到 Video 3 轨道中素材“01.jpg”上，如图 6-3 所示。

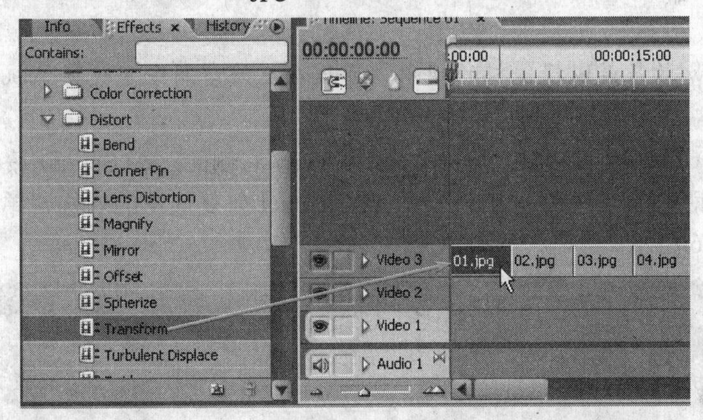

图 6-3

3）在素材“01.jpg”的 Effect Controls 调板中：

① 将该效果中的 Anchor Point 参数设置为“0”、“288.0”。

② 勾选 Uniform Scale 前的复选框，将 Scale 的值设置为“50”，如图 6-4 所示。

图 6-4

小提示

Distort 效果文件夹中的 Transform 是对素材片段施加一个二维的几何变换。

4)在 Effects 调板中,展开 Video Effects 文件夹中的 Transform 文件夹,将其中的 Camera View 效果拖动到 Video 3 轨道中素材“01.jpg”上,如图 6-5 所示。

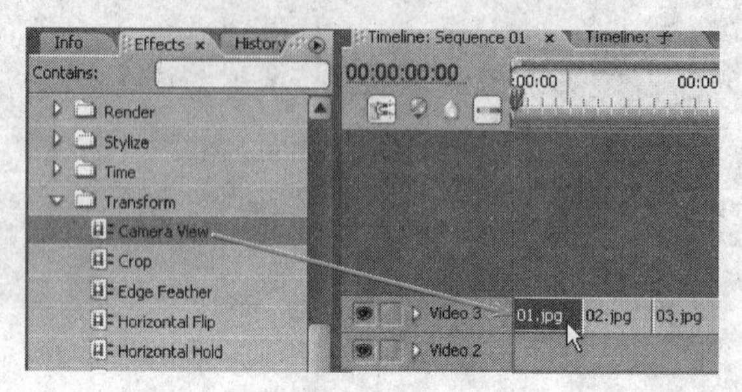

图 6-5

小提示

Camera View 效果是以摄像机的视角,通过在三维空间中变化摄像机的属性,对素材画面进行变换。

5)在 Effect Controls 调板中,单击 Camera View 右侧的 (Setup)按钮,弹出 Camera View Settings 对话框,取消右下方 Fill Alpha Channel 前复选框的勾选,单击 OK 按钮关闭对话框,如图 6-6 所示。

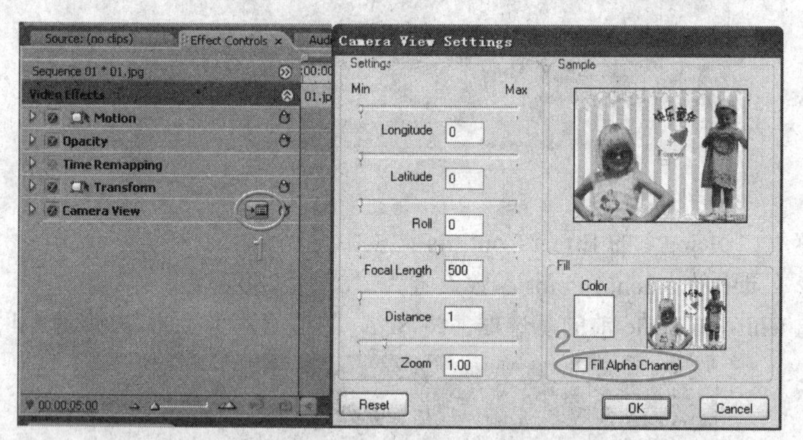

图 6-6

6)设置动画。

① 移动时间指针至 00:00:03:00 处,在 Effect Controls 调板中展开 Camera View,单击 Longitude 左侧的“开关动画”按钮,开启此属性动画设置,设置第一个关键帧。

② 移动时间指针至 00:00:05:00 处,设置 Longitude 参数值为“180”,制作出翻页效果动画。

7)复制动画。由于所有的照片素材都是一样的动画效果,所以可采用复制、粘贴的方法快速制作。

① 在 Effect Controls 调板中，单击选中 Transform 效果，按住<Ctrl>键，单击 Camera View 效果，将这两个效果同时选中（注意选择的先后顺序），选择菜单 Edit→Copy。

② 在 Timeline 调板中，用鼠标左键拖曳出一个选区，将素材“02.jpg”至“10.jpg”全部选中，选择菜单 Edit→Paste，粘贴效果。

6.4.4 制作照片“背面”及动画

我们在拖动时间指针进行预览时，会发现照片翻页后，其画面内的文本也进行了翻转，如图 6-7 所示。所以，还需调整一下。

图 6-7

1. 通过 Photoshop 软件修改文本层

由于照片是在 Photoshop 软件中进行处理、修饰的，所以可在 Photoshop 中单独对文本图层进行水平翻转即可。

小提示

在对照片进行处理后，一定要保存 Photoshop 的分层 psd 文件，以便于以后进行修改。

1）用 Photoshop 打开“01.jpg”的原始 psd 文件，如图 6-8 所示。

2）选中“文本”图层，选择菜单“编辑”→“变换”→“水平翻转”命令，翻转后的效果如图 6-9 所示。

3）选择菜单“文件”→“存储为”命令，将变换后的文件存为“01m.jpg”。

4）采用同样的方法，将其他带有文本的照片素材都进行变换，读者可参见配套光盘“Ch06”文件夹中的“photo-m”文件夹。

图 6-8

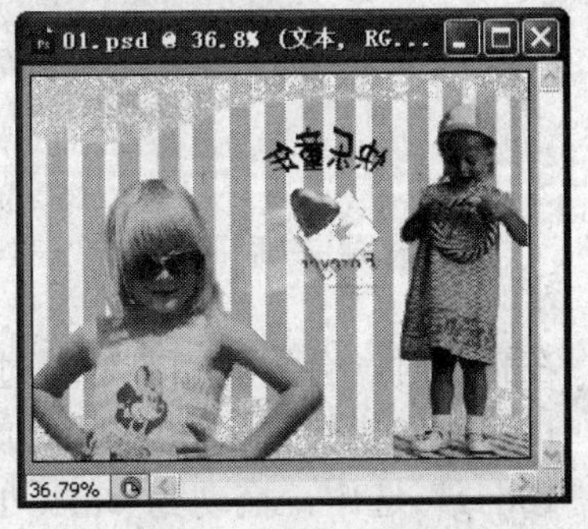

图 6-9

2. 制作“背面”动画

1）展开 Project 调板中的“photo-m”素材箱，单击“01m.jpg”素材，按住<Shift>键，

单击“03m.jpg”，将“01m.jpg”、“02m.jpg”、“03m.jpg”素材一起选中，拖动到 Video 3 轨道上方空白处，会新增一条 Video 4 轨道，且素材已插入该轨道。

2）将时间指针置于 00:00:20:00 处，在“photo-m”素材箱中，配合<Shift>键，将素材“05m.jpg”至“10m.jpg”选中，拖动到 Video 4 轨道，如图 6-10 所示。

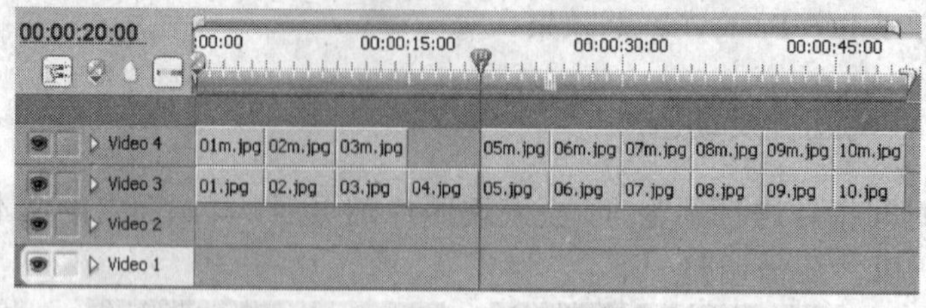

图 6-10

小提示

因为“04.jpg”画面内没有文本，所以不用对其“背面”进行修改。

3）由于翻页动画相同，所以可将 Video 3 轨道中素材动画复制到 Video 4 轨道中。

采用前面的方法，在素材“01.jpg”的 Effect Controls 调板中，复制 Transform 及 Camera View 效果，粘贴至 Video 4 轨道中的全部素材。

3．修改动画

在照片“正面”翻动至恰好看不到时，再使“背面”出现，并继续翻动。

1）将时间指针置于 00:00:04:00 处，利用“工具箱”中的“剃刀”工具，将 Video 4 轨道中的“01m.jpg”素材在此处进行分割，将前半部分（即 4s）素材片段删除，只留下后半部分（1s）的翻动动画片段。

2）将 Video 4 轨道中其他素材片段的前 4s 部分都删除，只留后 1s 部分片段，如图 6-11 所示。

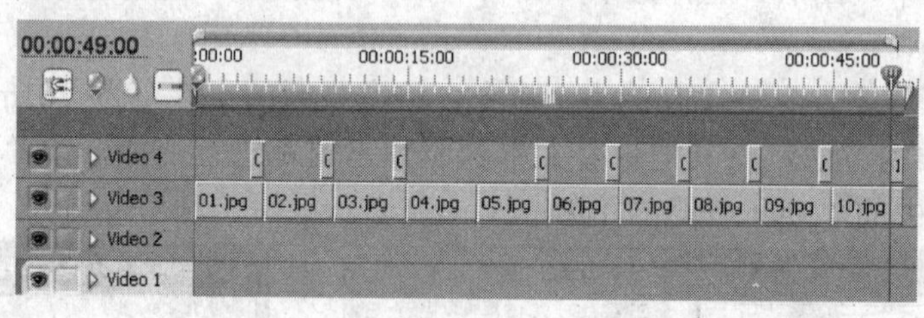

图 6-11

6.4.5 制作相册右侧画面

在预览时，会发现相册翻动过程中，没有右侧的画面。因此，我们可进行如下操作：

1）将时间指针置于 00:00:00:00 处，展开“photo”素材箱，配合<Shift>键，将素材“02.jpg”至“10.jpg”选中，拖动到 Video 1 轨道，如图 6-12 所示。

2）将 Video 3 轨道中“01.jpg”素材的 Transform 及 Camera View 效果，粘贴至 Video 1 轨道中的“02.jpg”素材。

3）打开 Video 1 轨道中“02.jpg”素材的 Effect Controls 调板进行设置：

展开 Camera View 效果，通过单击 Longitude 右侧的（到前一关键帧）按钮、（到后一关键帧）按钮，将时间指针移动到第二个关键帧的位置（即参数值为“180”的关键帧处），再单击（添加/删除关键帧）按钮，将此关键帧删除。

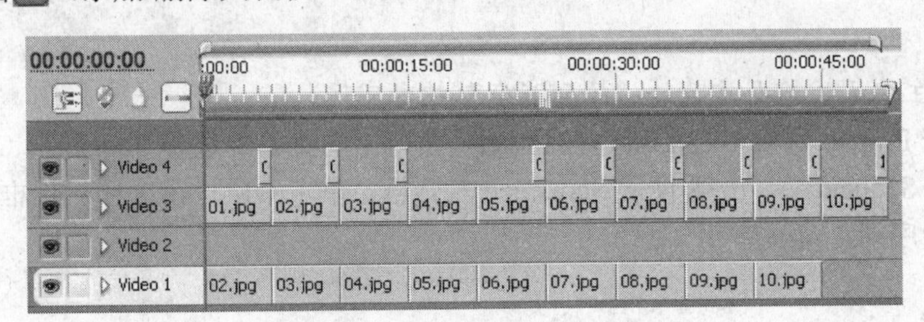

图　6-12

4）复制 Video 1 轨道中“02.jpg”素材的 Transform 及 Camera View 效果，粘贴至该轨道的其他素材。

6.4.6　制作相册翻页后的左侧画面

相册翻页动画完成后，左侧画面会消失，因此：

1）将时间指针置于 00:00:05:00 处，展开“photo-m”素材箱，配合<Shift>键，将素材“01m.jpg”至“03m.jpg”选中，拖动到 Video 2 轨道；再将时间指针置于 00:00:20:00 处，将“photo”素材箱中的素材“04.jpg”拖动到 Video 2 轨道；将时间指针置于 00:00:25:00 处，配合<Shift>键，将素材“05m.jpg”至“10m.jpg”选中，也拖动到 Video 2 轨道，如图 6-13 所示。

图　6-13

2）将 Video 3 轨道中“01.jpg”素材的 Transform 及 Camera View 效果，粘贴至 Video 2 轨道中的“01m.jpg”素材。

3）打开 Video 2 轨道中“01m.jpg”素材的 Effect Controls 调板进行设置：

展开 Camera View 效果，通过单击 Longitude 右侧的（到前一关键帧）按钮、（到后一关键帧）按钮，将时间指针移动到第一个关键帧的位置（即参数值为“0”的关键帧处），再单击（添加/删除关键帧）按钮，将此关键帧删除。

4）复制 Video 2 轨道中“01m.jpg”素材的 Transform 及 Camera View 效果，粘贴至该轨道的其他素材。

至此，相册翻页动画效果制作完毕。

6.4.7 加入相册背景及设置动画

 说明

此操作主要运用前面章节的“序列嵌套”技术实现。

1）单击 Project 调板下方的新建按钮，在弹出的菜单中选择 Sequence（或选择菜单 File→New→Sequence），出现 New Sequence 对话框，单击 OK 按钮关闭对话框，新建一个 Sequence 02 序列。

小提示

在 New Sequence 对话框中，可对新建的序列命名，本例采用默认的序列名称，即“Sequence 02”。

2）从 Project 调板中，将序列 Sequence 01 拖动到 Timeline 调板 Sequence 02 序列的 Video 2 轨道中，如图 6-14 所示。

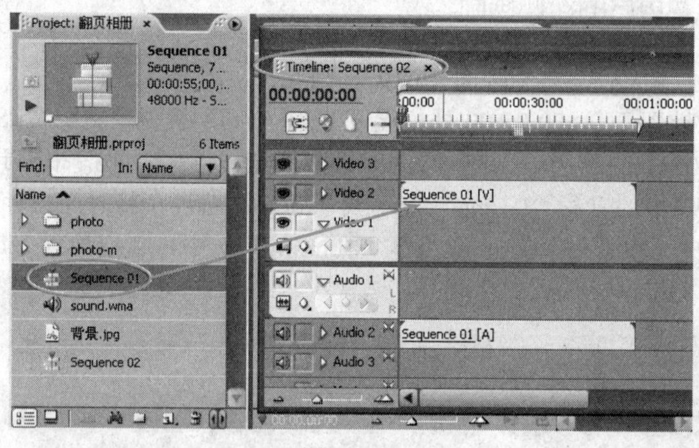

图 6-14

3）从 Project 调板中，将素材“背景.jpg”拖动到 Sequence 02 序列的 Video 1 轨道中；在此素材上单击鼠标右键，从菜单中选择 Speed/Duration 命令，设置其持续时间为 00:00:55:00，即与 Video 2 轨道中 Sequence 01 的持续时间一致，如图 6-15 所示。

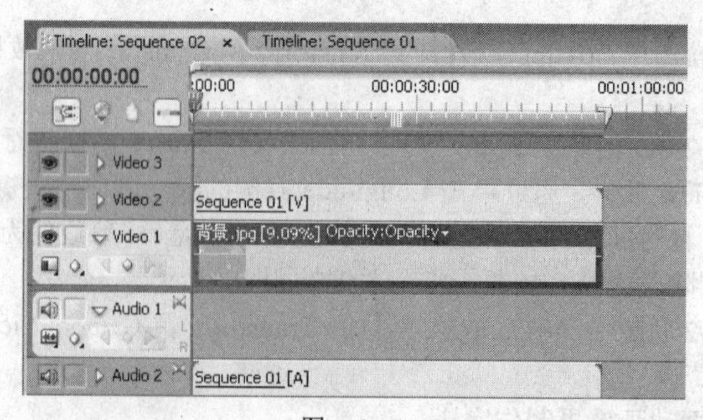

图 6-15

4）在 Video 2 轨道中 Sequence 01 的 Effect Controls 调板中，进行动画设置：

① 将时间指针置于 00:00:00:00 处，展开 Opacity 属性，设置其参数为“0”；将时间指针置于 00:00:01:00 处，设置其参数为“100”。

② 展开 Motion 属性，设置 Position 的 X 坐标值为“180.0”；单击 Position 前的“开关动画”按钮，为其设置关键帧；将时间指针置于 00:00:02:00 处，设置 Position 的 X 坐标值为“360.0”。

③ 将时间指针置于 00:00:50:00 处，单击 Position 右侧的（添加/删除关键帧）按钮，添加一个关键帧；将时间指针置于 00:00:52:00 处，设置 Position 的 X 坐标值为“540.0”。

④ 单击 Opacity 右侧的按钮，添加一个关键帧；将时间指针置于 00:00:54:00 处，设置其参数为“0”。

此时，Effect Controls 调板如图 6-16 所示。

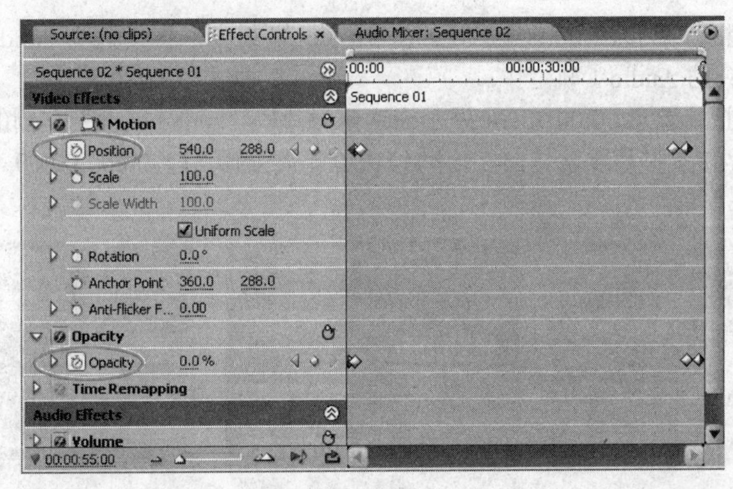

图 6-16

5）为了使画面有空间感，我们还可以为“相册”添加投影效果：

在 Effects 调板中，展开 Video Effects 文件夹中的 Perspective 文件夹，将其中的 Drop Shadow 效果拖动到 Video 2 轨道中序列素材“Sequence 01”上，如图 6-17 所示，效果参数用默认的即可。

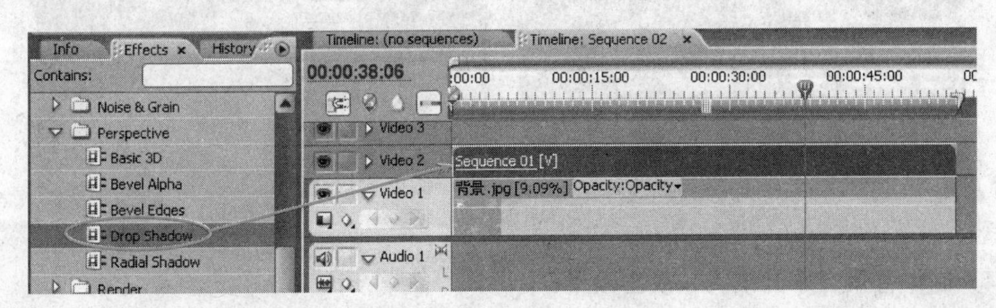

图 6-17

Program 调板显示效果如图 6-18 所示。

图　6-18

6.4.8　添加背景音乐

1）将时间指针置于 00:00:00:00 处，从 Project 调板中，将素材“sound.wma”拖动到 Sequence 02 序列的 Audio 1 轨道中。

2）将时间指针置于 00:00:15:14 处，拖动素材片段“sound.wma”左侧的入点至该处，即调整其入点；将素材片段整体向左拖动到轨道开头位置，即 00:00:00:00 处，如图 6-19 所示。

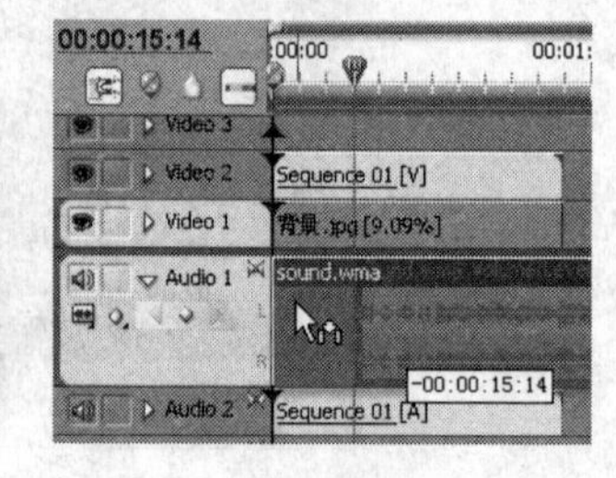

图　6-19

3）将时间指针置于 00:00:55:00 处，拖动素材片段“sound.wma”右侧的出点至该处，即与 Video 2 轨道中序列素材 Sequence 01 的出点对齐，如图 6-20 所示。

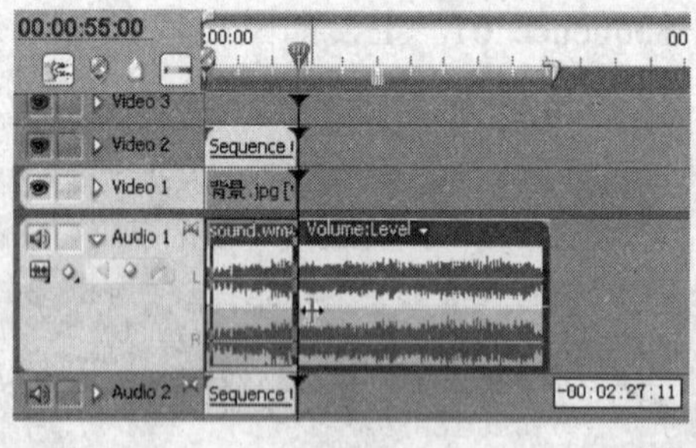

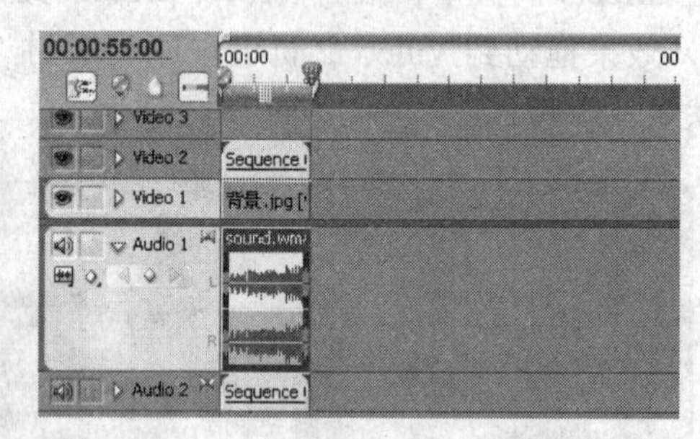

图　6-20

4）制作背景音乐的淡入、淡出效果：

展开 Effects 调板 Audio Transitions 文件夹中的 Crossfade 文件夹，将其中的 Constant Power 转场拖动到“sound.wma”素材片段的入点处，转场持续时间为 00:00:01:00；再将此转场拖动到素材的出点处，转场持续时间为 00:00:03:00，如图 6-21 所示。

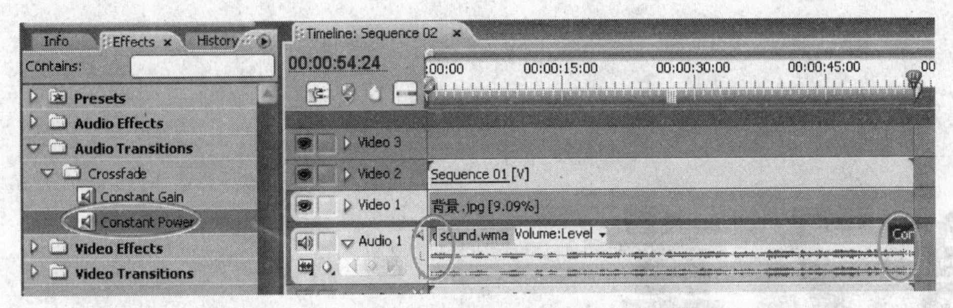

图 6-21

6.4.9 输出影片

选择菜单 File→Export→Movie，弹出 Export Movie 对话框，从中选择保存目标路径及输入文件名，然后单击“保存”按钮。

6.5 触类旁通

本项目的制作难点是合理安排轨道及轨道内的图片素材，处理好相册翻页过程中左右两侧画面的显示。

在项目制作过程中，有以下几点需要注意：

1）照片素材在 Photoshop 软件中进行处理、修饰后，一定要保存一个 psd 分层文件。

2）如果素材中含有文本，还需要再对文本进行翻转处理。

3）为相册添加背景、设置整体动画时，还要用到前面章节的“序列嵌套”知识。

4）要善于利用“复制”、“粘贴”的方法提高制作效率。

另外，如果要制作照片正面和翻页后的“背面”画面内容不一样的效果时，可以将本例中 Video 2 和 Video 4 轨道中的各素材替换成与 Video 3 轨道中相应素材所不同的素材即可；还可以利用前面章节的知识，给相片加上注释说明的文字，以及对文字设置动画效果等，丰富画面内容。

6.6 实战强化

请读者利用配套光盘“Ch06”文件夹中“练习”文件夹内的宠物图片素材制作一部宠物翻页电子相册。

制作要求：

1）对素材进行必要的修饰，如加边框、文本等。

2）有背景音乐。

第7章 项目3——片头制作

7.1 任务情境

客户想为一档娱乐类的节目"娱乐快递"制作一个片头。"娱乐快递"节目内容主要是介绍影坛、乐坛等娱乐界的新闻、影片及唱片、专辑等，受众人群以年轻人为主。

客户对片头的制作要求是：

1）片头的长度为10s。

2）画面元素的运用应切合主题。

3）与栏目本身的内容、风格相吻合。

4）个性明显、特色鲜明。

7.2 任务分析

1）首先对背景素材进行"校色"等必要处理，使其符合制作整体风格及画面的构图需要。

2）利用Photoshop软件来制作英文字母及最后的圆圈素材。

在Premiere中将开头部分英文字母对齐位置及制作各个字母依次出现的动画时，工作量会比较大，需要有耐心。

3）加入一些快速闪动的图片及照片素材；同时要设置文本的位置动画。

4）制作定版动画，这部分主要是对圆圈素材设置位置动画。

5）添加背景音乐并将影片输出，完成制作。

7.3 成品效果

影片最终的渲染输出效果，如图7-1所示。

图 7-1

7.4 任务实施

7.4.1 新建项目文件

1）启动 Premiere 软件，单击 New Project 按钮，打开 New Project 对话框。

2）在对话框中展开 DV-PAL 项，选择其下的 Standard 48KHz。在对话框下方指定保存目录并将其命名为“娱乐快递”，单击 OK 按钮关闭对话框，进入 Premiere 的工作界面。

7.4.2 背景素材调色及变换

1）导入背景素材：将配套光盘“Ch07”文件夹中“素材”文件夹内的“背景.avi”素材文件导入到 Project 调板中，并将其拖动到 Timeline 调板的 Video 1 轨道中。

2）在 Effects 调板中，展开 Video Effects 文件夹中的 Color Correction 文件夹，将其中的 Channel Mixer 效果、Color Balance（HLS）效果分别拖动到 Video 1 轨道中素材片段“背景.avi”上；再将 Adjust 文件夹中的 Levels 效果也拖动到“背景.avi”上。

在 Effect Controls 调板中进行参数设置，如图 7-2 所示。

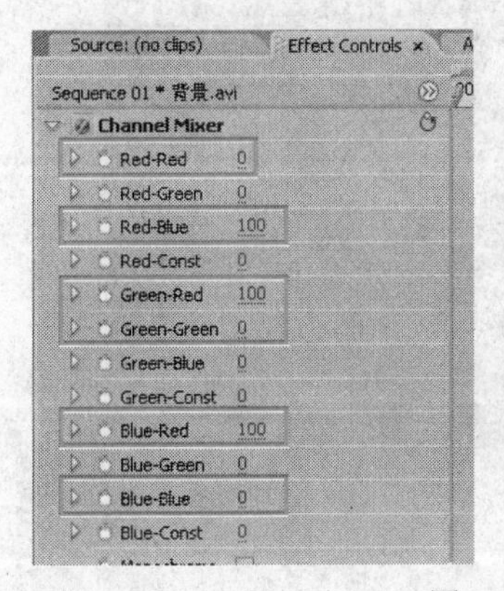

图 7-2

3）为了影片构图的需要，对素材进行变换操作：在 Effects 调板中，展开 Video Effects 文件夹中的 Distort 文件夹，将其中的 Transform 效果拖动到素材片段“背景.avi”上。在 Effect Controls 调板中，将其中的 Scale Width 参数设置为“-100.0”，如图 7-3 所示。

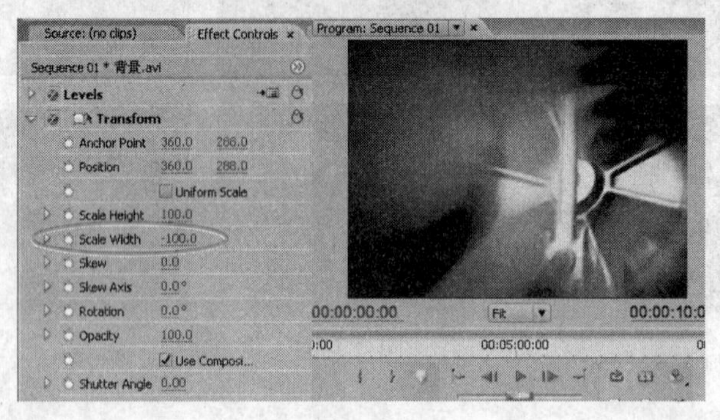

图 7-3

7.4.3 文本素材的制作

1．中文文本制作

1)选择菜单 Edit→Preferences→General，打开 Preferences 对话框。将 Still Image Default Duration 项的数值修改为“125”（即将默认导入静态图片的持续时间修改为 125 帧）。

2)选择菜单 File→New→Title（或选择菜单 Title→New Title→Default Still)，弹出 New Title 对话框，输入字幕名称“娱乐快递”，单击 OK 按钮关闭对话框，调出 Title Designer 调板。

3）在 Title Designer 调版中输入文字“娱乐快递”，并进行文本属性的设置：

字体：SimHei；字号：50；填充色：白色；外边线的尺寸：12、颜色：白色；投影的颜色：黑色、不透明度：100%、角度：−225°、距离：3、延展：0。

在 Title Actions（字幕动作）调板中，单击“垂直居中”及“水平居中”按钮，将文本放置于绘制区域的中央，如图 7-4 所示。

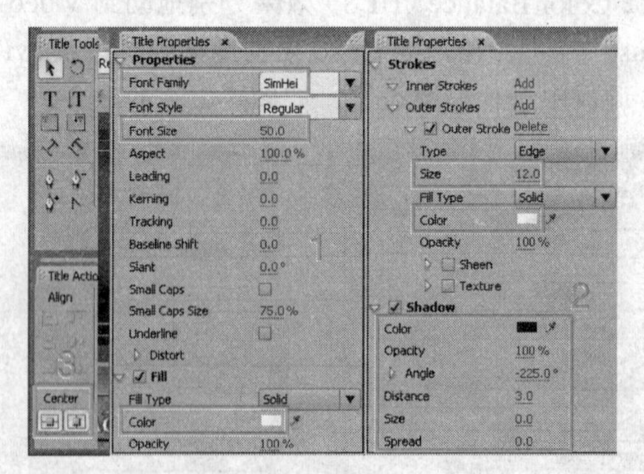

图 7-4

2．英文字母动画制作

1）将配套光盘“Ch07”文件夹中“素材”文件夹内的“字母.psd”素材文件以“序列”

方式导入到 Project 调板中，如图 7-5 所示。

2）在 Project 调板中展开“字母”素材箱，双击其中的“字母”序列素材，在 Timeline 调板中将其打开，如图 7-6 所示。

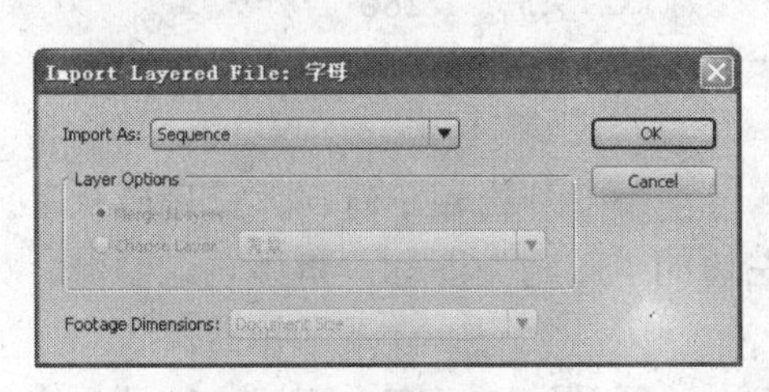

图 7-5

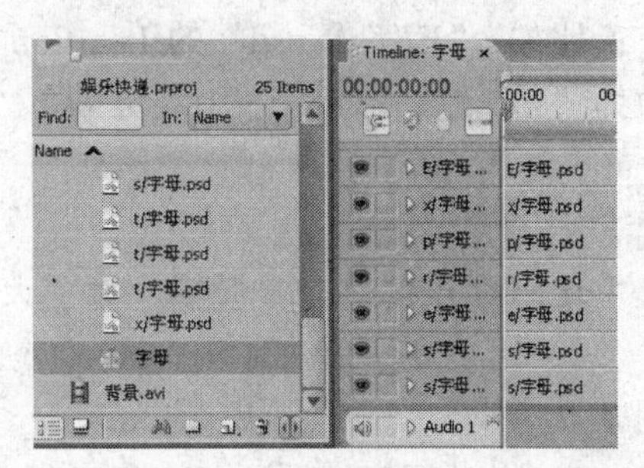

图 7-6

3）为了便于对各字母对位，组成单词“Entertainment Express”的排列，再将配套光盘“Ch07”文件夹中“素材”文件夹内的“字母参考.psd”素材文件导入，导入方式如图 7-7 所示。

4）新添加一条 Video 轨道，在 Add Tracks 对话框中，设置添加位置为：Before First Track（在第一个轨道前），如图 7-8 所示。

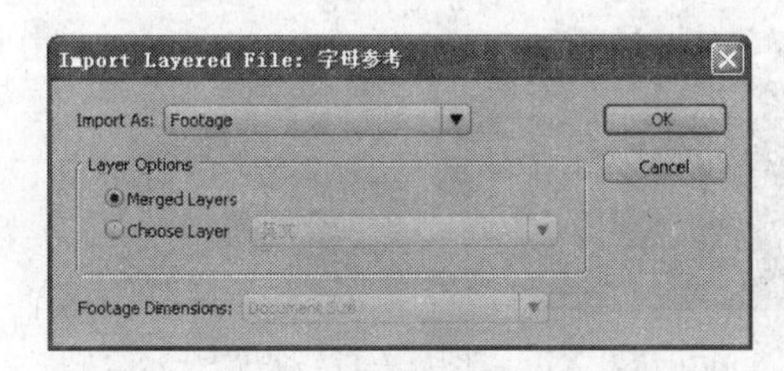

图 7-7

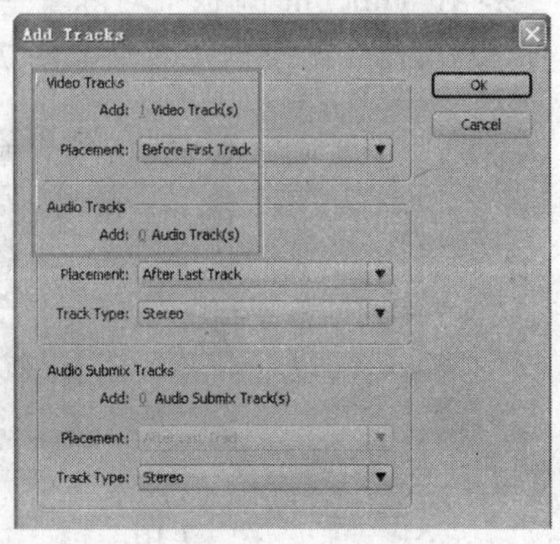

图 7-8

5）将“字母参考.psd”素材文件从 Project 调板中拖动到新添加的 Video 1 轨道，如图 7-9 所示。

图 7-9

6）参照“字母参考.psd”素材画面中字母的排列顺序、位置及间距，分别调整其他各轨道中字母素材的Position参数，使之最终排列成“Entertainment Express”（即与“字母参考.psd”画面重合）。

比如：“E/字母.psd”的Position参数为“258.5”、“285”；“n/字母.psd”的Position参数为“271.5”、“288”；“t/字母.psd”的Position参数为“279.5”、“286”……

小提示

这一操作过程非常繁琐，希望大家有耐心并且还要细心，这样才能制作出好的效果。

7）调整完毕后，单击Video 1轨道控制区域左边的“眼睛”图标，将该轨道隐藏，如图7-10所示。

8）将时间指针置于00:00:00:00处，在“E/字母.psd”素材的Effect Controls调板中，展开Motion项：

将Scale参数设置为“300”，单击左侧的“开关动画”按钮，设置关键帧。

展开Opacity属性，将Opacity参数设置为“0”。

将时间指针置于00:00:00:05处，将Scale参数设置为“100”；将Opacity参数设置为“100”。

9）在Timeline调板中对除“字母参考.psd”外的其他素材，都进行如上的时间及动画设置，Program调板预览效果如图7-11所示。

图 7-10

图 7-11

10）除第一个字母素材“E/字母.psd”外，将其后各字母素材片段依次整体向后拖动2帧，如图7-12所示。

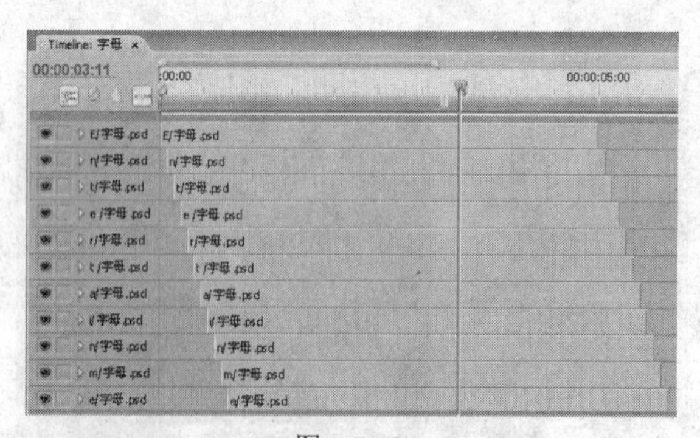

图 7-12

此时，Program调板预览效果如图7-13所示。

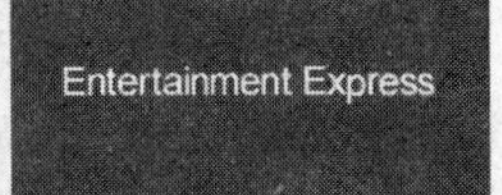

图 7-13

7.4.4 第一部分动画的制作

1）在 Project 调板中双击 Sequence 01 序列，在 Timeline 调板中将其打开。

2）将时间指针置于 00:00:00:05 处，将字幕素材“娱乐快递”从 Project 调板中拖动到 Video 2 轨道。

① 在 Effects 调板中，展开 Video Effects 文件夹中的 Perspective 文件夹，将其中的 Basic 3D 效果拖动到素材片段“娱乐快递”上。

知识加油站

Basic 3D 效果可以在一个虚拟的三维空间中操作素材片段。可以使素材围绕 X 轴或 Y 轴进行旋转，还可以将其沿 Z 轴推远或拉近。

② 在 Effect Controls 调板中进行设置：

展开 Motion 项，单击 Position 左侧的“开关动画”按钮，添加一个关键帧；展开 Opacity 项，设置 Opacity 参数值为“0”；展开 Basic 3D 项，设置 Distance to Image 参数值为“-97”，并单击其左侧的“开关动画”按钮，添加一个关键帧。

③ 将时间指针置于 00:00:00:20 处，进行如下设置：

Position 参数值为“203.0”、“187.0”；Opacity 参数值为“100”；Distance to Image 参数值为“0”。

Program 调板中的预览效果如图 7-14 所示。

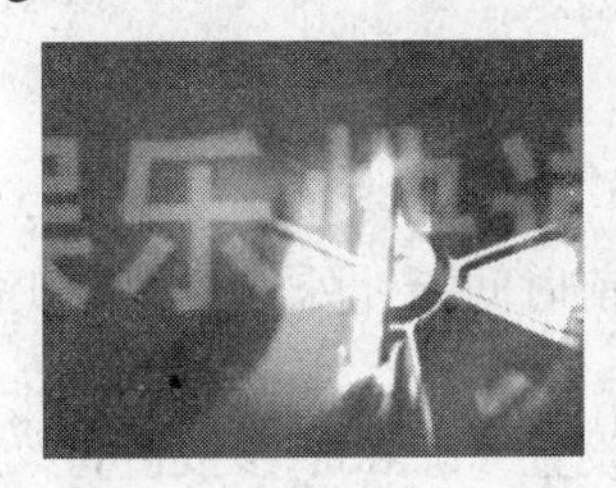

图 7-14

3）字母背景条动画。

① 选择菜单 File→New→Title（或选择菜单 Title→New Title→Default Still），弹出 New Title 对话框，输入字幕名称“黑条 1”，单击 OK 按钮关闭对话框，调出 Title Designer 调板。

② 用“矩形工具”绘制一个矩形，并进行属性的设置：Width 为“249.0”、Height 为“38.0”；填充色为黑色；无边线及投影；在 Title Actions（字幕动作）调板中，单击“垂直居中”及“水平居中”按钮，将矩形放置于绘制区域的中央，如图 7-15 所示。

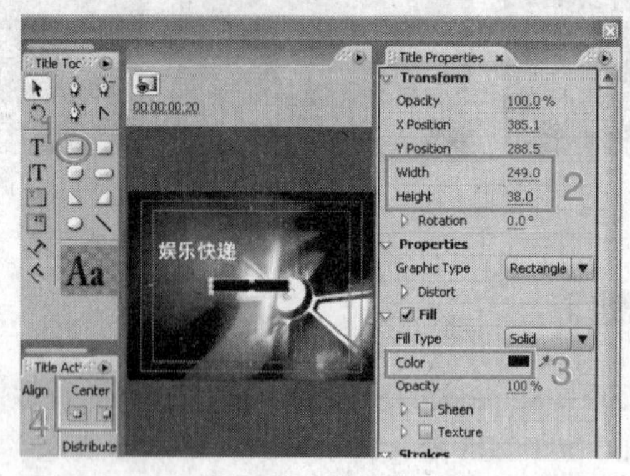

图 7-15

③ 将时间指针置于 00:00:00:20 处，将“黑条 1”素材拖动到 Video 3 轨道。

④ 在 Effects 调板中，展开 Video Effects 文件夹中的 Distort 文件夹，将其中的 Transform 效果拖动到 Video 3 轨道中素材“黑条 1”上。

⑤ 在 Effect Controls 调板中进行设置：

展开 Motion 项，设置 Position 参数值为“203.0”、“235.0”；展开 Transform 项，设置 Scale Width 的参数值为“0”，并单击其左侧的“开关动画”按钮，设置关键帧。

⑥ 将时间指针置于 00:00:01:05 处，设置 Transform 项中的 Scale Width 参数值为“100”，制作出黑条由中心逐渐展开的动画，如图 7-16 所示。

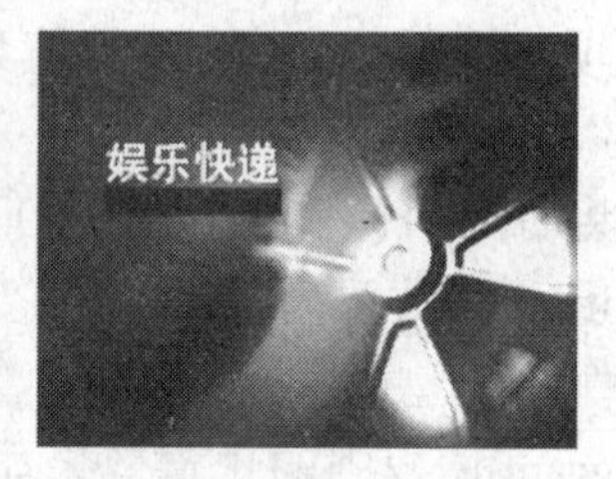

图 7-16

4）加入字母序列素材。

① 将时间指针置于 00:00:01:05 处，在 Project 调板中，展开“字母”素材箱，将其中的“字母”序列素材拖动到 Video 3 轨道上方空白处的当前时间指针处。“字母”序列素材放置于新增的 Video 4 轨道中，如图 7-17 所示。

② 在其 Effect Controls 调板中，展开 Motion 项，设置 Position 参数值为“204.0”、“237.0”，如图 7-18 所示。

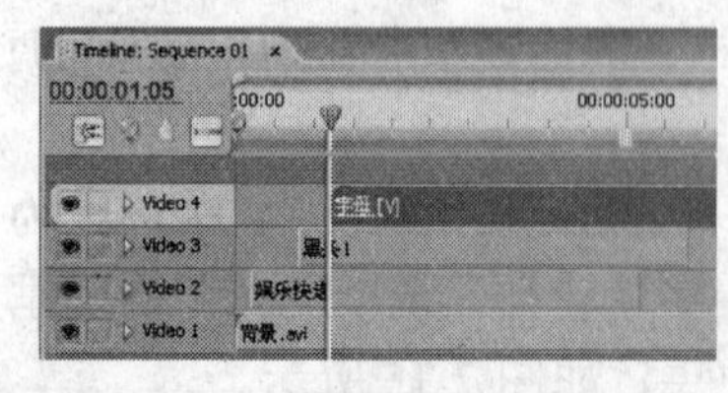

图 7-17

图 7-18

③ 将时间指针置于 00:00:03:00 处，分别拖动“字母”序列素材、“黑条 1”、“娱乐快递”素材片段右侧的“出点”至该位置，如图 7-19 所示。

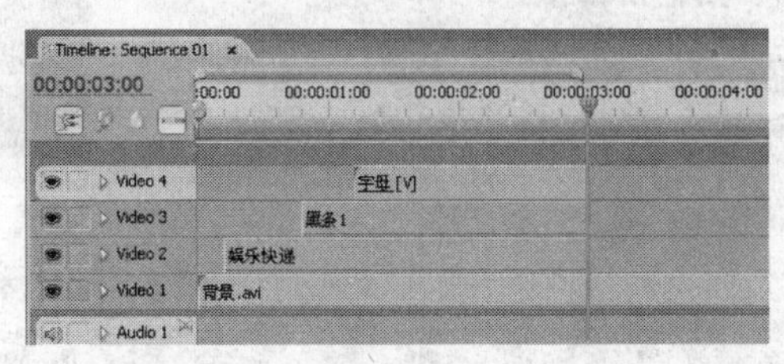

图 7-19

7.4.5 第二部分动画的制作

1）将配套光盘“Ch07”文件夹中“素材”文件夹内的“舞 1.psd”、“舞 3.psd”素材文件以序列方式导入到 Project 调板中。

2）将时间指针置于 00:00:03:00 处，在 Project 调板中展开“舞 3”素材箱，将“3 人-黑/舞 3.psd”素材拖动到 Video 4 轨道中，并在其 Effect Controls 调板中进行设置：

① 展开 Motion 项，设置 Position 参数值为“237.0”、“294.0”；Scale 参数值为“68”。

② 展开 Opacity 项，单击 Opacity 属性右侧的“添加/删除关键帧”按钮，设置动画关键帧。在出现的关键帧上单击鼠标右键，再在弹出的菜单中，选择 Hold，如图 7-20 所示。

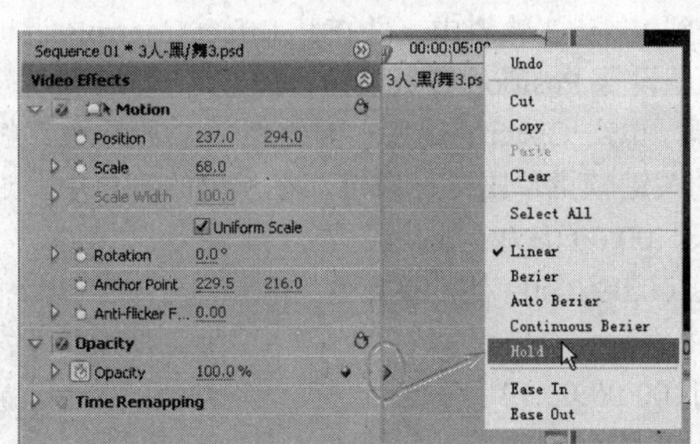

图 7-20

③ 将时间指针置于 00:00:03:03 处，设置 Opacity 参数值为“0”；00:00:03:06 处，参数值为“100”；00:00:03:09 处，参数值为“0”。

④ 时间指针仍在 00:00:03:09 处，单击 Position 左侧的“开关动画”按钮，设置关键帧；在出现的关键帧上单击鼠标右键，在弹出的菜单中，选择 Temporal Interpolation→Hold，如图 7-21 所示。

⑤ 将时间指针置于 00:00:03:12 处，设置 Position 参数值为“284.0”、“294.0”；设置 Opacity 参数值为“100”。

⑥ 将时间指针置于 00:00:03:20 处，拖动“3 人-黑/舞 3.psd”素材片段右侧的“出点”至该位置，如图 7-22 所示。

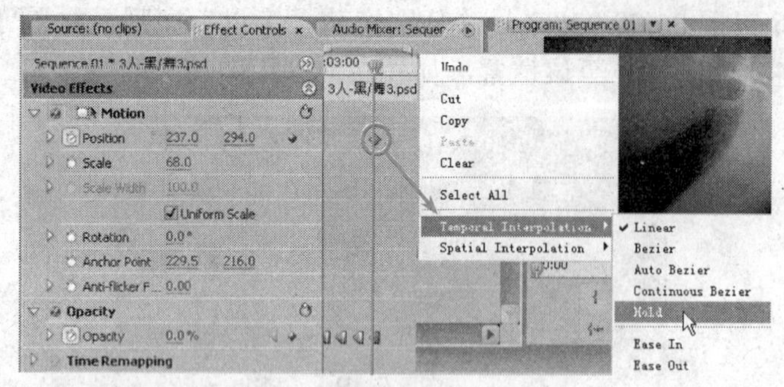

图 7-21

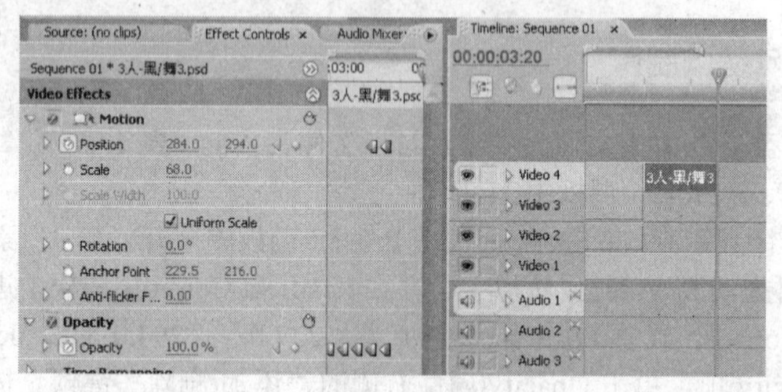

图 7-22

3）将时间指针置于00:00:03:03处，在Project调板中展开“舞3”素材箱，将“3人-白/舞3.psd”素材拖动到Video 3轨道中，并在其Effect Controls调板中进行设置：

① 展开Motion项，设置Position参数值为“237.0”、“294.0”；Scale参数值为“68”。

② 展开Opacity项，单击Opacity属性右侧的“添加/删除关键帧”按钮，为其设置动画关键帧。在出现的关键帧上单击鼠标右键，在弹出的菜单中，选择Hold。

③ 将时间指针置于00:00:03:06处，设置Opacity参数值为“0”；00:00:03:09处，参数值为“100”。

④ 将时间指针置于00:00:03:12处，拖动“3人-白/舞3.psd”素材片段右侧的“出点”至该位置，如图7-23所示。

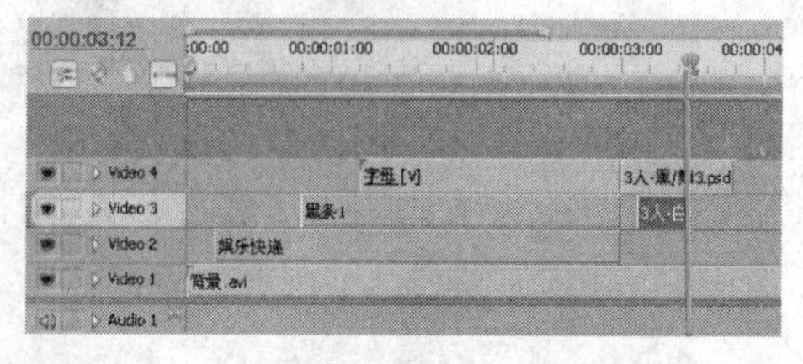

图 7-23

Program调板中的预览效果如图7-24所示。

图 7-24

4）将时间指针置于00:00:03:24处，在Project调板中展开“舞1”素材箱，将“1人-黑/舞1.psd”素材拖动到Video 4轨道中，并在其Effect Controls调板中进行设置：

① 展开 Motion 项，设置 Position 参数值为“493.0”、“324.0”；Scale 参数值为“71”。

② 展开 Opacity 项，单击 Opacity 属性右侧的“添加/删除关键帧”按钮，设置动画关键帧。在出现的关键帧上单击鼠标右键，再在弹出的菜单中，选择 Hold。

③ 将时间指针置于 00:00:04:02 处，设置 Opacity 参数值为“0”；00:00:04:05 处，参数值为“100”；00:00:04:08 处，参数值为“0”。

④ 时间指针仍在 00:00:04:08 处，单击 Position 左侧的“开关动画”按钮，设置关键帧；在出现的关键帧上单击鼠标右键，再在弹出的菜单中，选择 Temporal Interpolation→Hold。

⑤ 将时间指针置于 00:00:04:11 处，设置 Position 参数值为“309.0”、“324.0”；设置 Opacity 参数值为“100”。

⑥ 将时间指针置于 00:00:04:19 处，拖动“1 人-黑/舞 1.psd”素材片段右侧的“出点”至该位置，如图 7-25 所示。

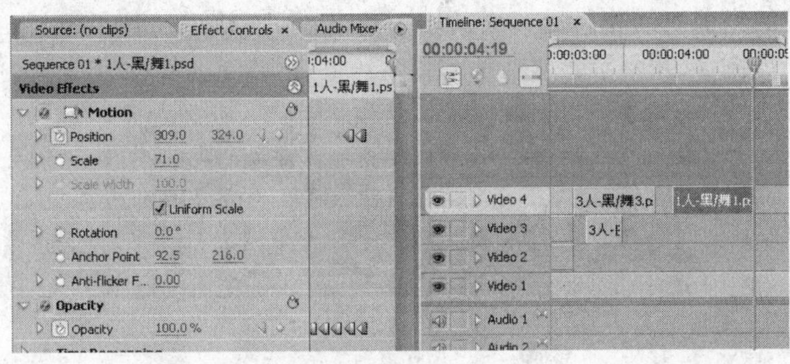

图 7-25

5）将时间指针置于 00:00:04:02 处，在 Project 调板中展开“舞 1”素材箱，将“1 人-白/舞 1.psd”素材拖动到 Video 3 轨道中，并在其 Effect Controls 调板中进行设置：

① 展开 Motion 项，设置 Position 参数值为“493.0”、“324.0”；Scale 参数值为“71”。

② 展开 Opacity 项，单击 Opacity 属性右侧的“添加/删除关键帧”按钮，设置动画关键帧。在出现的关键帧上单击鼠标右键，再在弹出的菜单中，选择 Hold。

③ 将时间指针置于 00:00:04:05 处，设置 Opacity 参数值为“0”；00:00:04:08 处，参数值为“100”。

④ 将时间指针置于 00:00:04:11 处，拖动“1 人-白/舞 1.psd”素材片段右侧的“出点”至该位置，如图 7-26 所示。

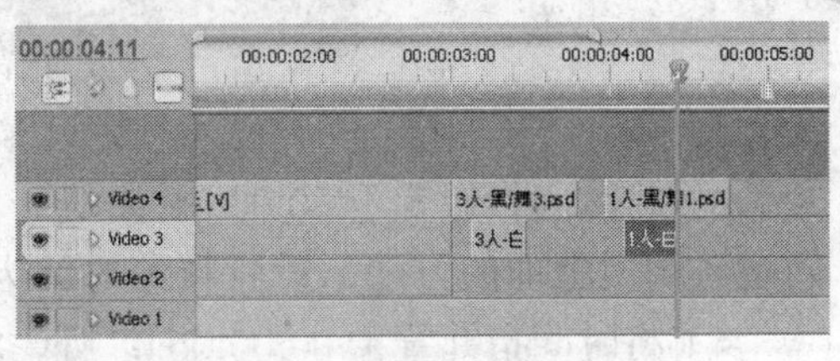

图 7-26

Program 调板中的预览效果如图 7-27 所示。

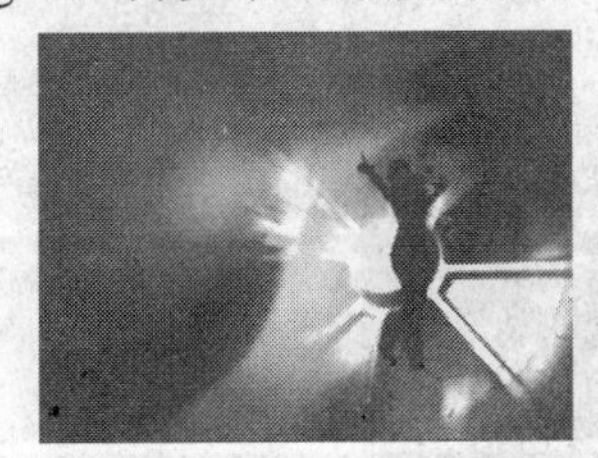

图 7-27

7.4.6 第三部分动画的制作

1．导入照片素材

将配套光盘“Ch07”文件夹中“素材”文件夹内的“照 a.jpg”、“照 b.jpg”、“照 c.jpg”三个素材文件导入到 Project 调板中。

2．制作字母背景条

选择菜单 File→New→Black Video，建立一个黑场；在 Project 调板中，在其名称上单击鼠标右键，再在弹出的菜单中选择 Rename，将其重命名为“黑条 2”。

3．组接照片素材

1）将时间指针置于 00:00:04:23 处，在 Project 调板中将“照 a.jpg”素材拖动到 Video 4 轨道上方空白处的当前时间指针处，会新增一条 Video 5 轨道，且“照 a.jpg”素材也已插入到此轨道中，如图 7-28 所示。

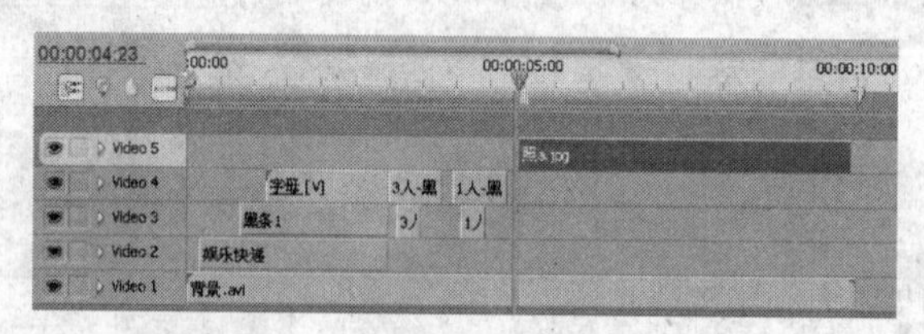

图 7-28

2）在此素材上单击鼠标右键，从菜单中选择 Speed/Duration 命令，设置持续时间为 00:00:00:12，如图 7-29 所示。

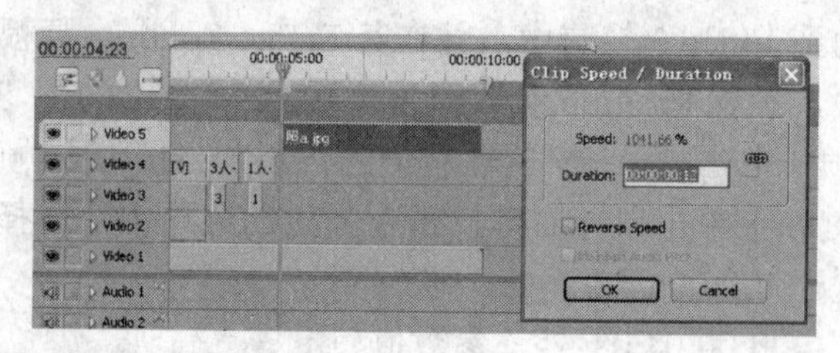

图 7-29

3）将时间指针置于 00:00:05:15 处，将“照 b.jpg”素材从 Project 调板中拖动到 Video 5 轨道，利用上面的方法，设置持续时间为 00:00:00:10。

4）将时间指针置于 00:00:06:05 处，将“照 c.jpg”素材从 Project 调板中拖动到 Video 5 轨道，设置持续时间为 00:00:00:12。

此时，Timeline 调板如图 7-30 所示。

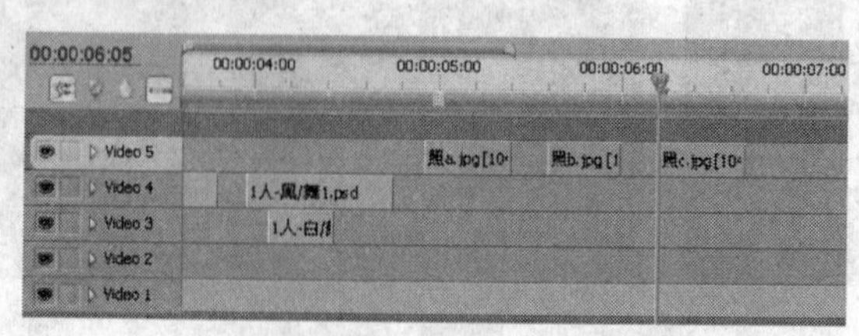

图 7-30

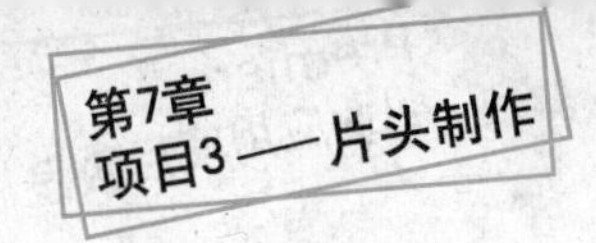

4．调节背景素材

1）将时间指针置于 00:00:05:02 处，利用“工具箱”调板中的“剃刀”工具，将 Video 1 轨道中的“背景.avi”素材分割。

2）为分割出的后半部分素材片段添加效果：展开 Video Effects 文件夹中的 Blur & Sharpen 文件夹，将其中的 Gaussian Blur 效果拖动到该段素材上；再将 Adjust 文件夹中的 Levels 效果也拖动到此段素材上，如图 7-31 所示。

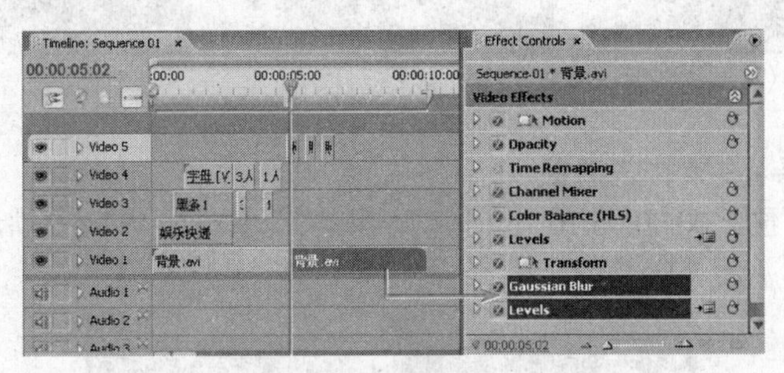

图 7-31

3）在其 Effect Controls 调板中进行设置：

① 展开 Transform 项，设置其 Position 参数值为“488.0”、“381.0”；设置 Scale Height、Scale Width 的参数值分别为“173.0”、“-173.0”。

② 展开 Gaussian Blur 项，设置其 Blurriness 参数值为“33.0”。

③ 展开最后添加的 Levels 项，设置其（RGB）Gamma 参数值为“69”。

如图 7-32 所示。

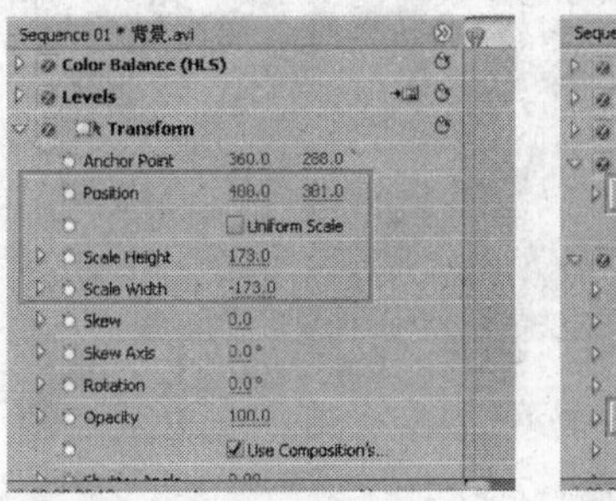

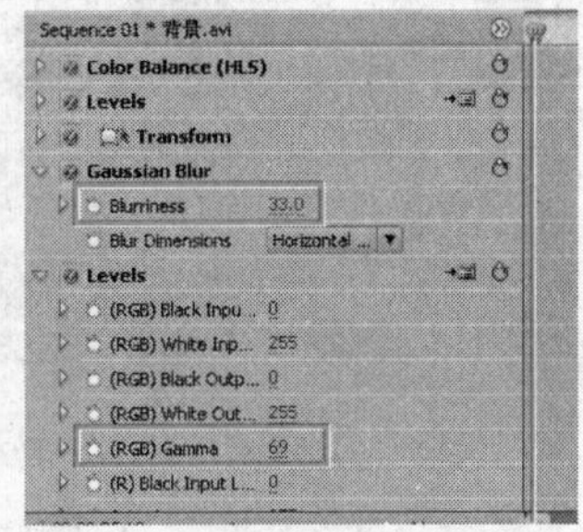

图 7-32

5．制作中文文本动画

1）将时间指针置于 00:00:05:10 处，拖动“娱乐快递”文本素材至 Video 4 轨道，如图 7-33 所示。

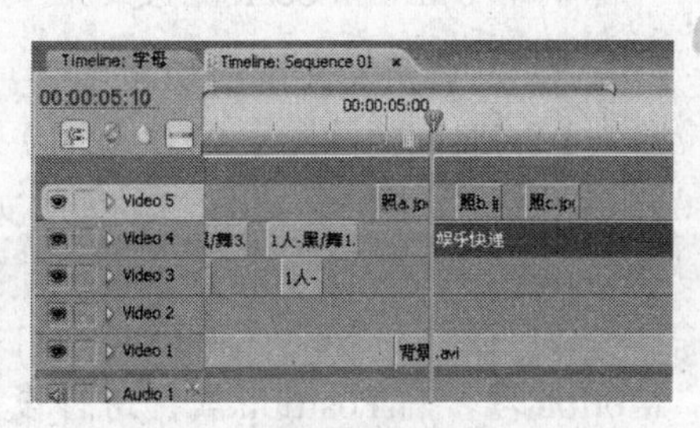

图 7-33

2）在其 Effect Controls 调板中，展开 Motion 项，对 Position 属性进行设置：

将时间指针置于 00:00:05:10 处，设置 Position 参数值为“222.0”、“245.0”；单击 Position 左侧的“开关动画”按钮，设置关键帧。

将时间指针置于 00:00:06:17 处，设置 Position 参数值为“360.0”、“245.0”。

Program 调板预览效果如图 7-34 所示。

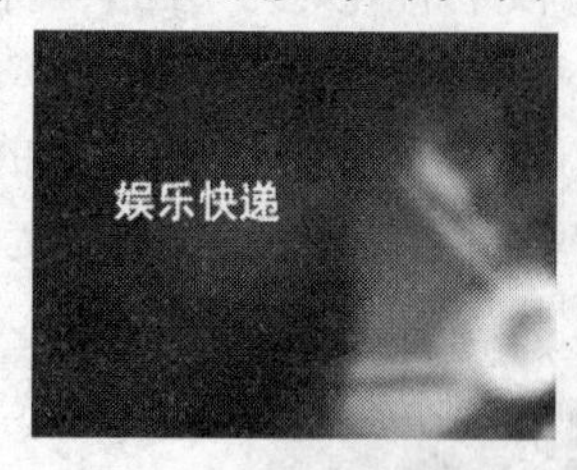

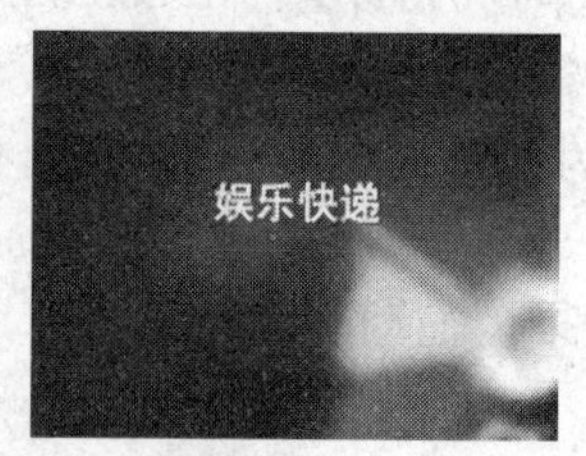

图 7-34

6．加入“黑条 2”素材并调整

1）将时间指针置于 00:00:05:10 处，拖动“黑条 2”素材至 Video 2 轨道，如图 7-35 所示。

图 7-35

2）在其 Effect Controls 调板中，展开 Motion 项：Position 参数设置为“360.0”、“292.0”；Scale Height 参数设置为“6.1”。如图 7-36 所示。

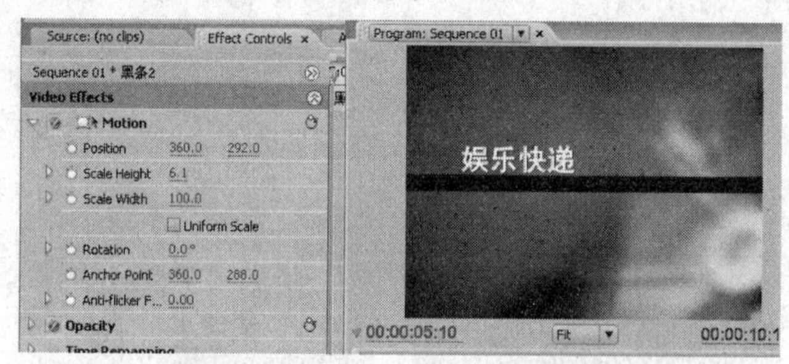

图 7-36

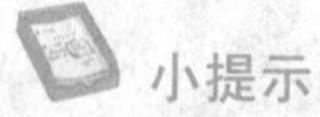

小提示

取消 Uniform Scale 前复选框的勾选，才能分别设置 Scale Height 与 Scale Width 的参数。

7．设置英文文本的动画

1）将时间指针置于 00:00:05:10 处，拖动“字母参考.psd”素材至 Video 3 轨道，如图 7-37 所示。

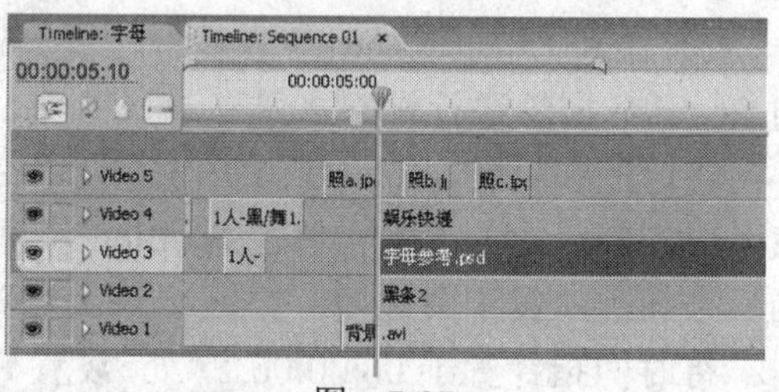

图 7-37

2）在其 Effect Controls 调板中，展开 Motion 项，对 Position 属性进行设置：

将时间指针置于 00:00:05:10 处，设置

Position 参数值为“594.0”、“292.0”；单击 Position 左侧的“开关动画”按钮，设置关键帧。

将时间指针置于 00:00:06:17 处，设置 Position 参数值为“361.0”、“292.0”。

Program 调板预览效果如图 7-38 所示。

图 7-38

7.4.7 第四部分动画的制作

1）导入圆圈素材。将配套光盘“Ch07”文件夹中“素材”文件夹内的“圆圈.psd”素材文件以序列方式导入到 Project 调板中，如图 7-39 所示。

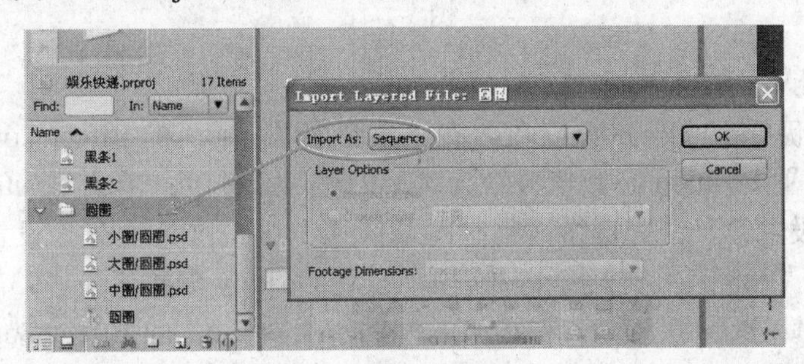

图 7-39

2）选择菜单 Sequence→Add Tracks，弹出 Add Tracks 对话框，在其中添加 3 条 Video 轨道，0 条 Audio 轨道，如图 7-40 所示。

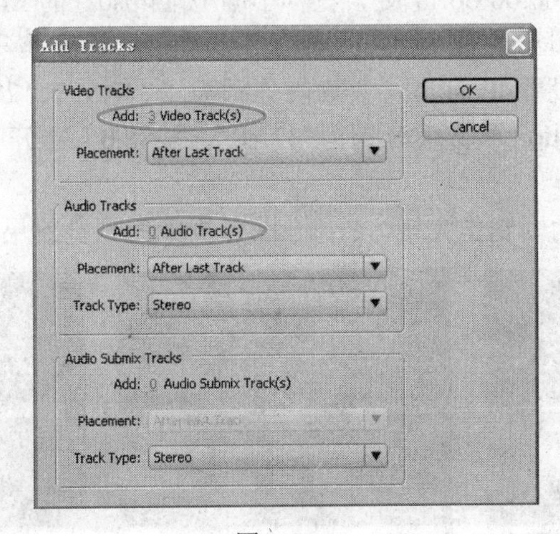

图 7-40

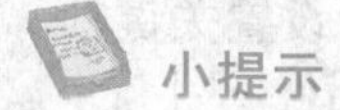
小提示

也可在轨道控制区域(或轨道名称上)单击鼠标右键，在弹出的菜单中选择 Add Tracks，出现 Add Tracks 对话框，在对话框中进行相应设置即可。

3）将时间指针置于 00:00:06:17 处，在 Project 调板中展开“圆圈”素材箱，将其中的“中圈/圆圈.psd”、“小圈/圆圈.psd”和“大圈/圆圈.psd”三个素材文件，分别拖动到 Video 6 轨道、Video 7 轨道和 Video 8 轨道，如图 7-41 所示。

图 7-41

4）设置动画。

① 时间指针仍置于 00:00:06:17 处，在“大圈/圆圈.psd”的 Effect Controls 调板中，展开 Motion 项，设置 Position 参数值分别为“359.0”、“288.0”；单击 Position 左侧的“开关动画”按钮，设置第一个关键帧；将时间指针置于 00:00:09:00 处，设置 Position 参数值分别为“654.0”、“288.0”；展开 Opacity 项，设置 Opacity 参数值为“93.0”。

② 将时间指针置于 00:00:06:17 处，在“中圈/圆圈.psd”的 Effect Controls 调板中，展开 Motion 项，设置 Position 参数值分别为“363.0”、“288.0”；单击 Position 左侧的“开关动画”按钮，设置第一个关键帧；将时间指针置于 00:00:09:00 处，设置 Position 参数值分别为“140.0”、“288.0”；展开 Opacity 项，设置 Opacity 参数值为“93.0”。

③ 将时间指针置于 00:00:06:17 处，在“小圈/圆圈.psd”的 Effect Controls 调板中，展开 Motion 项，单击 Position 左侧的“开关动画”按钮，设置第一个关键帧；将时间指针置于 00:00:07:22 处，设置 Position 参数值分别为“227.5”、“288.0”；将时间指针置于 00:00:09:00 处，设置 Position 参数值分别为“374.0”、“288.0”；展开 Opacity 项，设置 Opacity 参数值为“93.0”。

至此，三个圆圈的动画制作完毕，Program 调板中的预览效果如图 7-42 所示。

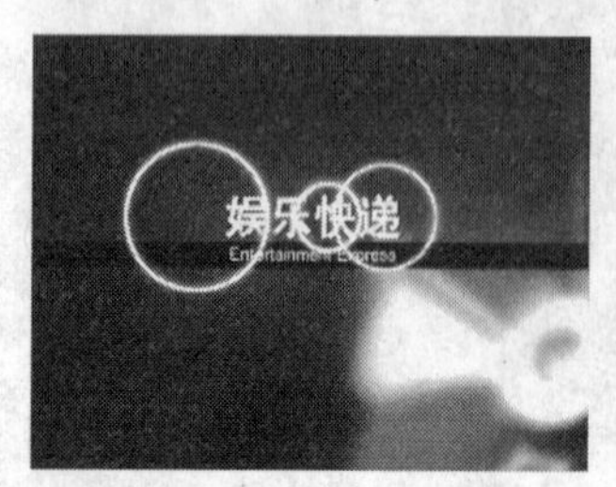

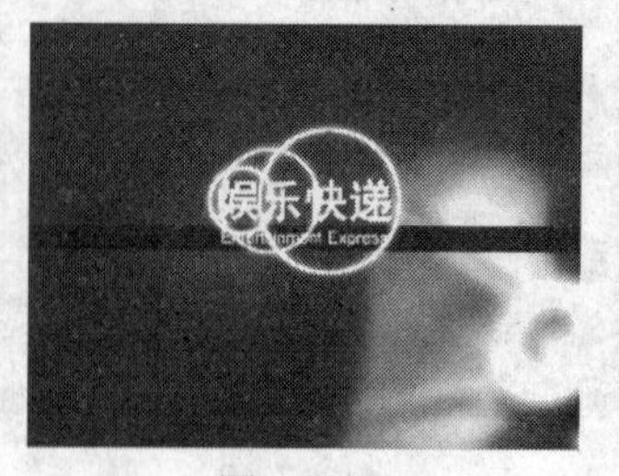

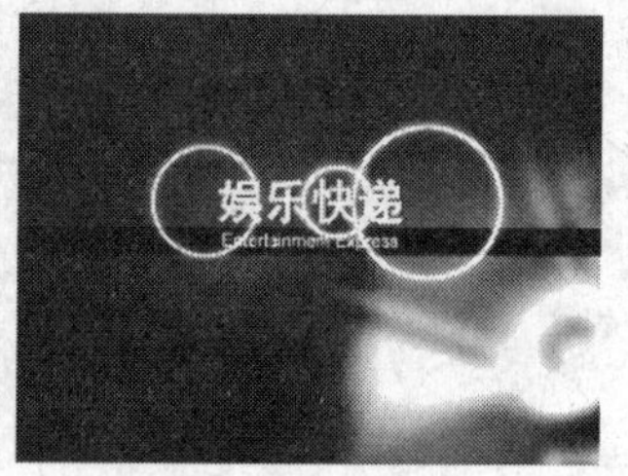

图 7-42

7.4.8 添加背景音乐

1）将配套光盘“Ch07”文件夹中“素材”文件夹内的“music.wav”素材文件导入到Project 调板中。

2）将时间指针置于 00:00:00:00 处，从 Project 调板中将“music.wav”素材文件拖动到 Audio 1 轨道中。

此时，Timeline 调板如图 7-43 所示。

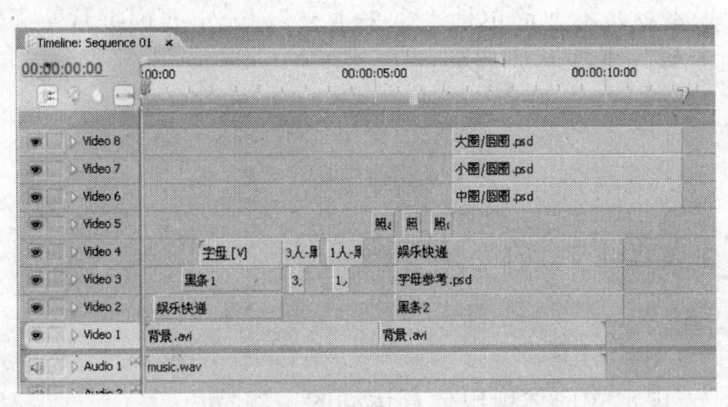

图 7-43

7.4.9 调整素材出点及输出影片

1）将时间指针置于 00:00:10:00 处，分别将长于 10s 的各素材的出点向左拖动至当前时间指针处，如图 7-44 所示。

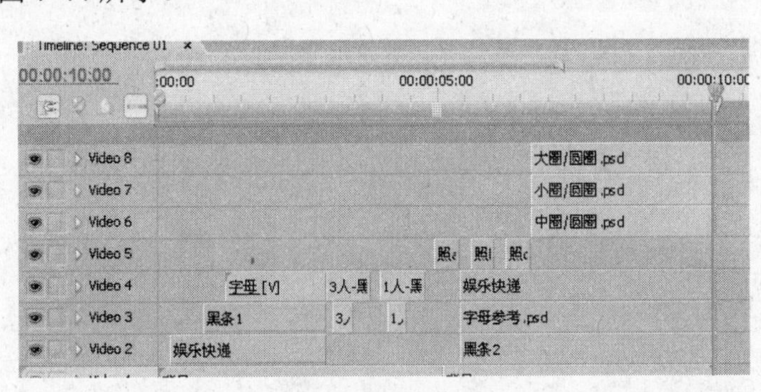

图 7-44

2）选择菜单 File→Export→Movie，弹出 Export Movie 对话框，从中选择保存目标路径及输入文件名，然后单击“保存”按钮。

3）待渲染完成后，即可在播放器中观看效果。

7.5 触类旁通

本实例是一个娱乐类节目的片头，娱乐节目的包装往往都是以时尚、另类而著称。在整个片头的制作中，始终以红色和黑色为主体色；字母的依次出现、图像的快速闪烁、轻快的节奏等，这些流行的元素构成了节目的片头。

本例的制作难点在开头部分，主要是英文字母在组成单词时的位置排列及制作各个字母依次出现的动画（在 Photoshop 软件中制作英文字母素材时，每一个字母都是单独的一个图层）。

为了表现出片头的动感，在照片素材快速闪动的同时，对两组文本素材还设置了位置动画。

另外，对于背景素材，不要简单地"拿来主义"，一定要根据片头（影片）的整体风格和画面构图的制作需要，进行必要的处理。

7.6 实战强化

请读者制作一个体育类节目的片头。

制作要求：

1．片头的长度为 10s～15s。

2．画面风格、表现形式应体现出体育运动的主题特色。

3．构图及色彩美观。

第8章 项目4——电视频道包装

8.1 任务情境

电视台的“公共频道”开播了，为了进行宣传和形象推广、建立良好的社会形象和品牌形象，提升观众对频道的渴望价值，提高品质和收视率，需要制作一个频道片头包装。

制作要求是：

1）时间为15s。

2）能够表达出频道倡导理念、主张风格、特色等信息。

3）风格新颖。

8.2 任务分析

1）对应用到的几段视频素材进行“去色”，使之成为“黑白”影片效果，从而作为本片头的一大特色。

2）结合一段光影素材，对背景素材应用Track Matte Key效果，制作出半透明状的单色动画效果，丰富了画面内容及色彩。

3）将频道的理念浓缩为四句话，并对各文本进行位置、缩放、不透明度的动画设置。通过丰富的动画效果，加深观众对频道理念的认识。在这一部分中，会有较多的关键帧设定操作。

4）利用“Wipe”转场效果，使频道名称产生“擦出”的效果。这里，需要对转场的个别参数进行修改。

5）对英文名称文本进行动画设置；添加背景音乐，并调整出点。

6）输出影片，完成制作。

8.3 成品效果

影片最终的渲染输出效果，如图8-1所示。

图 8-1

8.4 任务实施

8.4.1 新建项目文件

1）启动 Premiere 软件，单击 New Project 按钮，打开 New Project 对话框。

2）在对话框中展开 DV-PAL 项，选择其下的 Standard 48KHz。在对话框下方指定保存目录并将其命名为“公共频道”，单击 OK 按钮关闭对话框，进入 Premiere 的工作界面。

8.4.2 组接影片素材

1）导入素材：将配套光盘“Ch08”文件夹中“素材”文件夹内的“影片”文件夹导入到 Project 调板中，如图 8-2 所示。

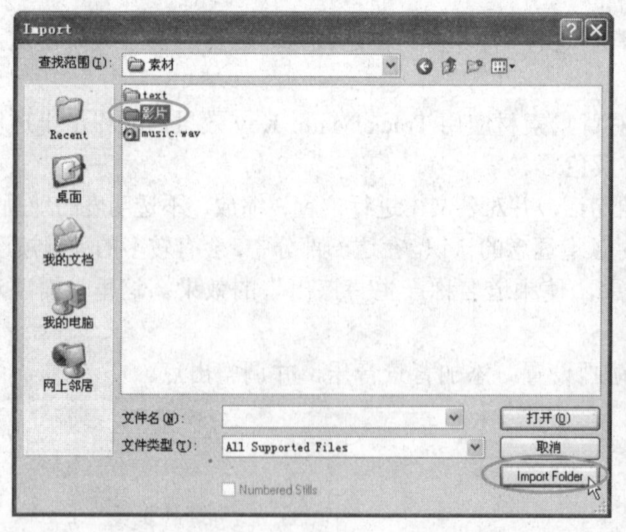

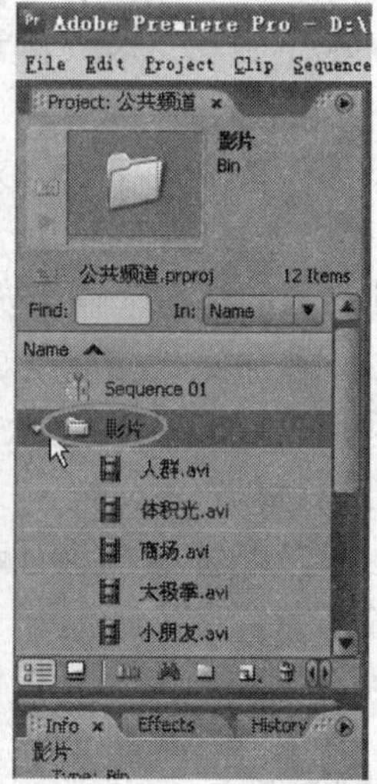

图 8-2

2）在 Project 调板中，展开“影片”素材箱，双击“商场.avi”，在 source（源监视器）调板中将其打开，如图 8-3 所示。

在调板中，可通过单击▶（播放）按钮，对素材进行预览。将时间指针移至 00:00:01:16 处，单击 }（设置出点）按钮，为素材设置出点，如图 8-4 所示。

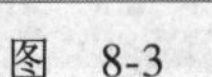

图 8-3

图 8-4

3）单击（插入）按钮，将素材插入到 Timeline 调板中，如图 8-5 所示。

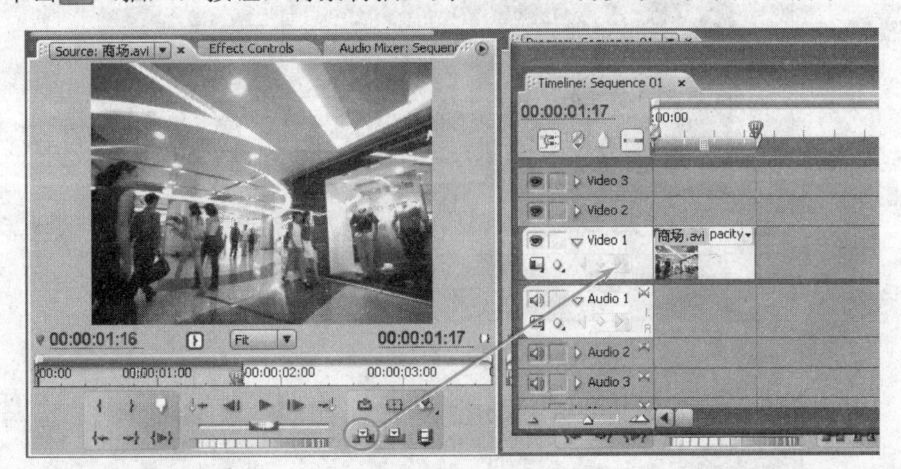

图 8-5

4）再在“影片”素材箱中，双击“骑车.avi”，在 source（源监视器）调板中将其打开。将时间指针移至 00:00:00:05 处，单击 {（设置入点）按钮，为素材设置入点；将时间指针移至 00:00:01:18 处，单击 }（设置出点）按钮，为素材设置出点；如图 8-6 所示。

5）单击（插入）按钮，将素材插入到 Timeline 调板中，如图 8-7 所示。

6）采用同样的方法，分别设置其他影片素材的入点和出点，并插入到 Timeline 调板中：

“太极拳.avi”：入点为 00:00:01:19；出点为 00:00:03:19。

“人群.avi”：入点为 00:00:03:24；出点为 00:00:05:12。

“车流 1.avi”：入点为 00:00:00:05；出点为 00:00:02:05。

“小朋友.avi”：入点为 00:00:00:05；出点为 00:00:01:18。

“气球.avi”：入点为 00:00:02:04；出点为 00:00:03:23。

“车流 2.avi”：入点为 00:00:00:05；出点为 00:00:02:23。

此时，Timeline 调板如图 8-8 所示。

图 8-6

图 8-7

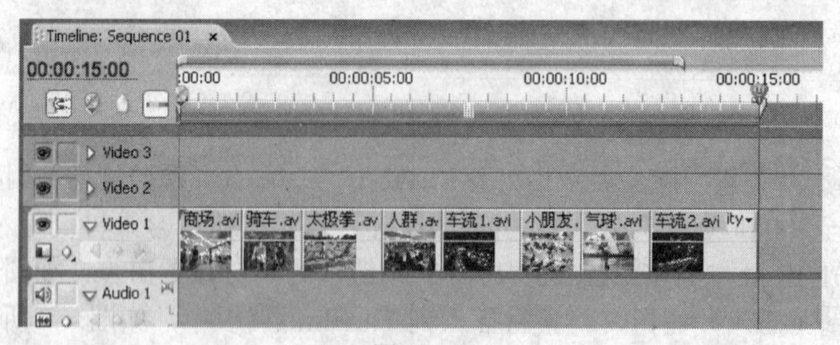

图 8-8

7）在 Effects 调板中，展开 Video Effects 文件夹中的 Color Correction 文件夹，将其中的 Color Balance（HLS）效果拖动到 Video 1 轨道中素材片段“商场.avi”上。在 Effect Controls 调板中，将其中的 Saturation 参数设置为：“-100.0”，如图 8-9 所示。

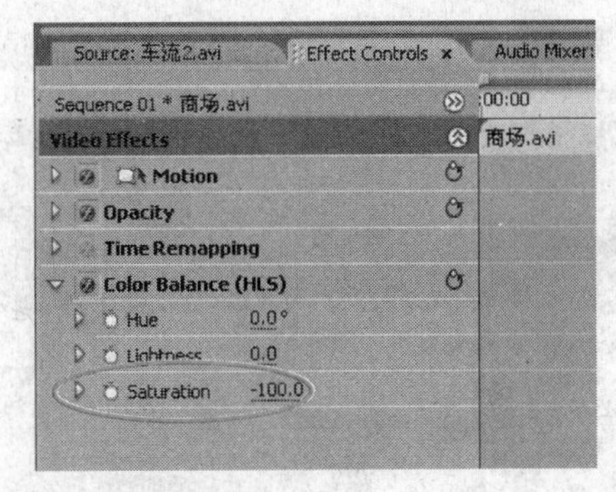

图 8-9

8）分别对 Video 1 轨道中的其他素材片段也添加同样的 Color Balance（HLS）效果，将所有素材都调整为“黑白”影片效果。

可以将“商场.avi”素材片段的 Color Balance（HLS）效果复制，再分别粘贴到其他素材片段，加快制作效率。

9）为素材间添加转场效果：

① 选择菜单 Edit→Preferences→General，打开 Preferences 对话框。将 Video Transition Default Duration 项的数值修改为“10”（即将默认转场持续时间修改为 10 帧），如图 8-10 所示。

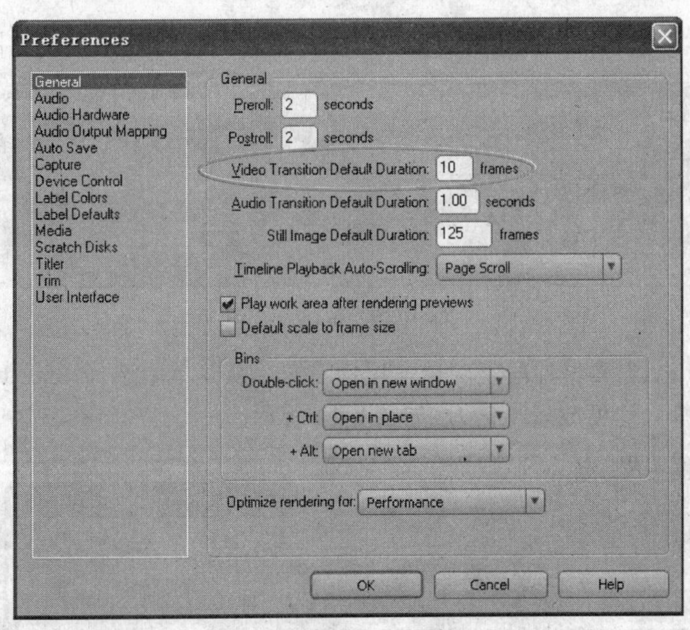

图 8-10

② 在 Effects 调板中，展开 Video Transitions 文件夹中的 Dissolve 文件夹，将其中的 Cross Dissolve 转场效果拖动到 Video 1 轨道中两个素材片段“商场.avi”和“骑车.avi”中间，如图 8-11 所示。

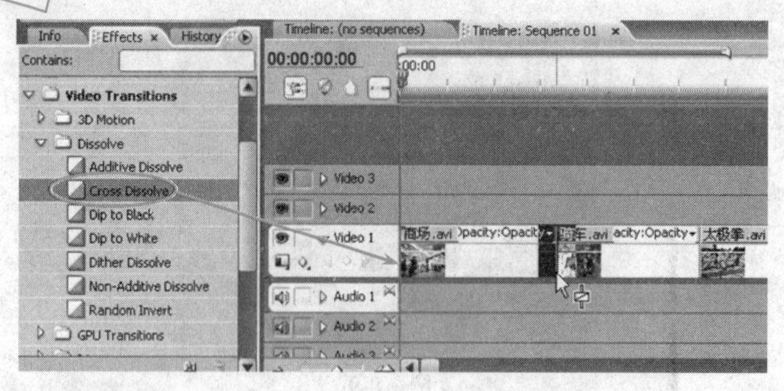

图 8-11

③ 对 Video 1 轨道中其余各两两素材的中间都添加该转场效果，如图 8-12 所示。

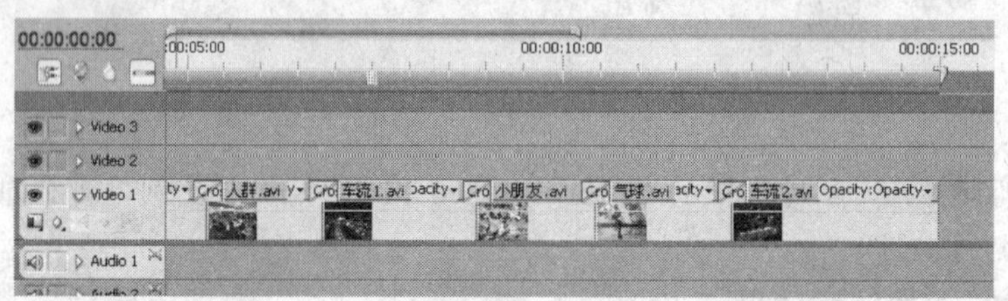

图 8-12

8.4.3 制作蒙版效果

1）将“影片”素材箱中的“背景.avi”素材拖动到 Video 2 轨道，如图 8-13 所示。

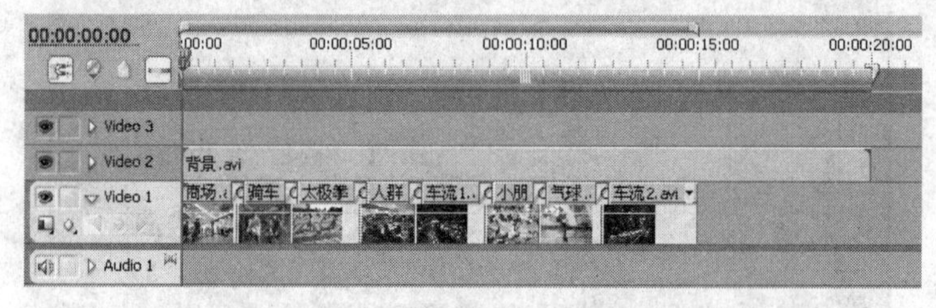

图 8-13

2）在“背景.avi”素材片段上，单击鼠标右键，从菜单中选择 Speed/Duration 命令，设置其速度为 50%（速度放慢一倍），如图 8-14 所示。

图 8-14

3）拖动“背景.avi”素材右侧的出点至00:00:15:00处，即与Video 1轨道中素材时间等长，如图8-15所示。

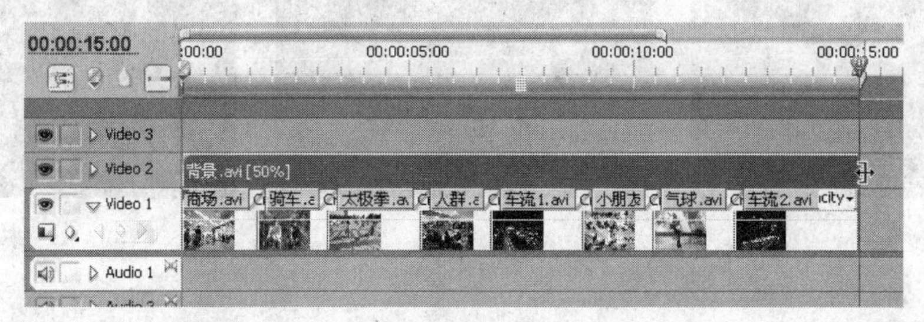

图 8-15

4）将“影片”素材箱中的“体积光.avi”素材拖动到Video 3轨道，由于其持续时间不够15s，所以再拖动一遍该素材到Video 3轨道中；调整第二段“体积光.avi”素材的出点至00:00:15:00处，如图8-16所示。

图 8-16

5）在Effects调板中，展开Video Effects文件夹中的Keying文件夹，将其中的Track Matte Key效果拖动到Video 2轨道中素材片段“背景.avi”素材上。

在Effect Controls调板中，将其中的Matte项设置为“Video 3”；Composite Using项设置为“Matte Luma”，如图8-17所示。

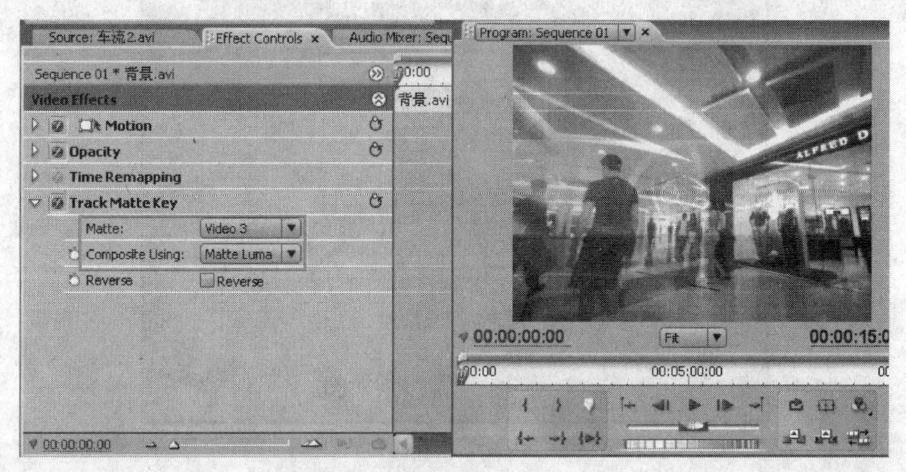

图 8-17

此时，Program调板中的播放效果如图8-18所示。

图 8-18

知识加油站

Track Matte Key 效果是使用一个文件作为蒙版，在合成素材上创建透明区域，可以显示出部分背景素材，进行影片的合成。其参数说明如下：

Matte：设置作为蒙版素材所在的轨道。

Composite Using：选择蒙版的来源。“Matte Alpha”，使用蒙版图像的 Alpha 通道作为合成素材的蒙版；“Matte Luma”，使用蒙版图像的亮度信息作为合成素材的蒙版。

Reverse：翻转蒙版。

8.4.4 制作频道理念文字动画

选择菜单 Edit→Preferences→General，打开 Preferences 对话框。将 Still Image Default Duration 项的数值修改为“125”（即将默认导入静态图片的持续时间修改为 125 帧），如图 8-19 所示。

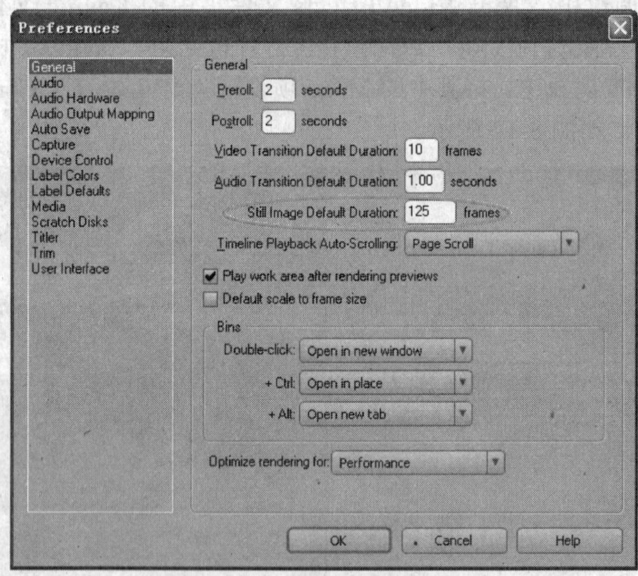

图 8-19

1. 导入文字

将配套光盘“Ch08”文件夹中“素材”文件夹内的“text”文件夹导入到 Project 调板中，如图 8-20 所示。

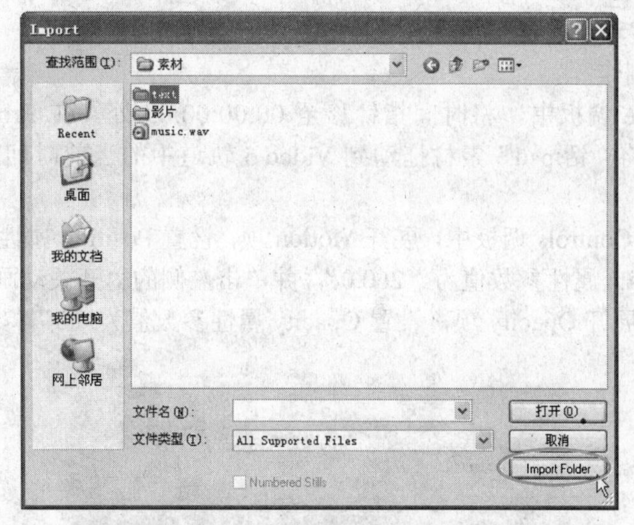

图 8-20

在出现的“Import Layered File”对话框中，对各文件均采用“素材”方式导入，如图8-21所示。

图 8-21

2．添加视频轨道

在轨道控制区域单击鼠标右键，在弹出的菜单中，选择 Add Tracks 命令，在出现的 Add Tracks 对话框中，设置添加4条 Video 轨道、0条 Audio 轨道，如图8-22所示。

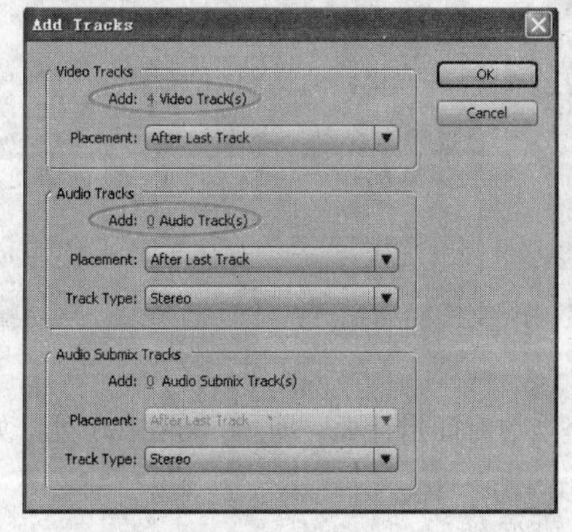

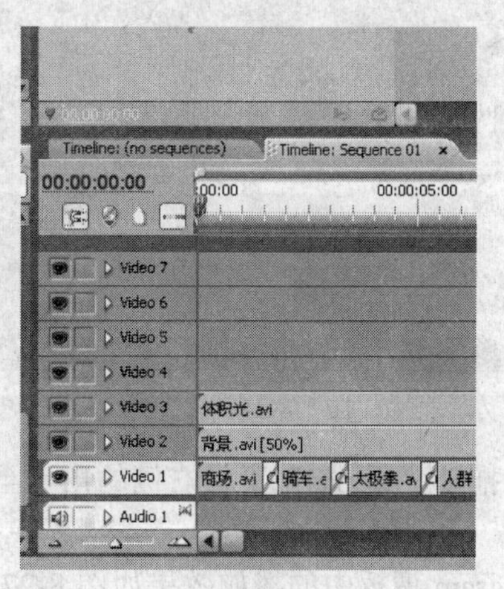

图 8-22

3．第一段文字动画的制作

（1）“话”的制作

1）在 Timeline 调板中，将时间指针移至 00:00:00:05 处。在 Project 调板中，展开“Text”素材箱，将“话.psd”素材拖动到 Video 5 轨道中的当前时间指针处，如图 8-23 所示。

2）在其 Effect Controls 调板中，展开 Motion 项，设置 Position 属性参数值为“187.7”、“340.0”；设置 Scale 属性参数值为“260.0”，并单击左侧的“开关动画”按钮，设置第一个比例关键帧；展开 Opacity 项，设置 Opacity 属性参数值为“0”，如图 8-24 所示。

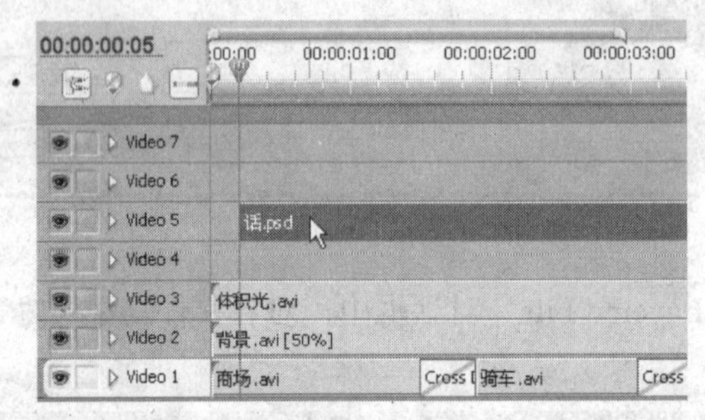

图 8-23

3）将时间指针移至 00:00:00:20 处，单击 Position 属性左侧的“开关动画”按钮，设置第一个位置关键帧；设置 Scale 参数值为“100.0”；设置 Opacity 属性参数值为“100”。

4）将时间指针移至 00:00:02:10 处，设置 Position 参数值为“427.7”、“340.0”。

5）将时间指针移至 00:00:03:00 处，设置 Position 参数值为“762.7”、“340.0”，如图 8-25 所示。

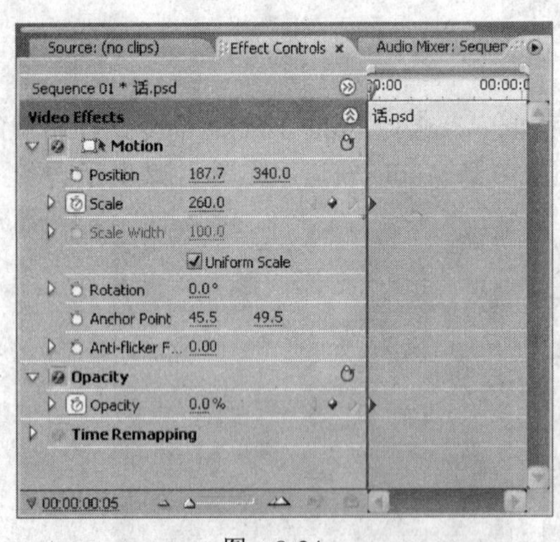

图 8-24

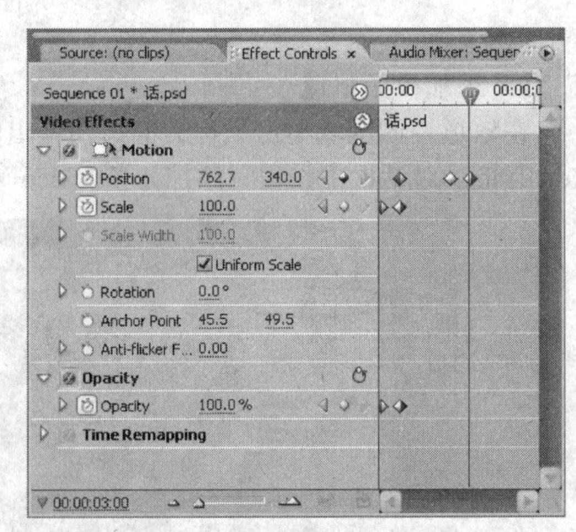

图 8-25

6）拖动“话.psd”素材右侧的出点至当前时间指针处，即 00:00:03:00 处，如图 8-26 所示。

Program 调板中的播放效果如图 8-27 所示。

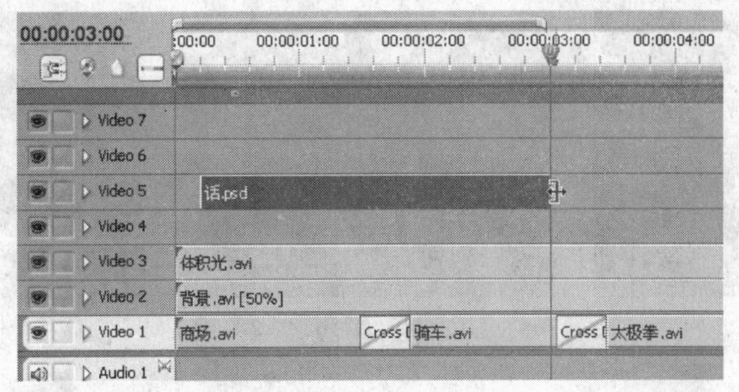

图　8-26

图　8-27

（2）“百姓故事”的制作

1）将时间指针移至00:00:00:15处，将“百姓故事.psd”素材拖动到Video 4轨道中。设置Position参数值为“360.0”、“440.0”；设置Scale参数值为“178.0”，单击左侧的“开关动画”按钮，设置第一个比例关键帧；设置Opacity属性参数值为“0”。

2）将时间指针移至00:00:01:05处，单击Position属性左侧的“开关动画”按钮，设置第一个位置关键帧；设置Scale参数值为“100.0”；设置Opacity属性参数值为“100”。

3）将时间指针移至00:00:02:10处，设置Position参数值为“207.0”、“440.0”。

4）将时间指针移至00:00:03:00处，设置Position参数值为“-154.0”、“440.0”。

5）拖动“百姓故事.psd”素材片段右侧的出点至当前时间指针处，即00:00:03:00处，与“话.psd”素材等长，如图8-28所示。

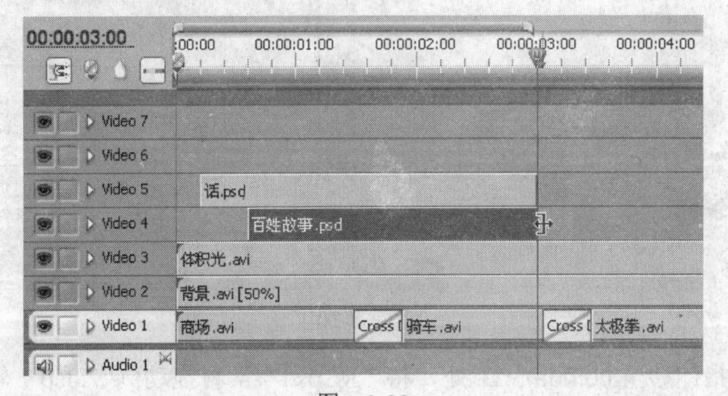

图　8-28

Program调板中的播放效果如图8-29所示。

图 8-29

4. 第二段文字动画的制作

（1）“听”的制作

1）将时间指针移至00:00:02:20处，将“听.psd”素材拖动到Video 6轨道中。设置Position参数值为“799.0”、“247.0”，并单击左侧的“开关动画”按钮，设置第一个位置关键帧；设置Scale参数值为“180.0”，并单击左侧的“开关动画”按钮，设置第一个关键帧。

2）将时间指针移至00:00:03:10处，设置Position参数值为“328.0”、“247.0”。

3）将时间指针移至00:00:03:20处，单击Position属性右侧的“添加/删除关键帧”按钮，添加一个位置关键帧；单击Scale属性右侧的“添加/删除关键帧”按钮，添加一个比例关键帧。

4）将时间指针移至00:00:04:20处，设置Position参数值为“207.0”、“247.0”；设置Scale参数值为“100.0”。

5）将时间指针移至00:00:06:09处，设置Position参数值为“270.0”、“247.0”；将时间指针移至00:00:06:24处，设置Position参数值为“766.0”、“247.0”。

6）拖动“听.psd”素材片段右侧的出点至当前时间指针处，如图8-30所示。

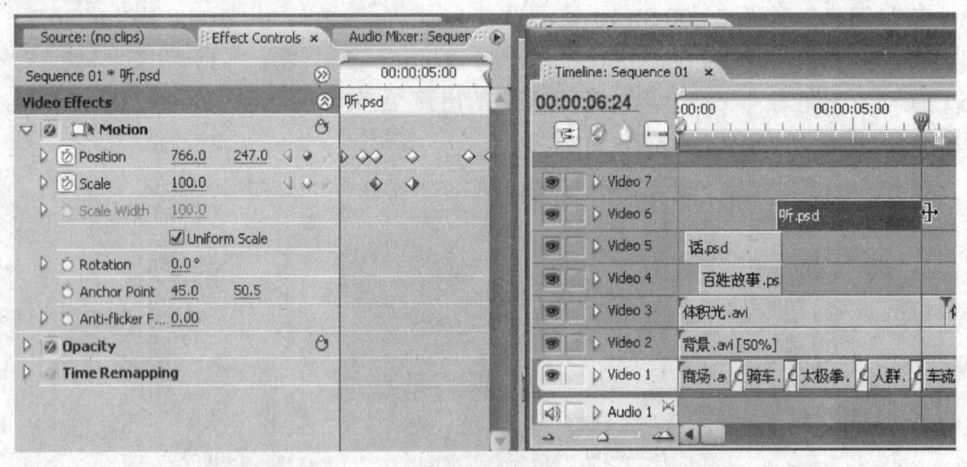

图 8-30

7）将时间指针移至00:00:03:11处，将“听.psd”素材拖动到Video 7轨道中。在该素材片段上单击鼠标右键，从菜单中选择Speed/Duration命令，设置其持续时间为00:00:00:10，如图8-31所示。

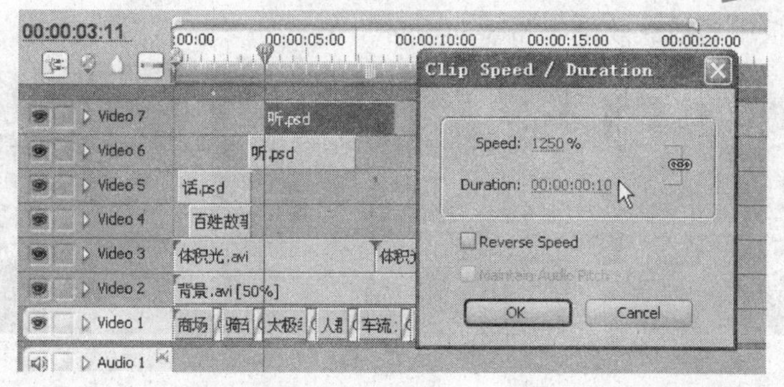

图 8-31

8）在 Video 7 轨道中“听.psd”素材的 Effect Controls 调板中，设置 Position 参数值为“328.0”、“247.0”；设置 Scale 参数值为“180.0”，并单击左侧的“开关动画”按钮，设置第一个关键帧；单击 Opacity 属性右侧的“添加/删除关键帧”按钮，添加一个关键帧。

9）将时间指针移至 00:00:03:21 处，设置 Scale 参数值为“600.0”；设置 Opacity 参数值为“0”。

Program 调板中的播放效果如图 8-32 所示。

图 8-32

（2）“百姓心声”的制作

1）将时间指针移至 00:00:04:15 处，拖动“百姓心声.psd”素材到 Video 7 轨道中。设置其 Position 参数值为“-158.0”、“351.0”，并单击左侧的“开关动画”按钮，设置第一个关键帧。

2）将时间指针移至 00:00:05:05 处，设置其 Position 参数值为“183.0”、“351.0”。

3）将时间指针移至 00:00:06:09 处，设置其 Position 参数值为“493.0”、“351.0”。

4）将时间指针移至 00:00:06:24 处，设置其 Position 参数值为“875.0”、“351.0”。

5）拖动“百姓心声.psd”素材片段右侧的出点至当前时间指针处，如图 8-33 所示。

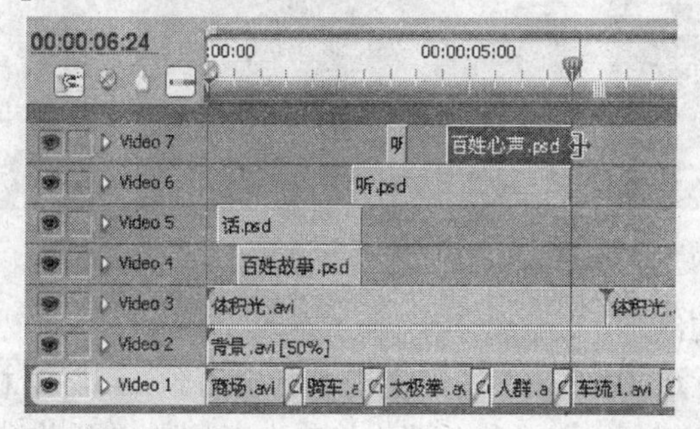

图 8-33

Program 调板中的播放效果如图 8-34 所示。

图 8-34

5. 第三段文字动画的制作

（1）“看”的制作

1）将时间指针移至 00:00:06:24 处，拖动“看.psd”素材到 Video 4 轨道中。设置其 Position 参数值为“770.0”、“343.0”，并单击左侧的“开关动画”按钮，设置第一个关键帧。

2）将时间指针移至 00:00:07:14 处，设置其 Position 参数值为“464.0”、“343.0”。

3）将时间指针移至 00:00:09:04 处，设置其 Position 参数值为“296.0”、“343.0”。

4）将时间指针移至 00:00:09:19 处，设置其 Position 参数值为“-58.0”、“343.0”。

5）拖动“看.psd”素材片段右侧的出点至当前时间指针处，如图 8-35 所示。

图 8-35

Program 调板中的播放效果如图 8-36 所示。

图 8-36

（2）“社会万象”的制作

1）将时间指针移至 00:00:07:14 处，拖动“社会万象.psd”素材到 Video 5 轨道中。设置其 Position 参数值为“865.0”、“614.0”，并单击左侧的“开关动画”按钮，设置第一个关键帧。

2）将时间指针移至 00:00:08:04 处，设置其 Position 参数值为“510.0”、“447.0”。

3）将时间指针移至 00:00:09:09 处，设置其 Position 参数值为“224.0”、“447.0”。

4）将时间指针移至 00:00:09:24 处，设置其 Position 参数值为“-159.0”、“447.0”。

5）拖动“社会万象.psd”素材片段右侧的出点至当前时间指针处，如图 8-37 所示。

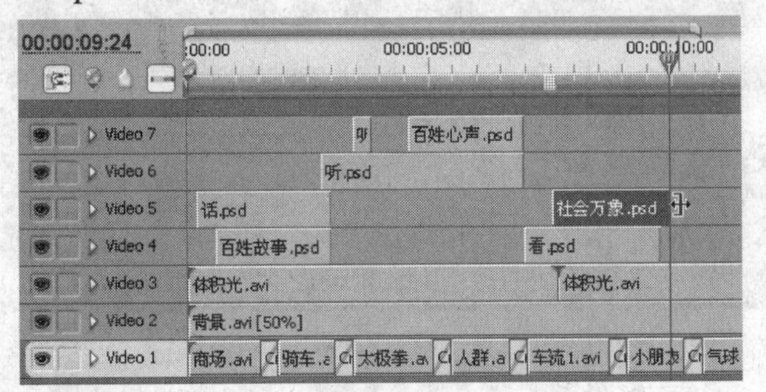

图 8-37

Program 调板中的播放效果如图 8-38 所示。

图 8-38

6．第四段文字动画的制作

（1）“说”的制作

1）将时间指针移至 00:00:09:16 处，拖动“说.psd”素材到 Video 7 轨道中。设置其 Position 参数值为“430.0”、“336.0”，并单击左侧的“开关动画”按钮，设置第一个关键帧；设置 Scale 参数值为“332.0”，并单击左侧的“开关动画”按钮，设置关键帧；设置 Opacity 参数值为“0”。

2）将时间指针移至 00:00:10:06 处，设置其 Position 参数值为“180.0”、“336.0”；设置 Scale 参数值为“100.0”；设置 Opacity 参数值为“100”。

3）将时间指针移至 00:00:12:00 处，单击 Opacity 右侧的“添加/删除关键帧”按钮，手动添加一个关键帧。

4）将时间指针移至 00:00:12:14 处，设置其 Position 参数值为“390.0”、“336.0”；设置 Opacity 参数值为“0”。

5）拖动“说.psd”素材片段右侧的出点至当前时间指针处，如图 8-39 所示。

Program 调板中的播放效果如图 8-40 所示。

（2）“今日生活”的制作

1）将时间指针移至 00:00:09:22 处，拖动“今日生活.psd”素材到 Video 6 轨道中。设置其 Position 参数值为“-568.0”、“456.0”，并单击左侧的“开关动画”按钮，设置第一个关键帧；设置 Scale 参数值为“531.0”，并单击左侧的“开关动画”按钮，设置关键帧；设置 Opacity 参数值为“0”。

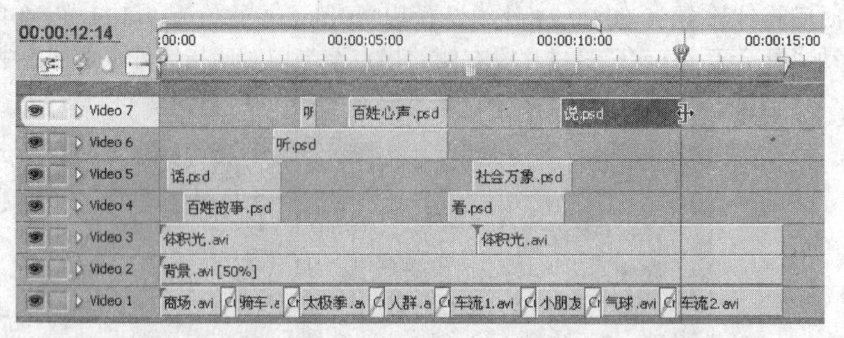

图 8-39

图 8-40

2）将时间指针移至 00:00:10:12 处，设置其 Position 参数值为“392.0”、“456.0”；设置 Scale 参数值为“100.0”；设置 Opacity 参数值为“100”。

3）将时间指针移至 00:00:12:00 处，单击 Opacity 右侧的“添加/删除关键帧”按钮，手动添加一个关键帧。

4）将时间指针移至 00:00:12:14 处，设置其 Position 参数值为“202.0”、“456.0”；设置 Opacity 参数值为“0”。

5）拖动“今日生活.psd”素材片段右侧的出点至当前时间指针处，如图 8-41 所示。

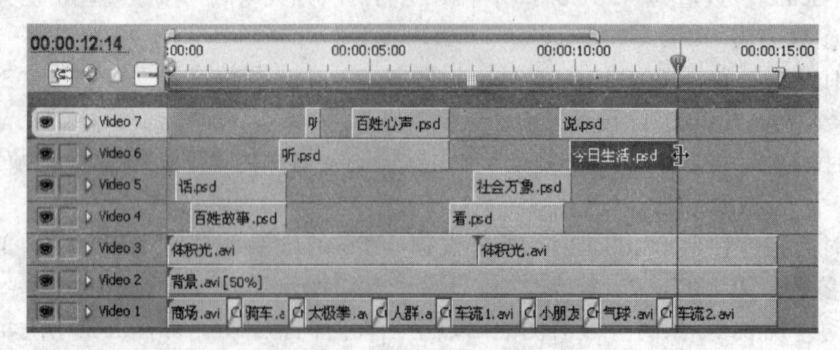

图 8-41

Program 调板中的播放效果如图 8-42 所示。

图 8-42

8.4.5 制作频道文字动画

1．主体文字的制作

1）将时间指针移至 00:00:12:14 处，选择菜单 File→New→Title（或选择菜单 Title→New Title→Default Still），弹出 New Title 对话框，输入字幕名称“公共频道”，单击 OK 按钮关闭对话框，调出 Title Designer 调板。

2）在绘制区域用“矩形工具”绘制一个矩形，并采用“线性渐变”方式填充，具体参数设置如图 8-43 所示。

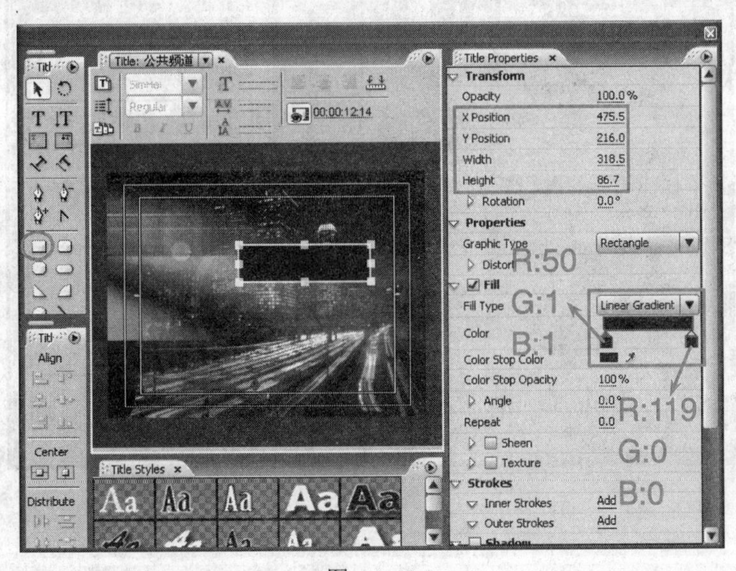

图 8-43

小提示

在将矩形图形绘制完成，调整其大小、位置前，应先设定其 Width 和 Height 参数，再调整 X Position 及 Y Position 参数。

3）在绘制区域利用“文本工具”输入文字“公共频道”，设置字体为“SimHei”、填充色及外边线颜色均为白色，具体参数如图 8-44、图 8-45 所示。

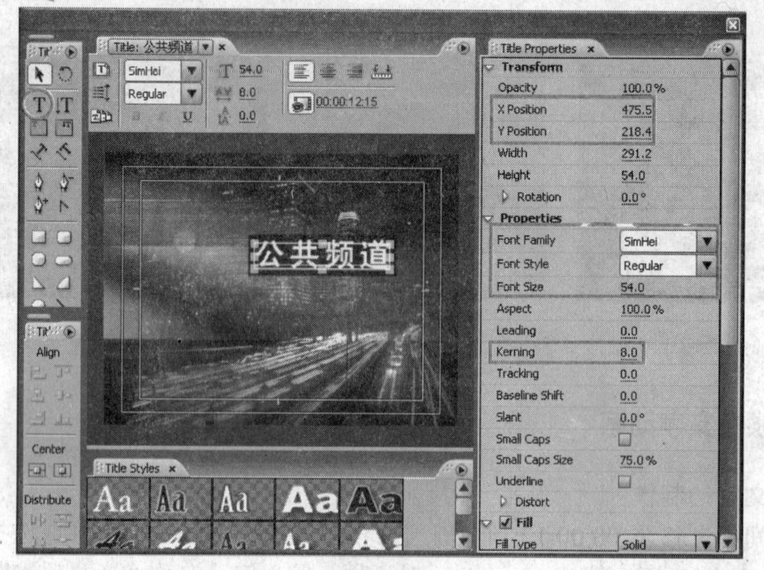

图　8-44

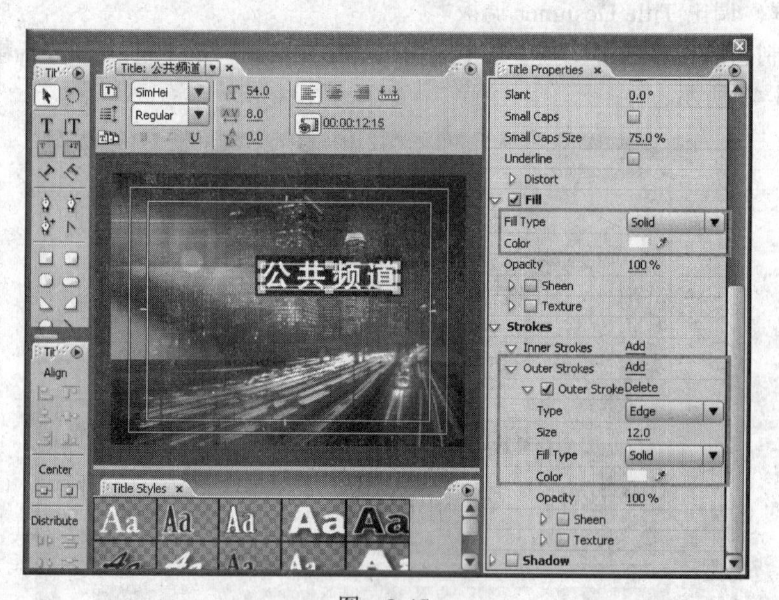

图　8-45

小提示

如果先输入文字，后绘制矩形，则矩形会叠加在文字的上方，即盖住了文字，此时可通过选择菜单 Title→Arrange 中的相应命令，改变其叠加顺序。

Bring to Front：将所选择的对象移动到最前。

Bring Forward：向前移动一个对象。

Send to Back：将所选择的对象移动到最后。

Send Backward：向后移动一个对象。

4）在绘制区域用“矩形工具”绘制一个矩形，填充色为黑色，具体参数设置如图 8-46 所示。

图 8-46

5）在绘制区域利用“文本工具”输入英文“COMMON CHANNEL”，设置字体为“SimHei”、填充色为白色，具体参数如图 8-47 所示，关闭字幕调板。

图 8-47

2. 英文元素的制作

1）选择菜单 File→New→Title（或选择菜单 Title→New Title→Default Still），弹出 New Title 对话框，输入字幕名称“频道英文 1”，单击 OK 按钮关闭对话框，调出 Title Designer

调板。

2）在绘制区域利用“文本工具”输入英文“COMMON”，设置字体为“Arial”、字体风格为“Narrow”；填充色及外边线颜色均为白色，具体参数如图 8-48、图 8-49 所示。

图 8-48

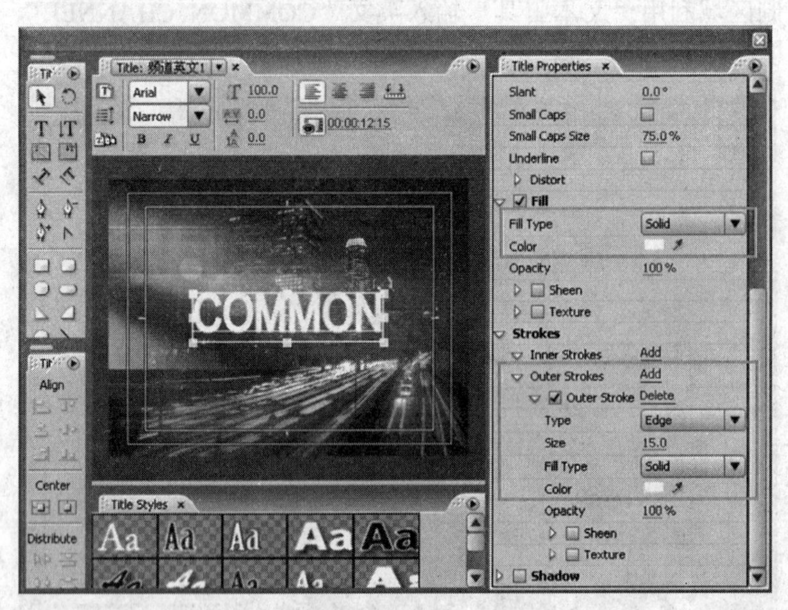

图 8-49

3）选择菜单 File→New→Title（或选择菜单 Title→New Title→Default Still），弹出 New Title 对话框，输入字幕名称“频道英文 2”，单击 OK 按钮关闭对话框，调出 Title Designer 调板。

4）在绘制区域利用“文本工具”输入英文“CHANNEL”；设置其属性参数与“频道英文 1”完全相同，如图 8-50 所示，关闭字幕调板。

图 8-50

3. 文字动画的制作

（1）主体文字动画

1）将时间指针移至 00:00:12:14 处，将字幕素材“公共频道”从 Project 调板拖动到 Video 4 轨道中。

2）在 Effects 调板中，展开 Video Transitions 文件夹中的 Wipe 文件夹，将其中的 Wipe 转场效果拖动到素材“公共频道”的入点处，如图 8-51 所示。

图 8-51

3）双击 Video 4 轨道中的该转场，在 Effect Controls 调板中，设置其转场时间为 00:00:01:00；设置 Start 参数值为“41.0”、End 参数值为“85.0”，如图 8-52 所示。

4）拖动“公共频道”素材右侧的出点至 00:00:15:00 处，如图 8-53 所示。

Program 调板中的播放效果如图 8-54 所示。

（2）英文元素动画

1）将时间指针移至 00:00:12:14 处，将字幕素材“频道英文 1”从 Project 调板拖动到 Video 5 轨道中。

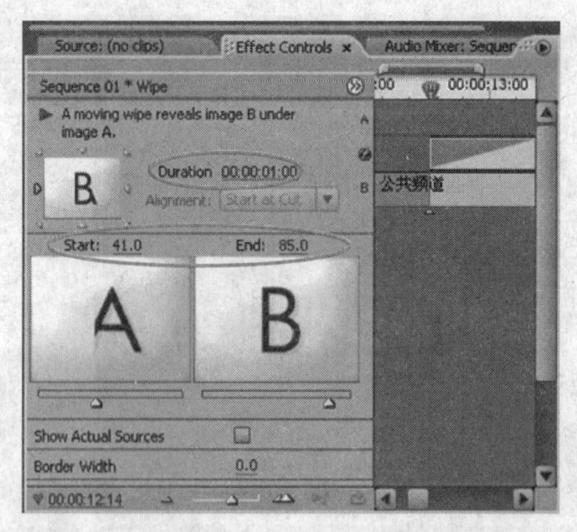

图 8-52

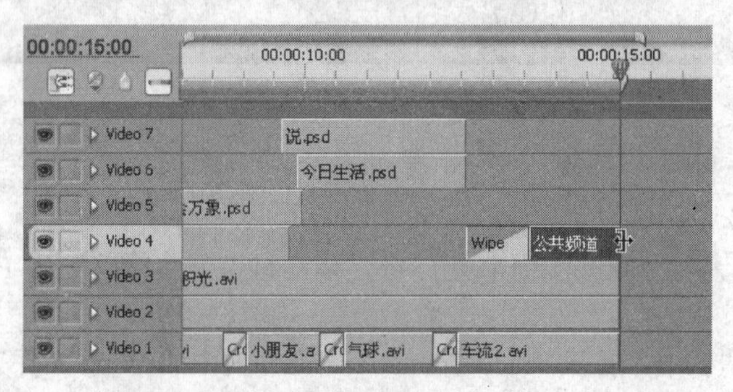

图 8-53

图 8-54

2）在其 Effect Controls 调板中展开 Motion 项，设置 Position 参数值为“530.0”、“368.0”，并单击 Position 左侧的“开关动画”按钮，设置动画关键帧；展开 Opacity 项，设置 Opacity 参数值为“30”。

3）将时间指针移至 00:00:15:00 处，设置 Position 参数值为“188.0”、“368.0”。

4）拖动“频道英文 1”素材右侧出点至 00:00:15:00 处，如图 8-55 所示。

Program 调板中的播放效果如图 8-56 所示。

5）将时间指针移至 00:00:12:14 处，将字幕素材“频道英文 2”从 Project 调板拖动到 Video 6 轨道中。

6）在其 Effect Controls 调板中展开 Motion 项，设置 Position 参数值为“-185.0”、

“472.0”，并单击 Position 左侧的“开关动画”按钮，设置动画关键帧；展开 Opacity 项，设置 Opacity 参数值为“30”。

7）将时间指针移至 00:00:15:00 处，设置 Position 参数值为“772.0”、“472.0”。

8）拖动“频道英文 2”素材右侧出点至 00:00:15:00 处，如图 8-57 所示。

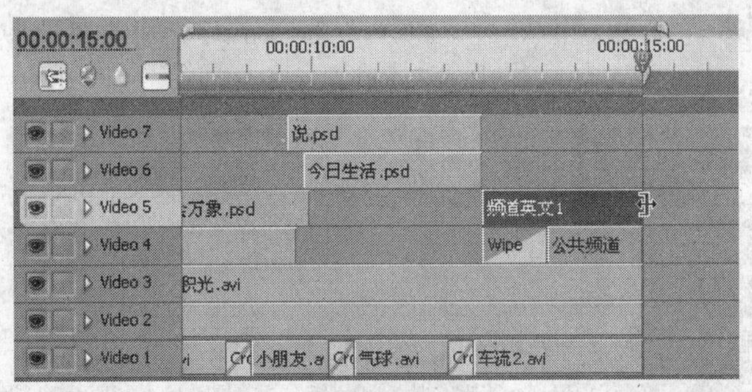

图 8-55

图 8-56

图 8-57

Program 调板中的播放效果如图 8-58 所示。

图 8-58

8.4.6 添加背景音乐

1）将配套光盘“Ch08”文件夹中“素材”文件夹内的“music.wav”文件导入到 Project 调板中。

2）将时间指针移至 00:00:00:00 处，将“music.wav”素材文件拖动到 Audio 1 轨道中。

3）拖动“music.wav”素材右侧出点至 00:00:15:00 处，如图 8-59 所示。

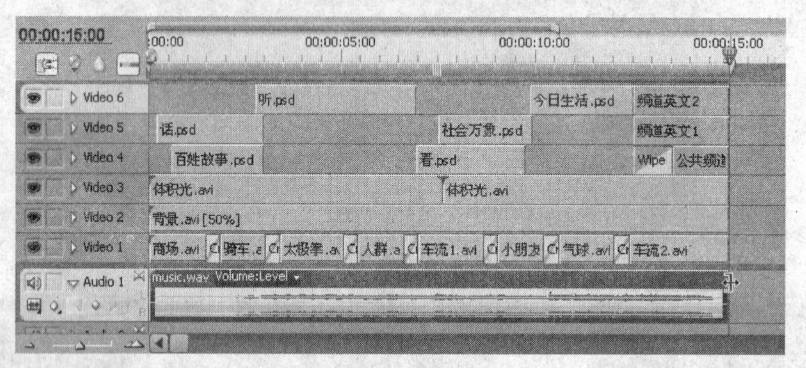

图 8-59

8.4.7 输出影片

1）选择菜单 File→Export→Movie，弹出 Export Movie 对话框，从中选择保存目标路径及输入文件名，然后单击“保存”按钮。

2）待渲染完成后，即可在播放器中观看效果。

8.5 触类旁通

本片头在色彩运用方面风格新颖，展现了简洁清新的频道包装风格，使观众眼前一亮，有效地建立了频道形象识别。

文本素材应用了丰富的动画效果，将频道理念以一种活泼的形式展现给观众。

在制作文本动画时，设置的关键帧较多；注意动画时间的把握。

结尾部分，处理频道名称文本“擦出”效果时，对“Wipe”转场参数进行了必要的修改。

最后，再提示大家：

为了丰富视频设计风格，还可以借助各种各样的艺术表现形式，比如：古典艺术、现代艺术、抽象主义、表现主义，油画、水墨或民间艺术等。

8.6 实战强化

请读者为学校的校园电视台制作一个 15s 的频道片头或栏目片头。

参 考 文 献

[1] 刘强．Adobe Premiere Pro CS3 标准培训教材[M]．北京：人民邮电出版社，2008．

[2] 程明才，喇平，马呼和．典藏：Premiere Pro 2.0 视频编辑剪辑制作完美风暴[M]．北京：人民邮电出版社，2006．